JIQIREN JIGOU SHEJI
JI
SHILI JIEXI

机器人机构设计
及
实例解析

姜金刚　王开瑞　赵燕江　吴殿昊　编著

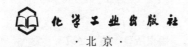
化学工业出版社
·北京·

内容简介

本书通过理论讲解与实例解析相结合的方式，详细介绍了机器人机构设计的过程和要点。主要内容包括：机器人机构总体设计、机器人驱动机构、机器人传动机构、机器人机身与臂部机构、机器人腕部机构、机器人手部机构、机器人移动机构。各类机构都有典型实例解析，最后一章详细讲解了机器人机构设计的综合实例。

本书内容清晰，系统性强，可以为从事机器人设计与研发的科研人员、技术人员提供帮助，也可供高校相关专业的师生学习参考。

图书在版编目（CIP）数据

机器人机构设计及实例解析/姜金刚等编著. —北京：
化学工业出版社，2022.6（2024.8重印）
ISBN 978-7-122-40986-7

Ⅰ.①机… Ⅱ.①姜… Ⅲ.①机器人机构-研究 Ⅳ.①TP24

中国版本图书馆 CIP 数据核字（2022）第 046131 号

责任编辑：贾　娜　毛振威
责任校对：宋　夏
装帧设计：王晓宇

出版发行：化学工业出版社（北京市东城区青年湖南街 13 号　邮政编码 100011）
印　　装：北京天宇星印刷厂
787mm×1092mm　1/16　印张 19½　字数 470 千字
2024 年 8 月北京第 1 版第 4 次印刷

购书咨询：010-64518888
售后服务：010-64518899
网　　址：http://www.cip.com.cn
凡购买本书，如有缺损质量问题，本社销售中心负责调换。

定　　价：138.00 元

机器人技术是集机械、电子、控制及计算机等多个学科的综合技术。机器人作为"制造业皇冠顶端的明珠"，是一个国家高端制造业水平的标志。随着我国科技水平的迅速发展，机器人的应用越来越广泛，工业生产、日常生活、教育娱乐、海洋探测、航空航天、医疗等领域均能看到机器人的身影。

机器人机构是机器人的重要组成部分，涉及传感机构、控制机构、传动机构和执行机构几大部分，不同机构的组合可以实现机器人的不同功能。近年来，随着机器人技术的快速发展，机器人机构的复杂程度也不断提升，出现了很多新型的驱动方式以及不同形式的执行机构。本书通过理论讲解与实例解析相结合的方式，详细介绍了机器人机构设计的过程和要点。

第1章概论，主要对机器人的概念、发展历史、分类、技术参数和发展趋势进行概要介绍；

第2章机器人机构总体设计，主要从系统分析、技术设计和仿真分析等进行宏观分析；

第3章机器人驱动机构，主要从电机驱动、液压驱动、气动驱动、新型驱动方式等驱动方式进行阐述分析；

第4章机器人传动机构，介绍了机器人传动的基本概念、齿轮传动、丝杠传动、带传动和链传动、绳传动与钢带传动、连杆传动和凸轮传动，分析了传动机构的定位与消隙方法，并对典型传动结构设计进行了实例解析；

第5章机器人机身与臂部机构，介绍了机器人机身与臂部的定义、机身与臂部机构设计的关键问题、机身与臂部结构基本形式与特点、机器人平稳性与臂杆平衡方法，并利用多个设计实例进行了设计实践；

第6章机器人腕部机构，从腕部自由度与分类、腕部典型结构、柔顺手腕机构设计、机器人末端执行器快换装置等方面进行了具体阐述，并通过实例对机器人腕部机构设计过程进行了解析；

第7章机器人手部机构，从机器人手部分类、夹钳式手部机构、气吸式手部机构、磁吸式手部机构、其他手部机构等方面进行了具体阐述，并通过实例对机器人手部机构设计过程进行了解析；

第8章机器人移动机构，从机器人移动机构的分类、第七轴移动机构、车轮式移动机构、履带式移动机构、腿足式移动机构、复合移动机构和典型移动机构设计实例等方面进行了重点讲述；

第9章机器人机构设计实例，精选了3个实例，对机器人机构设计方法做了综合解析。

本书内容清晰，系统性强，可以为从事机器人设计与研发的科研人员、技术人员提供帮助，也可供高校相关专业的师生学习参考。

　　本书由哈尔滨理工大学姜金刚、王开瑞、赵燕江、吴殿昊编著。特别感谢第 9 章设计案例的提供者华南理工大学周恩德。研究生姚亮、郭亚峰、曾阳、谭棋匀、孙洋、刘天麒、左晖、郭宇航、胡孝农、刘思楠、李风潇、张新然、李猛等参与了本书的文稿处理工作，在此表示衷心的感谢！

　　虽然笔者已经在机器人领域从事研究工作十余年，但受经验和水平所限，书中难免存在不足之处，恳请读者批评指正！

编著者

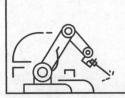

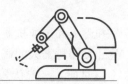

第1章 概论

1.1 机器人的概念

1920 年，捷克作家卡雷尔·恰佩克（Karel Čapek）发表了科幻剧本《罗萨姆的万能机器人》。在剧本中，恰佩克把捷克语"Robota"写成了"Robot"（"Robota"是奴隶的意思）。该剧预测了机器人的发展对人类社会的悲剧性影响，引起了人们的广泛关注，被当成了"机器人"一词的来源。

在 20 世纪前半叶，人们对于机器人的定义大多是指具有人型的、能够按照其主人的命令帮助人们完成工作、没有感觉和感情的机器。而到了 1954 年，乔治·德沃尔（George Devol）提出：机器人不一定要像人的样子，但要能做人的工作。他具体描述了如何建造能控制的机械手，并申请了专利，即工业机器人。工业机器人的出现扩展了机器人的定义，也使得机器人开始向实用化发展。

在 1967 年日本召开的第一届机器人学术会议上，人们提出了两个有代表性的定义。一个是森政弘与合田周平提出的："机器人是一种具有移动性、个体性、智能性、通用性、半机械半人性、自动性、奴隶性等 7 个特征的柔性机器。"从这一定义出发，森政弘又提出了用自动性、智能性、个体性、半机械半人性、作业性、通用性、信息性、柔性、有限性、移动性等 10 个特性来表示机器人的形象。

另一个是加藤一郎提出的，具有如下 3 个条件的机器可以称为机器人：

① 具有脑、手、脚等三要素的个体；

② 具有非接触传感器（用眼、耳接收远方信息）和接触传感器；

③ 具有平衡觉和固有觉的传感器。

该定义强调了机器人应当具有仿人的特点，即它靠手进行作业，靠脚实现移动，由脑来完成统一指挥的任务；非接触传感器和接触传感器相当于人的五官，使机器人能够识别外界环境；而平衡觉和固有觉则是机器人感知本身状态所不可缺少的传感器。

而后，随着机器人技术、信息技术等相关技术与理论的发展，机器人技术开始源源不断地向人类活动的各个领域渗透。结合这些领域的应用特点，人们发展了各式各样的具有感知、决策、行动和交互能力的特种机器人和智能机器人，如移动机器人、微型机器人、水下机器人、医疗机器人、军用机器人等。这些机器人从外观上已经远远脱离了最初仿人型机器人和工业机器人所具有的形状，更加符合各种不同应用领域的特殊要求。相应地，这也使得机器人的概念不断地变化和延伸，使其能够适应不断扩大的机器人家族。

目前，一般认为机器人（robot）是一种能够半自主或全自主工作的智能机器，具有感知、决策、执行等基本特征，可以辅助甚至替代人类完成危险、繁重、复杂的工作，提高工作效率与质量，服务人类生活，扩大或延伸人的活动及能力范围。

此外，美国机器人工业协会（RIA）的定义是：机器人是一种用于移动各种材料、零件、工具或专用装置，通过可编程动作来执行各种任务，并具有编程能力的多功能操作机。国际标准化组织（ISO）对机器人的定义是：机器人是一种能够通过编程和自动控制来执行诸如作业或移动等任务的机器。而我国对机器人的定义是：机器人是一种自动化的机器，所不同的是这种机器具备一些与人或生物相似的智能能力，如感知能力、规划能力、动作能力和协同能力，是一种具有高度灵活性的自动化机器。

同时，机器人专家们从应用领域出发，将机器人分为三大类，即工业机器人、服务机器人和特种机器人，并对这三类机器人做出相关的定义。

所谓工业机器人，世界各国对其定义不尽相同。美国工业机器人协会（RIA）将工业机器人定义为用来搬运物料、部件、工具或专门装置的可重复编程的多功能操作器，并可通过改变程序的方法来完成各种不同任务。日本工业机器人协会（JIRA）的定义是：工业机器人是"一种装备有记忆装置和末端执行器的，能够完成各种移动来代替人类劳动的通用机器"。国际标准化组织（ISO）的定义为：工业机器人是一种自动的、位置可控的、具有编程能力的多功能操作机；这种操作机具有多个轴，能够借助可编程操作来处理各种材料、零部件、工具和专用装置，以执行各种任务。我国机械工业部（1986 年）将工业机器人定义为：是一种能自动定位、可重复编程的、多功能、多自由度的操作机，它能搬运材料、零件或夹持工具，用以完成各种作业。德国标准（VDI）中将工业机器人定义为：是具有多自由度的、能进行各种动作的自动机器，它的动作是可以顺序控制的，轴的关节角度或轨迹可以不靠机械调节，而由程序或传感器加以控制；工业机器人具有执行器、工具及制造用的辅助工具，可以完成材料搬运和制造等操作。

对于服务机器人，严格来讲并没有国际上普遍认同的定义，如何将其与其他类型设备（特别是工业用操作机器人）划定界限仍然存有争议。不过国际机器人联合会（IFR）给服务机器人的初步定义为：服务机器人是一种半自主或全自主工作的机器人，它能完成有益于人类的服务工作，但不包括从事生产的设备。根据这项定义，工业用操纵机器人如果被应用于非制造业，也被认为是服务机器人。服务机器人可能安装、也可能不安装机械手臂，工业机器人也是如此。通常来说，服务机器人是可移动的，在某些情况下，服务机器人包含了一个可移动平台，上面附着一条或数条"手臂"，其操控模式与工业机器人相同。

特种机器人是近年来得到快速发展和广泛应用的一类机器人，在我国国民经济各行业均有应用。其应用范围主要包括：农业、电力、建筑、物流、医疗、安防、救援、军用、核工业、矿业、石油化工、市政工程等专业领域，一般由经过专门培训的人员操作或使用，辅助和/或代替人执行任务。

总的来说，虽然现在对于机器人还没有一个严格而准确的定义，但是机器人的本质特点却是清晰的，即机器人是自动执行工作的机器装置，它既可以接受人类指挥，又可以运行预先编排的程序，也可以根据以人工智能技术制定的原则纲领行动。它的任务是协助或取代人类的工作。它是高度整合控制论、机械电子、计算机、材料和仿生学的产

机器人
机构设计及实例解析

物，在工业、医学、农业、服务业、建筑业、军事等领域中均有重要用途。

1.2 机器人的发展历史

1.2.1 古代机器人

机器人的起源要追溯到 3000 多年前[1,2]，早在我国西周时代（公元前 1046—公元前 771），就流传着有关巧匠偃师献给周穆王一个艺妓（歌舞机器人）的故事，有《列子·汤问》篇记载为证。它体现了人类长期以来的一种愿望，即创造出一种像人一样的机器或人造人，以便能够代替人去进行各种工作。

春秋时代（公元前 770—公元前 467）后期，被称为木匠祖师爷的鲁班，利用竹子和木料制造出一个木鸟。它能在空中飞行，"三日不下"，这件事在古书《墨经》中有所记载，可称得上世界第一个空中机器人。

公元前 3 世纪，古希腊发明家戴达罗斯用青铜为克里特岛国王迈诺斯塑造了一个守卫宝岛的青铜卫士塔罗斯。

东汉时期（25—220），我国大科学家张衡，不仅发明了震惊世界的"候风地动仪"，还发明了测量路程用的"记里鼓车"（图 1-1）。车上装有木人、鼓和钟，每走 1 里，击鼓 1 次，每走 10 里击钟一次，奇妙无比。

图 1-1　记里鼓车

三国时期的蜀汉（221—263），丞相诸葛亮既是一位军事家，又是一位发明家。他成功地创造出"木牛流马"，可以运送军用物资，可称为最早的陆地军用机器人。

500 多年前，达·芬奇在手稿中绘制了西方文明世界的第一款人形机器人[3]，它用齿轮作为驱动装置，由此通过两个机械杆的齿轮再与胸部的一个圆盘齿轮咬合，机器人的胳膊就可以挥舞，可以坐或者站立，再通过一个传动杆与头部相连，头部就可以转动甚至开合下颌。配备了自动鼓装置后，这个机器人甚至还可以发出声音。后来，一群意大利工程师根据达·芬奇留下的草图苦苦揣摩，耗时 15 年造出了被称作"机器武士"的机器人（图 1-2）。

1662 年，日本人竹田近江利用钟表技术发明了能进行表演的自动机器玩偶，后来若井源大卫门和源信对该玩偶进行了改进，制造出了端茶玩偶。该玩偶双手端着茶盘，当将茶杯放到茶盘上后，它就会向客人走去将茶奉上，客人取走茶杯时，它会自动停止走动，待客人喝完茶将茶杯放回茶盘后，它就会走回原来的地方。

1738 年，法国天才技师杰克·戴·瓦克逊发明了一只机器鸭（图 1-3），它会"嘎嘎"叫，会游泳和喝水，还会进食和排泄。瓦克逊的本意是想把生物的功能加以机械化而进行医学上的分析。

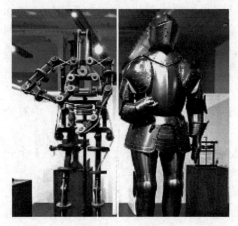
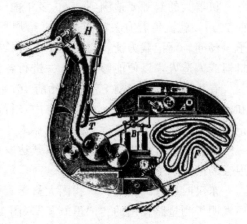

图 1-2　机器武士　　　　　　　　　　　　图 1-3　机器鸭

瑞士钟表名匠德罗斯父子三人于 1768—1774 年间，设计制造出三个像真人一样大小的机器人——写字偶人、绘图偶人和弹风琴偶人。

1893 年，加拿大人摩尔设计的能行走的机器人"安德罗丁"，是以蒸汽为动力的。

这些机器人工艺珍品，标志着人类在将机器人从梦想变成现实这一漫长道路上，前进了一大步。

1.2.2　近代机器人

美国著名科学幻想作家阿西莫夫于 1950 年在他的著作《我，机器人》中[4]，首先使用了机器人学（robotics）这个词来描述与机器人有关的科学，并提出了有名的"机器人三守则"：

① 机器人必须不危害人类，也不允许眼看人类将受害而袖手旁观；

② 机器人必须绝对服从于人类，除非这种服从有害于人类；

③ 机器人必须保护自身不受伤害，除非为了保护人类或者是人类命令它做出牺牲。

这三条守则，给机器人社会赋予新的伦理性，并使机器人概念通俗化，更易于为人类社会所接受。至今，它仍为机器人研究人员、设计制造厂家和用户提供十分有意义的指导方针。

通常将机器人分为三代。第一代是可编程机器人，这类机器人一般可以根据操作员所编的程序，完成一些简单的重复性操作；其从 20 世纪 60 年代后半期开始投入使用，目前在工业界得到了广泛应用。第二代是感知机器人，即自适应机器人，是在第一代机器人的基础上发展起来的，具有不同程度的"感知"能力；这类机器人在工业界已有应用。第三代机器人将具有识别、推理、规划和学习等智能机制，它可以把感知和行动智能化结合起来，因此能在非特定的环境下作业，故称之为智能机器人；目前，这类机器人处于发展试验阶段，还没有完全成熟，今后还将向实用化方向发展。

工业机器人的研究最早可追溯到第二次世界大战后不久。20世纪40年代后期，美国橡树岭和阿贡国家实验室就已开始实施计划，研制遥控式机械手，用于搬运放射性材料。这些系统是"主从"式的，用于准确地"模仿"操作员手和手臂动作。主机械手由使用者进行引导做一连串动作，而从机械手尽可能准确地模仿主机械手的动作，后来用机械耦合主从机械手的动作加入力的反馈，使操作员能够感觉到从机械手及其环境之间产生的力。20世纪50年代中期，机械手中的机械耦合结构被液压装置所取代，如通用电气公司的"巧手人"机器人和通用制造厂的"怪物Ⅰ型"机器人。1954年，德沃尔（Devol）提出了"通用重复操作机器人"的方案，并在1961年获得了专利。同一时期诞生了利用肌肉生物电流控制的上臂假肢。

1958年，被誉为"工业机器人之父"的约瑟夫·恩格尔伯格（Joseph F. Engelberger），（图1-4）创建了世界上第一个机器人公司——Unimation公司，并参与设计了第一台Unimate机器人[5]。这是一台用于压铸的五轴液压驱动机器人，手臂的控制由一台计算机完成。它采用了分离式固体数控元件，并装有存储信息的磁鼓，能够记忆完成180个工作步骤。与此同时，另一家美国公司——AMF公司也开始研制工业机器人，即Versatran机器人[6,7]。它主要用于机器之间的物料运输，采用液压驱动。该机器人的手臂可以绕底座回转，沿垂直方向升降，也可以沿半径方向伸缩。一般认为Unimate和Versatran是世界上最早的工业机器人。

图1-4　工业机器人之父 Joseph F. Engelberger

20世纪60年代和70年代是机器人发展最快、最好的时期，这期间的各项研究发明有效地推动了机器人技术的发展和推广。在此期间，智能机器人的研究也有进展，1961年，美国麻省理工学院研制出有触觉的MH-1型机器人，在计算机控制下用来处理放射性材料。1968年，美国斯坦福大学研制出名为Shakey的移动机器人（图1-5），Shakey能解决简单的感知、运动规划和控制问题。从20世纪60年代后期起，喷漆、弧焊机器人相继在工业生产中应用，由加工中心和工业机器人组成的柔性加工单元标志着单件小批生产方式的新高度。几个工业化国家竞相开展具有视觉、触觉、多手、多足，能超越障碍、钻洞、爬墙、水下移动的各种智能机器人的研究工作，并开始在海洋开发、空间探索和核工业中试用。整个20世纪60年代，机器人技术虽然取得了如上列举的许多进展，建立了产业并生产了多种机器人商品，但是在这一阶段，多数工业部门对应用机器人还持观望态度，机器人在工业应用方面的进展并不快。

20世纪70年代，大量的研究工作把重点放在使用外部传感器来改善机械手的操

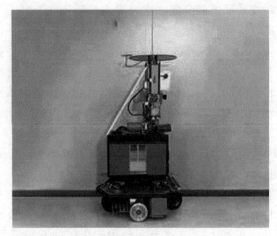

图 1-5 移动机器人 Shakey

作。1973 年，博尔斯和保罗使用视觉和力反馈，表演了与 PDP-10 计算机相连的由计算机控制的"斯坦福"机械手，用于装配自动水泵。IBM 公司的威尔和格罗斯曼在 1975 年研制了一个带有触觉和力视觉传感器的计算机控制的机械手，用于完成 20 个零件的打字机机械装配工作。1974 年，麻省理工学院人工智能实验室的井上对力反馈的人工智能做了研究；在精密装配作业中，用一种着陆导航搜索技术进行初始定位。内文斯等人于 1974 年在德雷珀实验室研究了基于依从性的传感技术；这项研究发展为一种被动柔顺（称为间接中心柔顺，RCC）装置，它与机械手最后一个关节的安装板相连，用于紧配合装配。同年，贝杰茨在喷气推进实验室为空间开发计划用的扩展性"斯坦福"机械手提供了一种基于计算机的力矩控制技术。从那以后相继提出了多种不同的用于机械手的伺服控制方法。1974 年，Cincinnati Milacron 公司也推出了第一台计算机控制的工业机器人，定名为"The Tomorrow Tool"，如图 1-6 所示；它能举起重达 45.36kg 的物体，并能够跟踪装配线上的各种移动物体。1979 年，Unimation 公司推出了 PUMA 系列工业机器人[8]（图 1-7），它是全电动驱动、关节式结构、多 CPU 二级微机控制、采用 VAL 专用语言，可配置视觉、触觉、力觉感受器的，技术较为先进的机器人。同

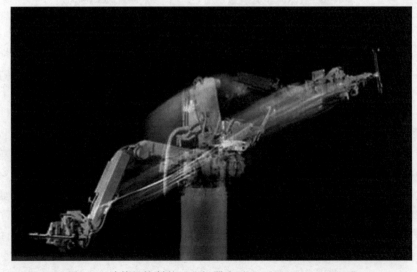

图 1-6 计算机控制的工业机器人"The Tomorrow Tool"

年日本山梨大学的牧野洋研制出具有平面关节的 SCARA 型机器人[9]。整个 20 世纪 70 年代，出现了更多的机器人商品，并在工业生产中逐步推广应用。随着计算机科学技术、控制技术和人工智能的发展，机器人的研究开发，无论就水平和规模而言，都得到迅速发展。据国外统计，到 1980 年，全世界约有 2 万余台机器人在工业中应用。

进入 20 世纪 80 年代，机器人生产继续保持 70 年代后期的发展势头，到 80 年代中期，机器人制造业成为发展最快和最好的经济部门之一。机器人在工业中开始普及应用，工业化国家的机器人产值不断增长。1984 年，全世界机器人使用总台数是 1980 年的四倍，到 1985 年底，机器人使用总台数已达到 14 万台，1990 年达到 30 万台左右，其中高性能的机器人所占比例不断增加，特别是各种装配机器人的产量增长较快，和机器人配套使用的机器视觉技术和装置也迅速发展。1985 年前后，FANUC 和 GMF 公司又先后推出交流伺服驱动的工业机器人产品。其他国家也逐渐开始意识到工业机器人的潜力。

20 世纪 80 年代后期，由于传统机器人用户应用的工业机器人已经饱和，从而造成工业机器人产品的积压，不少机器人厂家倒闭或被兼并，使国际机器人学研究和机器人产业不景气。90 年代初，机器人产业出现复苏和继续发展迹象，但 1993 年、1994 年又跌入低谷。1995 年之后，世界机器人数量逐年增加，增长率也较高。1998 年，丹麦乐高公司推出了机器人套件，让机器人的制造变得像搭积木一样相对简单，又能任意拼装，从而使机器人开始走入个人世界。机器人学以较好的发展势头进入 21 世纪。2002 年，丹麦 iRobot 公司推出了吸尘器机器人 Roomba，它能够避开障碍，自动设计行进路线，同时在电量不足时可以自动驶向充电座，这是目前世界上销量最大、商业化最成功的家用机器人之一。近年来，全球机器人行业发展迅速，人性化、重型化、智能化已经成为未来机器人产业的主要发展趋势。现在全世界服役的工业机器人总数在 100 万台以上。此外，还有数百万服务机器人在运行。2014 年，美国介绍了一种名为"大狗"的新型机器人[10]，如图 1-8 所示，与以往各种机器人不同的是，"大狗"并不依靠轮子行进，而是通过其身下的四条"铁腿"。

图 1-7　PUMA 系列机器人

图 1-8　"大狗"机器人

在近代机器人的发展中，机器人学和机器人技术获得引人注目的发展，具体体现在：a.机器人产业在全世界迅速发展；b.机器人的应用范围遍及工业、科技和国防的各个领域；c.形成了新的学科——机器人学；d.机器人未来向智能化方向发展；e.服务机器人成为机器人的新秀而迅猛发展。

我国是从20世纪80年代开始涉足机器人领域的研究和应用的。1986年，我国开展了"七五"机器人攻关计划。我国的"863"计划也将机器人方面的研究开发列入其中。目前我国从事机器人研究和应用开发的主要是高校及相关科研院所等。最初，我国在机器人技术方面研究的主要目的是跟踪国际先进的机器人技术。随后，我国在机器人技术及应用方面取得了很大的成就，主要研究成果有：哈尔滨工业大学研制的两足步行机器人；北京自动化研究所1993年研制的喷涂机器人，1995年研制完成的高压水切割机器人；沈阳自动化研究所研制完成的有缆深潜300m机器人、无缆深潜机器人、遥控移动作业机器人。

我国在仿人形机器人方面也取得很大的进展。例如，国防科技大学经过10年的努力，于2000年成功地研制出我国第一个仿人形机器人——"先行者"，其身高140cm，重20kg。它有与人类似的躯体、头部、眼睛、双臂和双足，可以步行，也有一定的语言功能。它每秒走一步到两步，但步行质量较高，既可在平地上稳步向前，还可自如地转弯、上坡；既可以在已知的环境中步行，还可以在小偏差、不确定的环境中行走。

1.2.3　现代机器人

2015年，随着人工智能时代开启，机器人、信息、通信、人工智能进一步融合，历经可编程机器人时代、感知机器人时代，机器人进入了智能时代。在技术上，机器人技术从传统的工业技术向计算机视觉、自然语言处理、深度学习等人工智能技术演进；在应用上，机器人从工业用户向商用、家庭、个人、特种工作环境等领域逐步推广，将更加深入地融入人类社会。

在智能工业机器人方面，典型代表为具有与人协作工作的人机协作机器人。美国Rethink公司推出了Baxter智能协作机器人[11]，如图1-9所示，其可在工厂中独立负责重复性工作，也可与工人进行同步协作，执行生产上下料、机器控制、包装和材料处理等多种任务。ABB公司在2015年4月推出了Yumi双臂协作机器人[12]，旨在满足消费电子产品行业对于柔性生产和灵活制造的需求，融合了双臂设计、多功能智能双手、

图1-9　Baxter智能协作机器人

基于机器视觉的部件定位、引导式编程、精密运动控制和防碰撞安全机制等技术，实现了基于视觉引导式装配及力控式装配。

同样具有代表性的还有 Universal Robots 的 UR 系列，日本 FANUC 公司的最大可达 35kg 负载的 CR-35iA。KUKA 推出了 LB Riiwa，并与瑞仕格联合开发了 AIP（automated item pick）机器人拣选技术。

在智能服务机器人方面，有美国 iRobot 公司的 Roomba 系列吸尘清扫机器人，国内科沃斯公司的扫地机器人[13] 和擦窗机器人等；此外还有 RoboDynamics 公司的 Luna，法国蓝蛙机器人公司的 Buddy，国内的小鱼在家公司推出的智能陪伴机器人等系列，可完成照顾老人儿童、事件提醒和家庭巡逻的任务。法国 Aldebaran Robotics 公司的教育机器人 Nao，采用开放式编程框架，开发者可对 Nao 进行开发，使其完成踢球、跳舞等复杂动作；随后又与软银集团合作研发了新一代"情感机器人" Pepper，配备了语音识别和面部识别技术，可通过识别人类的语调和面部表情，完成与人的交流和表情变化。

谢菲尔德机器人研究中心研制出的先进类人型机器人 iCub，拥有触觉和手眼配合能力，配备有复杂的运动技能和感知能力，并可通过语言、动作以及协作能力与周围的环境交互[14]。家庭社交型机器人 Jibo，能以类人的方式与人交流，而且可为家庭拍照，担当家庭助理。

在国内，360 公司为儿童打造的 360 儿童机器人，基于大数据搜索和语音交互功能为儿童提供拍照、儿歌和教育功能。在春晚上表演舞蹈、大放光彩的 Alpha1 机器人由优必选公司推出。由北京康力优蓝开发的商用机器人"优友"，可完成导购咨询、教学监护的任务。此外，在短程代步功能机器人方面，国内短途交通领导企业 Ninebot（九号公司）完成对 Segway 的全资收购，其推出的 Wind Runner 系列及 Ninebot 系列无论在市场还是技术方面均处于世界领先地位。

医疗外科机器人具有出血少、精准度更高、恢复快的优势，市场潜力巨大。代表性的医疗机器人为麻省理工学院研制的医疗手术机器人"达芬奇"[15,25]（图 1-10）。达芬奇手术机器人采用 4 臂床旁机械臂系统；具有高清晰的三维视频成像系统。与传统手术相比，达芬奇机器人手术突破了人眼的局限，使手术视野放大 20 倍；突破人手的局限，可以 7 个维度操作，还能防止人手可能出现的抖动现象；无需开腹，创口仅 1cm，出血少、恢复快，使术后存活率和康复率大大提高。在国内，"天玑"骨科机器人和"华鹊"手术机器人的问世也代表着我国医疗机器人研究达到了世界一流水准。

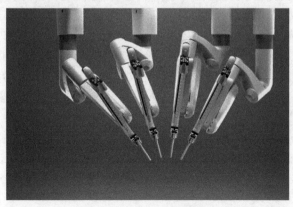

图 1-10　达芬奇手术机器人

在无人驾驶方面，谷歌较早布局自动驾驶，于 2015 年成功实现上路测试，并成立了自动驾驶公司 Waymo。电动汽车厂家特斯拉启用 Autopilot 系统[16]，该系统中集成了雷达、多摄像头和超声波雷达传感器以及 NVIDIA 公司研发 DRIVE PX2 处理器，可实现完全自动驾驶，推广应用以来，已经积累了 1.6×10^8 km 以上的行驶里程。在国内，百度无人车计划已执行多年，在 2016 年与北汽新能源合作开发出可达"L4 级无人驾驶"的智能汽车 EU260（图 1-11），并推出了开源的"阿波罗计划"。此外，北京景驰科技有限公司、北京中科寒武纪科技有限公司、地平线机器人科技有限公司以及北京图森未来科技有限公司等众多公司和科研团队加入到了无人驾驶技术的竞争中，相信在不久的将来，具有真正完全自动驾驶功能的汽车会融入人们的生活。

图 1-11　EU260 无人驾驶汽车

在特种机器人方面，特种机器人是替代人在危险、恶劣环境下作业必不可少的工具，可以辅助完成人类无法完成的作业（如空间与深海作业、精密操作、管道内作业等）的关键技术装备。由美国 Recon Robotics 公司推出的战术微型机器人 Recon Scout[17] 和 Throwbot 系列具有重量轻、体积小、无噪声和防水防尘的特点。由 Sarcos 公司最新推出的蛇形机器人 Guardian S，可在狭小空间和危险领域打前哨，并协助灾后救援和特警及拆弹部队的行动。

由斯坦福大学研究团队发明的人形机器人 OceanOne 采取 AI 触觉反馈的协同工作方式，让机器人手部能够感受到所抓取物体的重量与质感，实现对抓取力量的精确掌控。美国波士顿动力公司致力于研发具有高机动性、灵活性和移动速度的先进机器人，推出拥有超高平衡能力的双足机器人 Atlas[18] 和具有轮腿结合形态并拥有超强弹跳力的 Handle。在国内，哈工大机器人集团研制成功并推出了排爆机器人、爬壁机器人、管道检查机器人和轮式车底盘检查机器人等多款特殊应用机器人。在水下机器人方面，2020 年，我国的深海载人潜水器"奋斗者"号在马里亚纳海沟成功坐底 10909m，是目前世界先进的载人潜水器。在仿生机器人方面，德国的 Festo 是仿生机器人的先驱，相继推出了 AirPenguin、SmartBird、BionicOpter、BionicKangaroo、BionicANT、eMotion Butterfly 等具有代表性的机器人，推动了仿生技术的发展。2015 年，Festo 与北京航空航天大学展开合作，共同研发了软体章鱼触手机器人，引起了公众、工业、学术等各界人士的兴趣。

机器人
机构设计及实例解析

1.3　机器人的分类

在"机器人"一词刚刚出现时，由于人们对于机器人的认识仍不够深入，设计出来的机器人往往都是人形的，因此也没有明确的分类。直到20世纪50年代，世界上第一台工业机器人Unimate诞生，机器人才大致可分为工业机器人和其他类机器人。

在此之后，随着传感器等关键技术及相关理论的发展和应用，机器人能够实现的功能越来越多：成功登陆火星的机器人Viking 1、Viking 2以及能够顺应要抓握物体形状的软钳机器人等机器人的出现，使得特种机器人逐渐从其他类机器人中独立出来，以单独的一类机器人出现在人们的视野中。

而后，随着人类不断增加的物质与精神消费需求，越来越多的人期望机器人也能出现在自己家中，帮助自己完成家务、陪伴孩子等工作，服务机器人因此出现。机器人玩具OmniBot2000、机器人宠物Furby和AIBO、扫地机器人Roomba等机器人均是服务机器人中的经典代表。现如今，随着人们对于机器人认识的深入以及人工智能等技术的发展，机器人的种类越来越多，对于机器人的分类方式也变得多种多样。以机器人的应用领域为例，现如今的机器人分为了工业机器人、服务机器人、特种机器人和其他领域的机器人。下面将从应用领域、运动方式、使用空间、编程和控制方式、机械结构这些不同的应用维度[19]对机器人进行分类介绍。

1.3.1　以应用领域进行分类

根据机器人的应用领域，机器人可以分为工业机器人、服务机器人、特种机器人等。

（1）工业机器人

工业机器人是广泛用于工业领域的多关节机械手或多自由度的机器装置，具有一定的自动性，可依靠自身的动力能源和控制能力实现各种加工制造功能，被广泛应用于电子、物流、化工等各个工业领域之中。按其使用用途可分为搬运作业/上下料机器人、焊接机器人、喷涂机器人、加工机器人、装配机器人、洁净机器人和其他工业机器人（图1-12）。

其中，搬运/上下料机器人是指可以进行自动化搬运作业的工业机器人。搬运作业是指用一种设备握持工件，从一个加工位置移到另一个加工位置。搬运机器人可安装不同的末端执行器以完成各种不同形状和状态的工件搬运工作，大大减轻了人类繁重的体力劳动。

焊接机器人是从事焊接等作业的工业机器人。通过在工业机器人的末轴法兰装接焊钳或焊（割）枪，使之能进行焊接、切割或热喷涂；喷涂机器人又叫喷漆机器人，是可进行自动喷漆或喷涂其他涂料的工业机器人。喷漆机器人主要由机器人本体、计算机和相应的控制系统组成，液压驱动的喷漆机器人还包括液压油源，如油泵、油箱和电机等。较先进的喷漆机器人腕部采用柔顺手腕，既可向各个方向弯曲，又可转动，其动作类似人的手腕，能方便地通过较小的孔伸入工件内部，喷涂其内表面。

加工机器人就是利用相关软件，把机器人的终端执行器变为具有铣削、钻削、雕刻等功能的主轴系统，使机器人成为机加工机床。加工机器人与CNC机床比较，结构完全不一样，但关节型机器人和传统的CNC机床一样，具有多轴功能。因为机器人的控

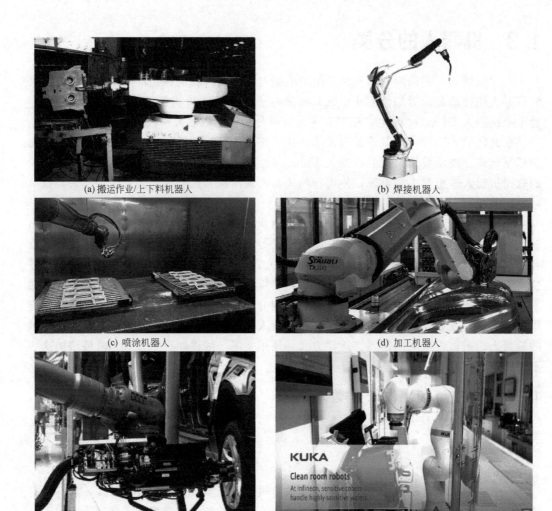

(a) 搬运作业/上下料机器人   (b) 焊接机器人

(c) 喷涂机器人   (d) 加工机器人

(e) 装配机器人   (f) 洁净机器人

图 1-12　工业机器人

制器、编程软件和 CNC 机床的数控系统不一样，因而导致机器人与 CNC 机床的用途不一样。只要机器人的控制器和编程软件具有与数控机床系统相同的功能，机器人就完全可实现 CNC 机床所具备的多轴驱动功能；适用于众多高速机加工应用，如修边模、建模、钻孔、攻螺纹、去毛刺等切削加工工艺，适合加工多种类型的材料，如铝、不锈钢、复合材料、树脂、木材、玻璃和铜等。

装配机器人是柔性自动化装配系统的核心设备，由机器人操作机、控制器、末端执行器和传感系统组成。与一般工业机器人相比，装配机器人具有精度高、柔顺性好、工作范围小、能与其他系统配套使用等特点，主要用于各种电器制造行业。

洁净机器人是一种在洁净环境中使用的工业机器人。随着生产技术水平不断提高，对生产环境的要求也日益苛刻，很多现代工业产品生产都要求在洁净环境进行，洁净机器人是洁净环境下生产需要的关键设备。

（2）服务机器人

服务机器人是一种半自主或全自主工作，能完成维护保养、修理、运输、清洗、保安、救援、监护等有益于人类健康的服务工作，但不包括从事生产的机器人。服务机器人根据其使用环境的不同又可细分为个人/家用服务机器人和公共服务机器人。

其中，个人/家用服务机器人通常是指在家居环境或类似环境下使用的，以满足使用者生活需求为目的，能够代替人完成家庭工作的服务机器人。这种机器人的操作使用，通常不需要专业知识或技能，不需要特别的培训或资质。按使用用途可将个人/家用服务机器人分为家务机器人、教育机器人、娱乐机器人、养老助残机器人、家用安监机器人、个人运输机器人和其他个人/家用服务机器人（图1-13）。

家务机器人是指能够帮助人们完成诸如清洁、整理等家务的机器人，具有代表性的是 Roomba 扫地机器人，它具有防缠绕、防跌落、定时清扫、自动回去充电等功能，并且能够以40种不同的动作进行反应，以便彻底清扫房间。图1-13（a）所示的日本家务机器人"Ugo"[20] 能帮助主人洗衣服、晾晒衣物、收拾衣物等，还可以通过远程遥控，对该机器人进行远程操作。

(a) 家务机器人

(b) 教育机器人

(c) 娱乐机器人AIBO

(d) 家用安监机器人

(e) 无人驾驶汽车

(f) 养老助残机器人

图1-13 个人/家用服务机器人

教育服务机器人则是具有教学智能的服务机器人，是服务机器人的一个细分种类。该种类通常被应用于进行 STEAM 教育、语言学习、特殊人群学习等主题的辅助与管理教学中。

　　娱乐机器人是以供人观赏、娱乐为目的机器人，除具有机器人的外部特征，可以像人、像某种动物、像童话或科幻小说中的人物等，还可以行走或完成动作，可以有语言能力，会唱歌，有一定的感知能力。

　　家用安监机器人是指应用于家庭日常安全监控的安防机器人，它由三部分组成：①可以远程操作在家中移动的装有摄像头的机器人；②安防传感网络，包括烟感、门磁、气体等传感器；③远程操作平台，如手机或其他移动终端。能够实现远程监控，预设防盗、防火报警电话，让人们能够实时监控和了解家里的情况，出门也安心。

　　养老助残机器人，如图 1-13(f) 所示的 Luke 机械手臂[21]，该机械手臂可以做出非常灵巧的手臂和手部动作，还有握力反馈。假肢由模块化电池供电，尺寸与重量与人体手臂差不多。

　　而公共服务机器人则是指在住宿、餐饮、金融、清洁、物流、教育、文化和娱乐等领域的公共场合为人类提供一般服务的商用机器人。按使用用途可将公共服务机器人分为餐饮机器人、讲解导引机器人、多媒体机器人、公共游乐机器人、公共代步机器人和其他公共服务机器人（图 1-14）。

(a) 餐饮机器人

(b) 讲解导引机器人

(c) 多媒体机器人

(d) 游乐机器人

图 1-14　公共服务机器人

　　餐饮机器人是一种定位于酒店餐饮服务和展馆迎宾服务用的新型机器人，它具有类人形状的外形，功能极为丰富。不仅可以在餐馆进行迎宾、做菜、送菜，还能在安静的房间中与客人进行固定词条的语音交互功能。

讲解引导机器人可自动感应游客，并播报展馆场景相关的迎宾欢迎语，为用户推荐展馆场景参观路线。依据其海量的知识库，为用户解答各种业务咨询问题，也可以与用户进行诸如天气、时间、姓名等简单的日常聊天互动。

多媒体机器人可以实现机器人与人之间的自然语言交流，支持会议预约、人脸识别签到、用户权限、语音控制设备、专业知识咨询、微信互动、手机 app、云平台管控、企业照明与窗帘控制等功能。只需通过自然语言就能完成很多复杂的工作，多媒体机器人不仅可以使整个音视频及控制系统更加简洁，也能让安装调试、使用维护变得更加容易，并且具有良好的兼容性以及扩展性，可广泛应用于各种音视频系统项目。

（3）特种机器人

特种机器人是指应用于专业领域，一般由经过专门培训的人员操作或使用的，辅助和/或代替人执行任务的机器人。按其使用用途可分为检查维修机器人、专业检测机器人、搜救机器人、专业巡检机器人、侦察机器人、排爆机器人、专业安装机器人、采掘机器人、专业运输机器人、手术机器人、康复机器人和其他特种机器人（图 1-15）。

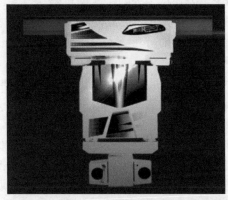

(a) 双柱式智能巡检机器人

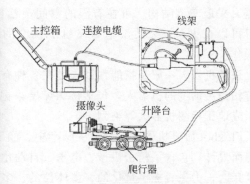

(b) 管道检测机器人

(c) 搜救机器人

(d) 侦察机器人

(e) 履带式排爆机器人

(f) 智慧物流机器人

图 1-15　特种机器人

图 1-15（b）所示为一种管道内窥检测机器人[22]，该机器人可以实现管内腐蚀、裂痕和涂层损坏等缺陷检测，并得到很好的工程效果。

搜救机器人［图 1-15（c）］是指在自然灾害、事故等突发事件发生时，代替搜救人员进入现场执行搜救探测任务的移动机器人。该类机器人[23]可以远程操控或采用自主的方式深入到复杂、危险、不确定的灾害现场，探测未知环境信息，搜索和营救被困者。搜救机器人是机器人技术朝实用化发展的一个重要分支和新的研究领域，具有重要的社会价值。

排爆机器人是可代替排爆人员对爆炸装置或武器实施侦察、转移、拆解和销毁，也可处置其他危险物品，或作为监视和攻击平台的特种机器人。其主体一般采用履带或轮式车型结构，无线电或光纤遥控，装配有多台彩色摄像机和一个多自由度的机械手。根据任务需要，还可携带或安装爆炸物解拆器、小型武器、操纵器、化学武器和爆炸品侦测器、X 射线检测仪，以及热成像系统等。随着科技发展和实战需要，排爆机器人将向多功能化和智能化方向发展，逐步兼具隐蔽侦察、情报搜索、转移销毁、武力打击等多种功能。图 1-15（e）所示为 AB Precision（ABP）公司的 Cyclops 排爆机器人[24]，该机器人采取车型结构，可在有限的空间灵活操作。体积小，不但能在乡村环境运行，而且可以在火车、公共汽车和飞机上狭窄的通道内转动，可无线遥控或通过光纤进行操作。

采矿机器人一般是指能帮助人类在各种有毒、有害及危险环境下进行采掘工作并且具有相当灵活度的机器人，包括特殊煤层采掘机器人、凿岩机器人、井下喷浆机器人、瓦斯或地压检测机器人等类型。

Flexbot 康复机器人是为解决脑卒中、颅脑损伤、脊髓损伤等疾病引起的下肢功能障碍而设计，包含了精密机械、电子、自动化控制、虚拟情景互动软件等技术。从早期康复介入，为患者提供量化的、多体位的、多种运动模式的步态训练，同时实时提供数据信息反馈。通过对患者实施以神经可塑性原理为基础的重复步行训练，使患者脑运动功能可塑性达到最大化，实现"积跬步，以至千里"的效果，最终帮助患者重新掌握步行运动技能[26]。

1.3.2 以运动方式进行分类

根据运动方式，机器人可分为轮式机器人、足腿式机器人、履带式机器人、蠕动式机器人、浮游式机器人、潜游式机器人、飞行式机器人等。

（1）轮式机器人

机器人本体仅依靠轮式机构移动的机器人统称为轮式机器人，按其驱动方式又可分为双轮驱动机器人、三轮驱动机器人、全方位驱动机器人和其他轮式机器人（图 1-16）。

如图 1-16（a）所示的双轮驱动机器人为腾讯 Robotics X 实验室自平衡轮式移动机器人[27]，其相关研究成果还入选了机器人行业的顶级会议 IROS 2020。图 1-16（c）所示为一种飞机起落架全方位移动装配机器人[28]，该机器人采用 Mecanum 轮系及并联调姿机构，以实现起落架的大范围、狭小空间转运，以及精密调节装配，可推广应用于航空、航天数字化柔性装配制造中，如飞机机翼对接、卫星装配、航天器舱段对接等。

（2）足腿式机器人

足腿式机器人是依靠腿式结构进行移动的机器人，按其腿的数量可分为双足机器人、三足机器人、四足机器人和其他足腿式机器人（图 1-17）。

(a) 双轮驱动机器人　　　　　　　　(b) 三轮驱动机器人

(c) 全方位驱动机器人

图 1-16　轮式机器人

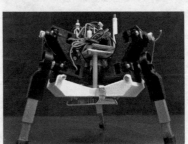

(a) 双足机器人　　　　　　　　　(b) 三足机器人

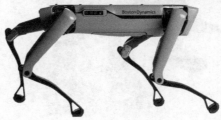

(c) 四足机器人

图 1-17　足腿式机器人

图 1-17(a) 所示为美国机器人研发公司 Agility Robotics 研发的 Cassie 机器人[29]，它的特点是步伐稳健、精准，可适应各种路面。Cassie 的研发灵感来自鸟类，尤其是鸵鸟，它的臀部和脚踝分别拥有三种灵活度，但膝盖只能以一种方式弯曲，这使得 Cassie 走起路来显得很自然，与人类相似。图 1-17(c) 为波士顿动力公司的四足机器人 SpotMini，该机器人采用电池能源提供动力，从而驱动液压系统，以液压系统作为驱动输出动力，控制每段肢体的动作，实现躯体的灵活运动，可以爬楼梯，穿越崎岖的地形，也可搭载机械臂，

完成开门、操纵物体等动作，还可以在 SpotMini 跌倒时辅助其重新站立[30]。

（3）履带式机器人

履带式机器人主要指搭载履带底盘机构的机器人，具有牵引力大、不易打滑、越野性能好等优点，可以搭载摄像头、探测器等设备代替人类从事一些危险工作（如排爆、化学探测等），减少不必要的人员伤亡。按其驱动履带及关节数量可分为单节双履机器人、双节双履机器人、多节多履机器人和其他履带式机器人（图 1-18）。

"剑"移动机器人是由美国福斯特-米勒公司和 QinetiQ 公司共同研制的用于武器观测、侦察和目标捕获的特种机器人系统，其结构如图 1-18(a) 所示。而图 1-18(c) 为美国 Vecna 公司研发的新一代战场救援机器人 VecnaBEAR。科学家们已经对其构造进行了初步设计：上身采用液压伸缩装置，底部使用履带式驱动系统，添加动力平衡技术。在电脑模拟演示中，VecnaBEAR 成功地托起一个普通人重量的虚拟士兵而没有跌倒[31]。

(a) 单节双履机器人

(b) 双节双履机器人

(c) 多节多履机器人

图 1-18　履带式机器人

（4）蠕动式机器人

蠕动式机器人是一种利用自身蠕动装置实现移动的机器人，按其移动方向可分为上下蠕动机器人、左右蠕动机器人和其他蠕动式机器人。

图 1-19(a) 为以色列的研究团队开发的全球第一款 Single Actuator Wave-like Robot[32]（单独制动器波形机器人，又叫 SAW 机器人），此款机器人非常坚硬，易于制造，能源利用效率高，能够长距离运行。除了用于医疗（如活体组织切片），该机器人

还可用于救援，其能深入复杂多变的环境（比如隧道、已被破坏的房屋、管道等地方）。图 1-19(b) 所示的为 AIKO 蛇形机器人，该机器人由几个相同的关节模块组成，每个关节模块都有两个电动自由度。AIKO 蛇行机器人障碍物辅助移动是由机器人关节与障碍物之间的接触力推动的[33]。

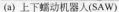

(a) 上下蠕动机器人(SAW)   (b) 左右蠕动机器人(AIKO)

图 1-19　蠕动式机器人

（5）浮游式机器人

浮游式机器人是利用自身的推进装置在水面上实现移动的机器人。按其推进方式可分为螺旋桨浮游机器人、平旋推进浮游机器人、喷水浮游机器人、喷气浮游机器人和其他浮游式机器人。

图 1-20(a) 为一款水上救援机器人，该机器人广泛应用于海上、内河、轮渡、城市内涝等应急救援场景中的落水救援工作，可实现小型化存放、运输，自动入水识别，最多可营救 4~6 人，适合大规模水域救援场景，且支持遥控及本机操控两种操控模式，支持倒退功能，在水上救援艇搁浅等情况下能轻松脱困；支持多种返航模式，包括一键返航、失联返航、原路返航、直线返航、低电返航。

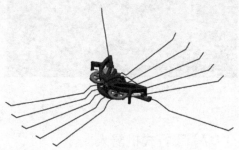

(a) 水上救援机器人(螺旋桨浮游)   (b) 仿生水黾机器人(平旋推进浮游)

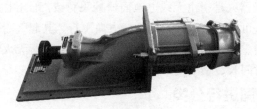

(c) 喷水推进器

图 1-20　浮游式机器人

在图 1-20(b) 中，展示了哈尔滨工业大学设计的一种仿生水黾机器人[34]，该机器人由微型直流电机作为动力元件，驱动曲柄摇杆机构实现两侧驱动腿的往复摆动，采用限位销与限位部分的接触实现旋转圆柱的转动，从而带动驱动腿在绕自身轴线方向的转动，完成驱动腿接触水面和脱离水面过程。

而喷水浮游机器人采用的喷水推进器是一种特殊的船舶推进方式，水流从船底管道吸进喷水推进泵，经过水泵叶片做功后由喷口从船体尾部高速喷出，利用水流反作用力来驱动船舶向前运动，因此其具有操纵灵活、机动性强和噪声小等优点。目前，世界各领域的船舶越来越广泛采用喷水推进器作为其动力推进装置［图 1-20(c)］。

（6）潜游式机器

潜游式机器人按其运动方式可分为拖曳潜游机器人、自主潜游机器人和其他潜游式机器人（图 1-21）。

拖曳潜游机器人又叫有缆水下机器人，它通过缆线传输数据、提供电力，水面上的操作人员可实时观察到水下环境并遥控操作，对机器智能要求不高，但是由于电缆连接，因此其活动范围有限，而且缆绳还有可能会发生缠绕机器人的情况，这会威胁到水下机器人作业时的安全。而自主潜游机器人则摆脱了缆绳，活动范围不再受限制，按照预先编制的路线对海底进行探测，隐蔽性更好。但相应地，自主潜游机器人由于缺少了缆绳的供电，所以其自身携带的能源多少和效率高低就成了自主潜游机器人执行任务的关键所在。为了节省能源，从而达到更高的效率，自主潜游机器人的骨架浮体、推进系统、航行控制系统和探测系统等构件也从装配方便但体积阻力较大的开架式机构变为体积阻力较小的流线型。

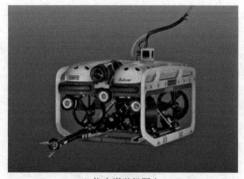 

(a) 拖曳潜游机器人   (b) 自主潜游机器人

图 1-21　潜游式机器人

（7）飞行式机器人

飞行式机器人按其起飞方式可分为直升飞行机器人、滑行飞行机器人、手抛飞行机器人等（图 1-22）。

其中，直升飞行机器人是指由无线电地面遥控飞行或/和自主控制飞行的可垂直起降的飞行器，该种机器人可在空中悬停，朝任意方向飞行，其起飞着陆场地小，不必配备像固定翼无人机那样复杂、大体积的发射回收系统。而手抛飞行无人机则由于其重量轻、搭载能力强、持续飞行时间长、便于携带、技术含量高等优点，广泛应用于军事领域。

1.3.3　以使用空间进行分类

根据机器人的使用空间，可将机器人分为地面/地下机器人、水面/水下机器人、空中机器人、空间机器人等。

(a) 直升飞行机器人

(b) 滑行飞行机器人

(c) 手抛飞行机器人

图 1-22　飞行式机器人

(a) 室内地面机器人

(b) 室外巡逻机器人

(c) 井下机器人

图 1-23　地面/地下机器人

（1）地面/地下机器人

　　室内地面机器人主要工作于室内的地面环境，如图 1-23(a) 中，展示了一款三维室内测图机器人 M1，该机器人将激光传感器扫描的点云数据转换为三维网格空间数据，并在此基础上拼接实时球面图像，生成一幅具有真实感的室内三维地图。这个机器人创建的数据有助于无人驾驶，即使在接收不到 GPS 信号的地下停车场也不会出错。由于

M1 是自主驾驶机器人，在后方设有紧急停车按钮，以防突然出现故障时迅速停车[35]。

相对于室内环境，图 1-23(b) 所示的为中国航天科工三院自主研发的室外巡逻机器人[36]，该机器人可实现高精度定位和自主巡逻，并具备危险信息的实时传输和火情报警功能，能够协助园区安保人员实时动态监测园区治安和火险情况。其主体为可实现记忆巡航和智能避障的四轮移动平台，可满足公园固定路线巡逻和智能躲避行人的功能需求。针对森林公园路线高低起伏的特点，采用阿克曼转向机构、独立悬挂底盘提升巡逻机器人的爬坡能力，园区内 17°的陡坡也可以顺利往返。

井下机器人则是指工作于煤井、矿井、油水井等环境下，以提高工作效率，保障工人安全等的机器人。图 1-23(c) 是一种测绘和监测地下环境参数的移动机器人 Alexander，该机器人配备了多个摄像头、激光扫描仪和各种环境参数（如风速和放射性）传感器。可调节的照明系统为摄像机提供适当的照明，且采用基于惯性测量单元、激光扫描仪和彩色摄像机图像的传感器融合方法，实现了机器人的实时自定位和二维地图生成[37]。

（2）水面/水下机器人

水面/水下机器人按其使用水域可分为内河水面机器人、海洋水面机器人、浅水机器人、深水机器人（图 1-24）。

(a) 内河水面机器人

(b) 海洋水面机器人

(c) 浅水机器人

(d) 深水机器人

图 1-24　水面/水下机器人

如图 1-24(b) 所示为英国自主水面航行器公司研发的 "C-Enduro" 水面无人艇[38]。该无人艇重仅 350kg，集成太阳能帆板、风力发电机和柴油发电机三种动力系统的，其装载着 GoPro 摄像头、海洋哺乳动物声探测器和一个气象站；借助于多个动力系统，它能够在海上滞留长达 3 个月，能够以 7 节（1 节≈1.85km/h）的速度航行并进行科学任务，并且其碳纤维船体能够自动扶正，不惧海上风浪。

图 1-24(c) 则展示了一种基于 Arduino 的小型浅水水下机器人[39]，该机器人总体布局合理，结构紧凑，稳定性好，能够完成回转、升沉、进退和转艏运动，且具有良好

的耐压和密封性能。

图 1-24(d) 所示的为中国首个自主研制的自治式潜水器（AUV）"潜龙一号"，它的最大工作水深 6000m，巡航速度 2 节，最大续航能力 24h，配有浅地层剖面仪等探测设备，可完成海底微地形地貌精细探测、底质判断、海底水文参数测量和海底多金属结核丰度测定等任务。通过路径规划等程序设定，潜水器在水下可以根据不同的任务，自主选取不同的运动模式；在较复杂的海底地形下，它还能够自主避障；它可实现三维坐标下 5 个自由度的连续运动控制，具有自动定向、定深、定高、垂向移动、横向运动、位置和路径闭环控制功能，也具有水面遥控航行功能。

（3）空中机器人

一般地，我们将离地面 100m 以内的空间定义为超低空，距离为 100～1000m 的空间为低空，1000～7000m 的空间为中空，而 7000～15000m 则为高空。按中国民航局空域分类，根据机器人工作区域的不同，将空中机器人可分为中低空机器人、高空机器人和其他空中机器人。

图 1-25(a) 展示的是中国的"翼龙"无人机[40]，该无人机是一种集中空、长航时、侦察打击一体的多用途无人机，它具备全自主平轮式起降和飞行能力，最大起飞质量达 1100kg。机重 1.1t，长 9m，航程超过 4000km，升限 5000m，最大续航时间约为 20h。可携带国产 KD-10 激光制导导弹、LS-6GPS 制导炸弹等，对地面目标进行精确打击，被称为中国版的"捕食者"攻击型无人机。图 1-25(b) 则为美国研制的"全球鹰"无人机，该无人机系统包含机体、侦测器模组、航电系统、资料链四部分，其最高速度能达到 650km/h，航程为 25000km，实用升限可达 20000m。

(a) 中低空机器人

(b) 高空机器人

图 1-25　空中机器人

（4）空间机器人

空间机器人按使用空间可分为空间站机器人、星球探测机器人和其他空间机器人。

图 1-26(a) 为帮助飞船对接的加拿大机械臂（加拿大臂），其能在操作人员控制下协助航天员完成各类任务。在国际空间站上，加拿大臂的一项主要工作是协助航天飞机、货运飞船等飞行器与国际空间站对接。加拿大臂能够利用国际空间站的骨架——综合桁架结构，在国际空间站上移动，从而能够被部署到空间站的不同位置，在空间站建设和维护的过程中充当太空吊车，将空间站舱段、维护所需的各种设备和物料移动到合适的位置。宇航员也可以将自己连接在加拿大臂末端，借助加拿大臂在空间站外围便捷地移动到需要工作的位置。

图 1-26（b）则是 2021 年 5 月 15 日成功降落火星的"祝融号"火星探测车，由于火星离太阳较远，为了吸收更多的能量，其太阳能帆板和车身比例要比月球车大很多。另外，"祝融号"携带了 6 种科学载荷，有导航地形相机、次表层探测雷达、火星表面成分探测仪、火星气象测量仪、多光谱相机和火星表面磁场探测仪，以完成火星巡视区形貌和地质构造探测、火星巡视区土壤结构（剖面）探测和水冰探查、火星巡视区表面元素、矿物和岩石类型探查，以及火星巡视区大气物理特征与表面环境探测等任务。

(a) 空间站机器人　　　　　　　　　　　　(b) 星球探测机器人

图 1-26　空间机器人

1.3.4　以编程和控制方式进行分类

根据机器人的编程和控制方式，可将机器人分为编程型机器人、主从机器人和协作机器人。

（1）编程型机器人（图 1-27）

编程型机器人按其编程方式可分为示教编程机器人、离线编程机器人和其他编程型机器人。示教编程机器人需要实际的机器人系统和工作环境，编程时机器人将停止工作，编程的质量取决于编程者的经验，但是该种机器人的编程简单方便，使用灵活，不需要环境模型，能适用大部分小型机器人项目。而离线编程机器人则需要机器人系统和工作环境的图形模型，编程时也不会影响机器人工作，可通过仿真实验程序实现复杂运行轨迹的编程，但并非所有机器人都可提供离线编程软件，且部分编程软件价格昂贵，现场实际情况与模拟 3D 模型误差较大，难以形成准确的轨迹。

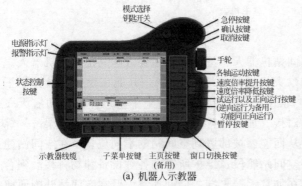

(a) 机器人示教器　　　　　　　　　　　　(b) 离线编程软件

图 1-27　编程型机器人

（2）主从机器人

主从机器人又可称为遥操作机器人，主要是指应用主从控制技术的机器人。主从控制，即建立主手和从手之间的映射关系，并根据此映射关系设计相应的控制方法，实现主手对从手的完全控制。主从机器人系统由以下几个部分组成：操作者、主手、从手、感知系统、控制系统等。主手由操作者直接控制，主手根据操作者的操作向在现场的从手发出指令，使从手进行作业，同时从手将现场的信息如视觉、触觉、听觉等通过传感器反馈回操作者。按其控制方式可分为单向主从机器人、双向主从机器人和其他主从机器人。

（3）协作机器人

协作机器人是一种新型工业机器人，可利用物联网感知等新兴技术进行智能人机交互，实现与人类近距离协同工作，以提高生产效率[41]。按其控制方式可分为人机协作机器人和其他协作机器人。

人机协作是由机器人从事精度与重复性高的作业流程，而工人在其辅助下进行创意性工作。人机协作机器人的使用，使企业的生产布线和配置获得了更大的弹性空间，也提高了产品良品率。人机协作的方式可以是人与机器分工，也可以是人与机器一起工作。

图 1-28 所示为 ABB 研发的协作机器人 YuMi 与人合作时的场景，该机器人是全球首款名副其实的人机协作机器人，既能与人类并肩执行相同的作业任务，又可确保其周边区域安全无虞，已实现人类与机器人的无间合作。

图 1-28　协作机器人

1.3.5　以机械结构进行分类

除了上述的分类方式，机器人还可按其机械结构类型分为垂直关节型机器人、平面关节型机器人、直角坐标型机器人、并联机器人和其他机械结构类型机器人。其中，垂直关节型机器人按其轴数可分为四轴关节机器人、五轴关节机器人、六轴关节机器人和其他垂直关节型机器人；平面关节型机器人按其手臂数量可分为单臂 SCARA 机器人、双臂 SCARA 机器人和其他平面关节型机器人；直角坐标型机器人按其自由度可分为三自由度机器人、四自由度机器人、五自由度机器人和其他直角坐标型机器人；并联机器人按其结构形式可分为平面并联机器人、球面并联机器人、空间并联机器人和其他并联机器人。在此就不再进行具体介绍。

1.4 机器人技术发展趋势

经过半个多世纪的发展，机器人技术已经对人类的生产和生活方式产生了深远影响，并成为衡量一个国家科技创新和高端制造业水平的重要标志。如今，在科技水平快速发展以及人们日益增长的需求的共同作用下，机器人技术得到了空前的关注，被认为是新技术革命的核心。通过回顾近些年来机器人技术的发展历程，可以总结出如下一些发展趋势。

（1）模块化设计技术

智能机器人和高级工业机器人的结构要力求简单紧凑，其高性能部件甚至全部机构的设计已向模块化方向发展。所谓机器人的模块化是指将机器人某些要素结合起来，构成一个具有特定功能的子系统；然后，将这些子系统作为通用性的模块与其他子系统进行结合，构成一个完整的机器人，从而产生多种不同功能或者相同功能、不同性能的效果。例如，关节模块中的伺服电机、减速机、检测系统三位一体化；由关节模块、连杆模块用重组方式构造机器人整机。通常，模块之间的连接有两个层面的要求，一个是机械结构层面的连接，另一个是模块间的通信，所以要想真正完成机器人的模块化设计就必须了解如何实现机器人模块之间的硬件设计和软件设计。目前，模块化机器人的应用领域日益扩大，人们期望模块化机器人能在更多的领域为人类服务，代替人类完成更多更复杂的工作，使得模块化设计技术成为机器人技术的发展趋势之一。

（2）多传感器信息融合技术[42]

在众多机器人控制技术中，传感器技术在机器人的控制中起到了至关重要的作用。传感器及信息融合技术使机器人能够全面获取外界信息，并对这些信息加以分析判断，从而做出正确的反应。机器人在感知外界环境时，首先要完成信息采集工作，而这项工作正是传感器完成的。另外，传感器采集到的信息量非常大，因此，要对多个传感器获取的各种环境信息进行加工和处理，选择恰当的方法和技术才能使机器人按人类既定的要求进行智能作业，甚至完成人类无法完成的一些特殊任务。综上所述，多传感器信息融合技术在容错性、互补性和实时性等方面表现出的优势非常突出，其研究成果已经展现出巨大的研究价值和应用潜力。

与此同时，人工智能的发展趋势是走向融合：传统机器学习＋深度学习＋强化学习＋知识推理＋智能决策，这一趋势将伴随着智能机器人的产业化发展。可以预见，利用人工智能的各种方法，以知识为基础构成多传感器信息融合将继续成为未来信息融合技术重要研究方向之一。多传感器信息融合技术的研究已成为近年来十分热门的课题，它在机器人系统智能化发展中起着无可比拟的作用，应用前景十分广阔。

（3）柔性机器人技术

动物利用软结构的变形性，在复杂的自然环境中高效地移动。这些软结构本质上是兼容的并可以承受巨大的压力，是机器结构中难以实现的。柔性机器人技术是指采用柔性材料进行机器人的研发、设计和制造，其目标是为机器人提供新的、受生物启发的功能，使机器人能够在不可预知的环境中在形态上相互适应。软体机器人中材料的自适应性在一定程度上能够以刚性机器人无法实现的方式降低机械和算法的复杂性，且该技术能够与人进行安全的交互，从而在众多领域具有广阔的应用前景。

（4）人机交互技术

新的社会发展趋势表明未来新一代机器人系统将从更多方面模仿人，尤其是机器人与人之间应更多地表现出一种和谐共存、优势互补的合作伙伴关系，即与人共融是新一代机器人系统的最本质特征[43]。而人机交互技术作为其中的关键技术，也是未来机器人技术的发展趋势之一。该项技术能够解决目前大多数机器人只能在特定的工作空间完成有限的动作及交互的问题，从而真正地走进普通人的生活中，实现人与机器人的和谐工作。

参考文献

[1] 董静. 你应该知道的机器人发展史 [J]. 机器人产业，2015（1）：108-114.

[2] 中国电子学会. 机器人简史 [M]. 北京：电子工业出版社，2015.

[3] 申宁馨. 军事机器人发展简史 [J]. 环球科学，2010（8）：24-25.

[4] 潘同泰. 机器人发展史与原理 [J]. 华冈工程学报，2010（25）：1-6.

[5] 张宇. 国外工业机器人发展历史回顾 [J]. 机器人产业，2015（3）：68-82.

[6] Gasparetto A，Scalera L. A brief history of industrial robotics in the 20th century [J]. Advances in Historical Studies，2019，8（1）：24-35.

[7] Furman J，Gawer A，Silverman B S，et al. Entrepreneurship，Innovation，and Platforms [M]. Emerald Publishing Limited，2017.

[8] Jokić D，Lubura S，Rajs V，et al. Two Open Solutions for Industrial Robot Control：The Case of PUMA 560 [J]. Electronics，2020，9（6）：972.

[9] Chanal H，Guyon J B，Koessler A，et al. Geometrical defect identification of a SCARA robot from a vector modeling of kinematic joints invariants [J]. Mechanism and Machine Theory，2021，162：104339.

[10] Raibert M，Blankespoor K，Nelson G，et al. Bigdog，the Rough-Terrain Quadruped Robot [J]. IFAC Proceedings Volumes，2008，41（2）：10822-10825.

[11] 刘想德. 基于视觉引导的 Baxter 机器人运动控制研究 [J]. 重庆邮电大学学报（自然科学版），2018，30（4）：552-557.

[12] Liang J，Zhang G，Wang W，et al. Dual Quaternion Based Kinematic Control for Yumi Dual Arm Robot [C]. 2017 14th International Conference on Ubiquitous Robots and Ambient Intelligence（URAI），Jeju，Korea（South），June 28-July 1，2017，pp. 114-118.

[13] 张悦湘. 智能扫地机器人发展历程及未来趋势 [J]. 湖北农机化，2020，（11）：158-160.

[14] Metta G，Sandini G，Vernon D，et al. The iCub Humanoid Robot：An Open Platform for Research in Embodied Cognition [C]. Proceedings of the 8th workshop on performance metrics for intelligent systems，Gaithersburg，USA，August 19-August 21，2008，pp：50-56.

[15] Keating M F，Zhang J，Feider C L，et al. Integrating the MasSpec Pen to the da Vinci Surgical System for In Vivo Tissue Analysis during a Robotic Assisted Porcine Surgery [J]. Analytical Chemistry，2020，92（17）：11535-11542.

[16] Bingler A，Mohseni K. Dual Radio Autopilot System for Lightweight，Swarming Micro/Miniature Aerial Vehicles [J]. Journal of Aerospace Information Systems，2017，14（5）：293-306.

[17] Yang D，Bewley T. A Minimalist Stair Climbing Robot（SCR）Formed as a Leg Balancing & Climbing Mobile Inverted Pendulum（MIP）[C]. 2018 IEEE/RSJ International Conference on Intelligent Robots and Systems（IROS），Madrid，Spain，October 1-October 5，2018，pp：2464-2469.

[18] Huang D，Fan W，Liu Y，et al. Design of a Humanoid Bipedal Robot Based on Kinematics and Dynamics Analysis of Human Lower Limbs [C]. 2020 IEEE/ASME International Conference on

Advanced Intelligent Mechatronics (AIM), Boston, USA, July 6-July 9, 2020, pp: 759-764.

[19] GB/T 39405—2020, 机器人分类 [S].

[20] Robot built for Japan's aging workforce finds coronavirus role [EB/OL]. [2020-06-09]. https: //www. reuters. com/article/us-health-coronavirus-japan-robot-idUSKBN23G190.

[21] 研发 8 年，最先进的 LUKE 仿生假肢终于投入使用 [EB/OL]. [2016-12-26]. https: //www. sohu. com/a/122629225 _ 505837.

[22] 胡仁昱，胡泷.管道内窥检测机器人的设计 [J].自动化应用，2019 (3): 87-88, 91.

[23] 青海玉树再发地震 天灾面前的那些救援机器人 [EB/OL]. [2016-10-19]. http: //blog. sina. com. cn/s/blog _ 15192347c0102wkd9. html.

[24] 张兵.国外无人排爆机器人发展现状研究初探 [J].科技视界，2020 (31): 23-24.

[25] Xiaolong Xie, Yujun Li, Kewei Li, et al. Total robot-assisted choledochal cyst excision using da Vinci surgical system in pediatrics: Report of 10 cases [J]. Journal of Pediatric Surgery, 2020, 56 (3): 553-558.

[26] 康复机器人：这是属于你的"大白"[EB/OL]. [2016-07-13]. https: //www. douban. com/note/570073477/.

[27] 腾讯机器狗 Jamoca 和自平衡轮式移动机器人首次亮相 [EB/OL]. [2020-11-20]. http: //www. cncms. com. cn/keji/20201120/112016276. html.

[28] 许波，赵超泽，张玉美，等.飞机起落架全方位移动装配机器人设计与研究 [J].航空制造技术，2021, 64 (5): 60-67.

[29] Jacob Reher, Wen-Loong Ma, Aaron D. Ames. Dynamic Walking with Compliance on a Cassie Bipedal Robot [C]. 2019 18th European Control Conference (ECC), Naples, Italy, June 25-June 28, 2019, pp: 2589-2595.

[30] 刘京运.从 Big Dog 到 Spot Mini: 波士顿动力四足机器人进化史 [J].机器人产业，2018 (2): 109-116.

[31] 陈文家.履带式移动机器人研究综述 [J].机电工程，2007, (12): 109-112.

[32] D Zarrouk, Mann M, Degani N, et al. Single actuator wave-like robot (SAW): Design, modeling, and experiments [J]. Bioinspiration & Biomimetics, 2016, 11 (4): 046004.

[33] AIKO 蛇形机器人-障碍物辅助运动和非线性系统控制理论 [EB/OL]. [2019-11-07]. https: //www. bilibili. com/read/cv3914604/.

[34] Yan J, Yang K, Liu G, et al. Flexible Driving Mechanism Inspired Water Strider Robot Walking on Water Surface [J]. IEEE Access, 2020, 8: 89643-89654.

[35] 三维室内测绘机器人 [EB/OL]. [2018-01-10]. https: //www. sohu. com/a/215921106 _ 753451.

[36] 红外设备预警火情！航天科工自主研制的智能"巡逻机器人"上岗啦 [EB/OL]. [2018-06-05]. https: //www. sohu. com/a/234153011 _ 100095947.

[37] 煤矿井下机器人"大明星"和他们的"神秘武器"（二）[EB/OL]. [2020-06-10]. https: //www. sohu. com/a/401164919 _ 120059709.

[38] Oh H, Tsourdos A, Savvaris A. Development of Collision Avoidance Algorithms for the C-Enduro USV [J]. IFAC Proceedings Volumes, 2014, 47 (3): 12174-12181.

[39] 范涛.基于 Arduino 的小型浅水水下机器人研制 [D].大庆：东北石油大学，2019.

[40] 呼涛.解码中国自主研制"翼龙"无人机 [J].科技中国，2017 (2): 82-85.

[41] 解迎刚，兰江雨.协作机器人及其运动规划方法研究综述 [J/OL]. [2021-04-27].计算机工程与应用：1-20. http: //kns. cnki. net/kcms/detail/11. 2127. TP. 20210427.1319. 002. html.

[42] 孙晓莉.多传感器信息融合在机器人技术中的应用 [J].无线互联科技，2018, 15 (2): 130-131.

[43] 何玉庆，赵忆文，韩建达，等.与人共融——机器人技术发展的新趋势 [J].机器人产业，2015 (5): 74-80.

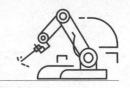

第2章 机器人机构总体设计

2.1 系统分析

2.1.1 机器人系统的功能

机器人控制系统是机器人的重要组成部分，用于对机器人的控制，以完成特定的工作任务，其基本功能如下：

① 记忆功能：存储作业顺序、运动路径、运动方式、运动速度和与生产工艺有关的信息。

② 示教功能：离线编程，在线示教，间接示教。在线示教包括示教盒和导引示教两种。

③ 与外围设备联系功能：输入和输出接口、通信接口、网络接口、同步接口。

④ 坐标设置功能：有关节、绝对、工具、用户自定义四种坐标系。

⑤ 人机接口：示教盒、操作面板、显示屏。

⑥ 传感器接口：位置检测、视觉、触觉、力觉等。

⑦ 位置伺服功能：机器人多轴联动、运动控制、速度和加速度控制、动态补偿等。

⑧ 故障诊断安全保护功能：运行时系统状态监视、故障状态下的安全保护和故障自诊断。

2.1.2 机器人系统的组成

① 控制计算机：控制系统的调度指挥机构，一般为微型机、微处理器，有 32 位、64 位等，如奔腾系列 CPU 以及其他类型 CPU。

② 示教盒：示教机器人的工作轨迹和参数设定，以及所有人机交互操作，拥有自己独立的 CPU 以及存储单元，与主计算机之间以串行通信方式实现信息交互，如图 2-1 所示。

③ 操作面板：由各种操作按键、状态指示灯构成，只完成基本功能操作。

④ 硬盘和软盘存储：存储机器人工作程序的外围存储器。

⑤ 数字和模拟量输入输出：各种状态和控制命令的输入或输出。

⑥ 打印机接口：记录需要输出的各种信息。

⑦ 传感器接口：用于信息的自动检测，实现机器人柔顺控制，一般为力觉、触觉

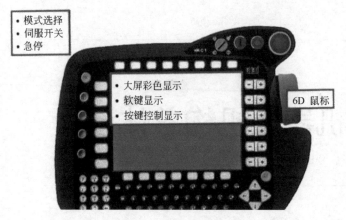

图 2-1　机器人示教盒

和视觉传感器。

⑨ 轴控制器：完成机器人各关节位置、速度和加速度控制。

⑩ 辅助设备控制：用于和机器人配合的辅助设备控制，如手爪变位器等。

⑪ 通信接口：实现机器人和其他设备的信息交换，一般有串行接口、并行接口等。

⑫ 网络接口：Ethernet 接口，可通过以太网实现数台或单台机器人的直接 PC 通信，数据传输速率高达 10Mbit/s，可直接在 PC 上用 Windows 库函数进行应用程序编程之后，支持 TCP/IP 通信协议，通过 Ethernet 接口将数据及程序装入各个机器人控制器中；Fieldbus 接口，支持多种流行的现场总线规格，如 Device net、AB Remote I/O、Interbus-s、Profibus-DP、M-NET 等。

以焊接机器人为例，机器人系统如图 2-2 所示。

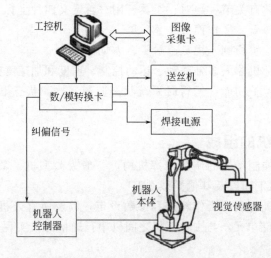

图 2-2　焊接机器人系统

⑬ 机器人本体结构：机器人本体主要由手臂、手腕、平衡缸、连接臂、旋转台、底座组成；当然，其他类型的机器人会有相应的差异，以六轴机器人作为案例进行说明，如图 2-3 所示。

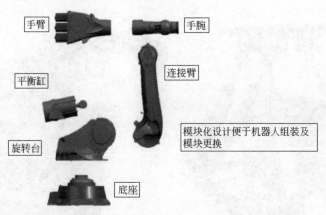

图 2-3　六轴机器人本体结构

2.1.3　机器人系统的分类

① 程序控制系统：给每一个自由度施加一定规律的控制作用，机器人就可实现要求的空间轨迹。

② 自适应控制系统：当外界条件变化时，为保证所要求的品质或为了随着运行的积累而自行改善控制品质，其过程是基于机器人的状态和伺服误差的观察，再调整非线性模型的参数，一直到误差消失为止。这种系统的结构和参数能随时间和条件自动改变。

③ 人工智能系统：事先无需编制运动程序，而是要求在运动过程中根据所获得的周围状态信息，实时确定控制作用。

2.2　技术设计

2.2.1　基本参数确定

由于机器人的结构、用途和用户要求的不同，机器人的技术参数也不同。一般来说，机器人的技术参数主要包括自由度、工作范围、工作速度、承载能力、精度、驱动方式、控制方式等。

（1）自由度

机器人的自由度是指机器人所具有的独立坐标轴运动的数目，但是一般不包括手部（末端操作器）的开合自由度。自由度表示了机器人动作灵活的尺度，图 2-4 及图 2-5 展示了六自由度机械手臂。机器人的自由度越多，越接近人手的动作机能，其通用性越好，但是自由度越多，结构也越复杂。

（2）工作范围

机器人的工作范围是指机器人手臂或手部安装点所能达到的空间区域。因为手部末端操作器的尺寸和形状是多种多样的，为了真实反映机器人的特征参数，这里指不安装末端操作器时的工作区域。机器人工作范围的形状和大小十分重要，机器人在执行作业时可能会因为存在手部不能达到的作业死区而无法完成工作任务。机器人所具有的自由度数目机器组合决定其运动图形，而自由度的变化量（即直线运动的距离和回转角度的大小）则决定着运动图形的大小。以 ABB 的 IRB1200-7/0.7d 为例，图 2-6 展示了其工作范围。

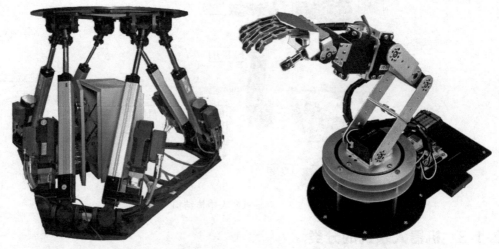

图 2-4　高精度方位混合控制六自由度并联机器人　　图 2-5　六自由度机械手臂

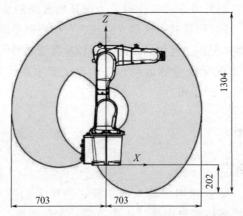

图 2-6　ABB IRB1200-7/0.7d 机器人工作范围

（3）工作速度和最大工作速度

指机器人在工作载荷条件下、匀速运动过程中，机械接口中心或工具中心点在单位时间内所移动的距离或转动的角度。产品说明书中一般提供了主要运动自由度的最大稳定速度，但是在实际应用中仅考虑最大稳定速度是不够的。这是因为运动循环包括加速启动、等速运行和减速制动三个过程。如果最大稳定速度高允许的极限加速度小，则加减速的时间就会长一些，即有效速度就要低一些。所以，在考虑机器人运动特性时，除了要注意最大稳定速度外，还应注意其最大允许的加减速度。

最大工作速度通常指机器人手臂末端的最大速度，工作速度直接影响到工作效率，提高工作速度可以提高工作效率，所以机器人的加速减速能力显得尤为重要，需要保证机器人加速减速的平稳性。

（4）承载能力

指机器人在工作范围内的任何位姿上所能承受的最大负载，通常可以用质量、力矩、惯性矩来表示。承载能力不仅决定于负载的质量，而且还与机器人运行的速度和加速度的大小和方向有关。一般低速运行时，承载能力大，为安全考虑，规定在高速运行时所能抓起的工件质量作为承载能力指标。

（5）定位精度、重复定位精度和分辨率

我们经常说的机器人的精度是指机器人的定位精度和重复定位精度。定位精度是指机器人手部实际到达位置和目标位置之间的差异。重复定位精度是指机器人重新定位其手部于同一目标位置的能力，可以用标准偏差这个统计量来表示。分辨率是指机器人每根轴能够实现的最小移动距离或最小转动角度。定位精度、重复精度和分辨率并不一定相关，它们是根据机器人使用要求设计确定的，取决于机器人的机械精度与电气精度。

（6）驱动方式

机器人的驱动方式一般是指机器人的动力源形式，主要有液压驱动、气压驱动和电力驱动等方式。不同的驱动方式有各自的优势和特点，如液压驱动的主要优点在于可以以较小的驱动器输出较大的驱动力，缺点是油料容易泄漏，污染环境。气压驱动主要优点是具有较好的缓冲作用，可以实现无级变速，但是噪声大。而电气驱动驱动效率高，使用方便，而且成本较低，因此目前机器人较常用的也就是电气驱动方式。

（7）控制方式

机器人的控制方式则指机器人用于控制轴的方式，目前主要分为伺服控制和非伺服控制。伺服控制方式又可以细分为连续轨迹控制类和点位控制类。与非伺服控制机器人相比，伺服控制机器人具有较大的记忆储存空间，可以储存较多点位地址，可以使运行过程更加复杂平稳。

2.2.2 行走方式选择

（1）导轨式

导轨式移动机构是通过在机器人基座处安装导轨实现机器人整机运动的机构，在工业机器人领域称为机械手第七轴或者机器人行走轴，由于机器人安装行走地轨的成本比直接安装多台机器人的成本更低，投入到生产线上可以提升生产效率，为企业带来更高的经济效益[1]。机器人行走地轨慢慢地也普及了起来，具有以下优点：

① 可根据实际使用的需要，对有效行程进行调整；
② 运动由机器人直接控制，不需要增加控制系统；
③ 运行速度快，有效负载大；
④ 防护性能好，可适用于机床上下料、点焊、涂胶、搬运等作业；
⑤ 结构简单，易于维护；
⑥ 使用伺服电机控制，通过精密减速机、齿轮、齿条进行传动，重复精度高。

第七轴机器人行走系统适用于机床工件上下料、焊接、装配、喷涂、检验、铸造、锻压、热处理、金属切削加工，搬运、码垛等工作，一个机器人行走系统可以实现多工位搬运，一台机器人能够与多台加工中心实现自动化加工流程。第七轴机器人行走系统能够有效节约成本，提高机器的工作效率，是一种能够实现多工位搬

运的行走系统。

（2）履带式

履带式移动机器人能够很好地适应地面的变化，比较适合山岳地带和凹凸不平的环境[2,3]，如图 2-7 所示。因此对履带式移动机器人的研究得以蓬勃发展。履带式移动机器人具有以下特点：

① 支撑面积大，接地比压小，下陷度小，滚动阻力小，越野机动性能好，适合于松软或泥泞场地作业。

② 转向半径极小，可以实现原地转向。

③ 履带支撑面上有履齿，不易打滑，牵引附着性能好，有利于发挥较大的牵引力。

④ 具有良好的自复位和越障能力，带有履带臂的机器人还可以像腿式机器人一样实现行走。

⑤ 没有脚轮及转向机构，转弯时只能靠左右两个履带的速度差，转弯阻力大，不能准确地确定回转半径。

（3）轮式

轮式移动机器人的运动稳定性虽然与路面的路况有很大关系，但是由于其具有自重轻、承载大、机构简单、驱动和控制相对方便、行走速度快、机动灵活、工作效率高等优点，因而被大量应用于工业、农业、反恐防暴、家庭、空间探测等领域，图 2-8 所示为智能轮式巡检机器人。按车轮数目可对地面移动机器人进行归类分析，按其结构可分为单轮滚动机器人、两轮移动机器人、三轮及四轮移动机器人、复合式（带有车轮）移动机器人[4]。

图 2-7　履带式机器人　　　　　　　图 2-8　智能轮式巡检机器人

轮式机器人可进行转向与直线行走两种运动，且两种运动相互独立，从而避免了非完整约束的存在。在应用方面，轮式滚动机器人具有广阔的应用前景：利用其水陆两栖的特性，可将它引入到海滩和沼泽地等环境，进行运输、营救和矿物探测；利用其外形纤细的特性，可将它用作监控机器人，实现对狭窄地方的监控；在航天领域，基于单轮滚动机器人的原理，可以开发不受地形影响、运动自如的月球车。

（4）步行式/腿式

在一些人类无法到达的地方和可能危及人类生命的特殊场合，如行星表面、工地、矿井、防灾救援和反恐现场等，不规则和不平坦的地形是这些环境的共同特点，这使轮式机器人和履带式机器人的应用受到限制。在这种背景下，腿式机器人的研究蓬勃发展起来，其特点为比较适合于山岳地带和凹凸不平的环境。其结构可以分为单腿式、双腿式、多腿式。图2-9～图2-11分别展示了不同结构的腿式机器人[5,6]。

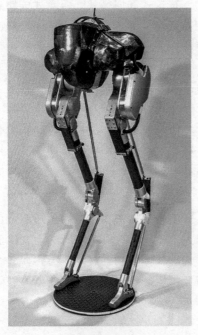

图 2-9　鸵鸟机器人的腿部结构

图 2-10　波士顿动力研发的机器人

图 2-11　六足机器人

第一，腿式机器人的运动轨迹是一系列离散的足印，轮式和履带式机器人的则是一条条连续的辙迹。崎岖地形中往往含有岩石、泥土、沙子甚至峭壁和陡坡等障碍物，可以稳定支撑机器人的连续路径十分有限，这意味着轮式和履带式机器人在这种地形中已经不适用。而腿式机器人运动时只需要离散的点接触地面，对这种地形的适应性较强，正因为如此，腿式机器人对环境的破坏程度也较小。

第二，腿式机器人的腿部具有多个自由度，使运动的灵活性大大增强。它可以通过调节腿的长度保持身体水平，也可以通过调节腿的伸展程度调整重心的位置，因此不易翻倒，适用于要求机器人保持一定稳定性的场景。

第三，腿式机器人的身体与地面是分离的，这种机械结构的优点在于，机器人的身体可以平稳地运动而不必考虑地面的粗糙程度和腿的放置位置，能有效应用于粗糙度不定的场景。此外，还可以应用于机器人需要携带科学仪器和工具的工作场景。在此种工作情况中，首先将腿部固定，然后精确控制身体在三维空间中的运动，就可以达到对目标进行操作的目的。

（5）爬行式

爬行式机器人比较适合于管道内、壁面等环境。其中，爬壁机器人一般可以实现两个基本功能：在壁面上的吸附功能和移动功能。按吸附功能可分为真空吸附和磁吸附两种形式：真空吸附法又分为单吸盘和多吸盘两种结构形式，具有不受壁面材料限制的优点，但当壁面凸凹不平时，容易使吸盘漏气，从而使吸附力下降，承载能力降低；磁吸附法可分为电磁体和永磁体两种，电磁体式维持吸附力需要电力，但控制较方便。永磁体式不受断电的影响，使用中安全可靠，但控制较为麻烦。磁吸附方式对壁面的凸凹适应性强，且吸附力远大于真空吸附方式，不存在真空漏气的问题，但要求壁面必须是导磁材料，因此严重地限制了爬壁机器人的应用环境[7]。

壁面爬行机器人按移动功能可以分为吸盘式、车轮式和履带式。吸盘式能跨越很小的障碍，但移动速度慢；车轮式移动速度快、控制灵活，但维持一定的吸附力较困难；履带式对壁面适应性强，着地面积大，但不易转弯。而这三种移动方式的跨越障碍能力都很弱。

管道爬行机器人应用于需要机器人沿管道内部或外部自动行走、携带一种或多种传感器及机械的工作场景，其可在操作人员的遥控操作或计算机的自动控制下进行一系列管道作业。常见的管道机器人主要应用于部分管道的检测和维修，能持续稳定地在管道内爬行，并且可以快速换向实现倒退；机器人可以在一定范围内改变径向尺寸，以自适应管径的变化；具有很好的自锁功能，防止在前进时倒退。

（6）蠕动式

蠕动式机器人比较适合于管道内窄小空间，适用于采用流体驱动中气压驱动的工作场景。通常将蠕动式机器人设计为软体管道机器人[8,9]，将不同功能的气动软体驱动器串联起来，形成软体管道机器人的主体。通过对气动软体驱动器施加压力，使各个驱动器产生膨胀、弯曲或伸缩等变形，驱动器之间相互作用，进而实现软体机器人在管道中的蠕动运动。

（7）游动式

游动式机器人比较适合于在液体中运行，图 2-12 为一种无人驾驶水下机器人。应用领域有：水下勘测，携带设备进行探索和测量；医疗领域，作为血管机器人帮助医生完成外科手术，清除动脉血管垃圾等[10]。

（8）飞行式

在军事领域，飞行式机器人可用于军方的监视任务，也可进行普通的监视工作。

在农业领域，飞行式机器人可辅助用于农业生产，在日本约有 500 台飞行机器人被应用于农业生产当中，它们能够播种，喷洒农药和化肥，已成为农场主的忠实帮手。图 2-13 为蝴蝶式仿生机器人[11]。

图 2-12　水下机器人

图 2-13　蝴蝶式仿生机器人

2.2.3 传感器系统布局

随着机器人技术的不断发展，机器人的应用领域和功能有了极大的拓展和提高。智能化已成为机器人技术的主要发展趋势，而传感器技术则是实现机器人智能化的基础。由于单一传感器获得的信息非常有限，而且要受到自身品质和性能的影响，因此，智能机器人通常配有数量众多的不同类型传感器，以满足探测和数据采集的需要。

多传感器信息融合布局技术可有效地解决信息孤立、信息丢失问题，它综合运用控制原理、信号处理、仿生学、人工智能和数理统计等方面的理论，将分布在不同位置、处于不同状态的多个传感器所提供的局部的、不完整的观察量加以综合，消除多传感器信息之间可能存在的冗余和矛盾，利用信息互补，降低不确定性，以形成对系统环境相对完整一致的感知描述，从而提高智能系统决策、规划的科学性，反应的快速性和正确性，降低其决策风险。机器人多传感器信息融合技术已成为智能机器人研究领域的关键技术之一[12]。

（1）工业机器人传感器系统布局

在工业机器人中，除采用传统的位置、速度和加速度传感器外，装配、焊接机器人还应用了视觉、力觉和超声波等传感器。表 2-1 给出了多传感器信息融合技术在工业机器人领域应用的典型实例。

表 2-1   多传感器信息融合技术在工业机器人领域应用

研究者/机构	使用传感器的类型	所实现的功能
Hitachi 公司	三维视觉传感器、力觉传感器	抓取、放置半导体器件
Groen 等人	视觉传感器、超声波传感器、力/力矩传感器、触觉传感器	机械产品装配
Smith、Nitan 等人	视觉传感器、力觉传感器	粘贴包装标签
Kremers 等人	视觉传感器、激光测距扫描仪	完成无缝焊接
Georgia 理工学院	视觉传感器、触觉传感器	检验工件的一致性
王敏、黄心汉	视觉传感器、超声波传感器	自动识别并抓取工件

（2）机器人手爪传感器系统布局

美国的 Utah/MIT 灵巧手、日本的 ARH 智能手爪以及我国的 HIT/DLR 机器人灵巧手、BH-3 灵巧手都配有多种传感器，主要包括视觉传感器、接近觉传感器、力/力矩传感器、位姿/姿态传感器、速度/加速度传感器、温度传感器以及触觉/滑觉传感器等。

哈尔滨工业大学和德国宇航中心（DLR）联合研制的新一代多传感器、高集成度的 HIT/DLR 机器人灵巧手，配备多种传感器是 HIT/DLR 机器人灵巧手的显著特点之一，包括指尖力/力矩传感器、关节力矩传感器、关节位置传感器、电机霍尔传感器和温度传感器等 94 个传感器，传感器信息处理系统采用总线型多处理器网络结构，并实现了传感器系统的全数字化、电路的高度集成化和通信控制系统的高速智能化。HIT/DLR 机器人灵巧手在希腊举行的 2007 年度欧洲机器人研究会年会中荣获欧盟机器人技术转化一等奖。

（3）飞行机器人传感器系统布局

飞行机器人的姿态和位置对机器人起着至关重要的作用，因此，飞行机器人通常配有 GPS/INS（全球定位系统/惯性导航系统）导航器件。高精度的 GPS 信息可以用来修正 INS，控制其误差随时间的积累；当 GPS 信号受到高强度干扰，或当卫星系统接收机出现故障时，INS 系统可以独立地进行导航定位。卡尔曼滤波和扩展的卡尔曼滤波是常用的信息融合算法。由 Kong Wai Weng、Mohand Shukrib 和 Zainal Abidin 等人研制的四转轴飞行机器人配有加速度传感器、方位传感器和陀螺仪用于测量机器人的位姿和倾角，采用互补滤波器对各传感器输出的数据进行融合，有效地减少了噪声对传感器的干扰。

（4）移动机器人传感器系统布局

第一个应用多传感器信息融合技术来构建未知环境实物模型的可移动机器人是由法国 LASS 实验研制而成的，该机器人配有 16 个超声波传感器、2 个二维激光测距仪、1个视觉传感器和 1 个黑白相机。通过超声波和视觉传感器来产生一个被层次化坐标所分割的图像，通过视觉和激光测距传感器来感知环境中的三维区域格，并通过约束来提出无关的特征。同时，在此机器人上设定每只传感器的不确定性为高斯分布，且所有传感器测量值的标准偏差相同，采用加权平均法作为系统信息融合的算法。

对传感器的综合运用的成功案例之一是美国的火星探测机器人 Sojourner，该机器人将传感器系统转变为设立一个高度集成的多传感器平台，并搭配有黑白和彩色成像系统数套。其在传感器系统中大量运用了信息融合技术，利用融合后的信息实现自主导航、定位、土壤和岩石成分分析等操作。在该机器人的传感器系统布局中，使用了里程表、速度传感器、加速度传感器、航向传感器、测距仪等传感器，并采用了航位推测法和扩展卡尔曼滤波技术等融合算法。

对于传感器的布局设计，我国也有众多成功的设计案例。其中，中科院自动化所研制的智能移动机器人，集感知、视觉、语音识别与会话功能于一体。在机器人底层配有 16个触觉传感器，中间两层配有 16 个超声波传感器和 16 个红外线传感器，一只视觉传感器位于机器人顶部。采用多 DSP 并行处理各类传感器的信号，提高了信号处理的速度。

由沈阳自动化所和中国科学院自动化所联合设计研制的基于复合机构的非结构环境移动机器人，是我国第一台采用计算机融合红外、超声、视觉、电子陀螺和语音等传感器信息的具有一定自主能力的轮-腿-履带复合型移动机构的机器人。机器人的四周装有11 个超声波传感器和 7 个红外线传感器，以弥补其探测盲区。超声和红外传感器采集的车体附近的障碍物距离信息经过滤波、归一化处理之后作为避障算法的输入。此外，机器人上还安装了用来确定目标物体方位的视觉传感器和用作检测机器人位置、航向、姿态的电子罗盘。这些来自多种传感器的信息经过信息融合系统的预先处理后传送到控制和监控计算机，为控制决策提供依据。

（5）爬行机器人传感器系统布局

由美国 MIT 研制的仿昆虫爬行机器人很好地体现了多传感器信息融合布局。该机器人配有红外线传感器、超声波传感器、触力传感器、编码器、姿态传感器、视觉传感器等多种传感器共计 65 个。采用基于行为的运动模式发生器和模糊神经网络信息融合技术，通过算法模仿昆虫的智能行为，采用感知—触发的思路，在输入和输出之间没有复杂的计算处理过程，通过自组织实现系统的复杂行为，在非结构环境中具有良好的适用性。

Scorpion 是由德国 Bremen 大学研发的一种仿生机器人。该机器人有 8 条腿，能够轻易下陡坡、攀悬崖，甚至能钻进裂隙，因而，更适宜在诸如火星等星球上进行科学探测。在该仿生机器人的传感器系统设计中，Scorpion 配有用于避障的超声波传感器、用于定位的陀螺仪、用于测量机器人机体倾角的姿态传感器、用于采集图像的视觉传感器和足端压力传感器。同时，研究人员将基于生物控制 CPG（中枢模式发生器）原理用于对传感器信息的融合与机器人的控制当中，使机器人可以更加自然、协调地适用非结构环境。

（6）水下机器人传感器系统布局

由哈尔滨工程大学研究的智能水下机器人配有避碰声呐、水下摄像机和成像声呐，研究者对所配备的传感器进行性能分析后，对其采集的信息进行可信度配置，采用 D-S 论据推理方法，把各类传感信息作为证据进行决策级融合，以实现机器人的自主导航、自主避碰和自主作业。

此外，机器鱼也是多传感器信息融合布局的理想实现平台。由中国科学院自动化所研制的仿生机器鱼可根据不同的任务配备不同的传感器和采取相应的信息融合策略。分别在该机器鱼的前部、左侧、右侧、上部和底部布置多只红外线传感器，形成红外线传感器网络，采用基于专家经验的方法建立规则库对红外线传感器所采集的信息进行融合，从而实现了机器鱼的自主避障。在后续的研究中，在该基础上又对仿生机器鱼增加了多只超声波传感器，采用基于增强式学习的信息融合策略，给出了状态集和行为集，采用当场奖励和延时奖励相结合的方法，获得了有效的状态行为组合。在机器鱼的头部安置了图像传感器，通过感知环境光照变化来完成水下目标识别任务。

综上所述，基于多传感器信息融合的系统布局已经开始在机器人领域中进行应用，它的发展有助于机器人智能研究和传感器技术的发展。

2.2.4 机械结构设计

（1）整机设计原则

① 最小运动惯量原则。由于机器人运动部件多，运动状态经常改变，必然产生冲击和振动，采用最小运动惯量原则，可增加机器人运动平稳性，提高机器人动力学特性。为此，设计时应注意在满足强度和刚度的前提下，尽量减小运动部件的质量，并注意运动部件对转轴的质心配置。

② 尺度规划优化原则。当设计要求满足一定工作空间要求时，通过尺度优化选定最小的臂杆尺寸，这将有利于机器人刚度的提高，使运动惯量进一步降低。

③ 高强度材料选用原则。由于机器人从手腕、小臂、大臂到机座是依次作为负载起作用的，选用高强度材料以减轻零部件的质量是十分必要的。

④ 刚度设计的原则。设计中，刚度是比强度更重要的问题。要使刚度取大，必须恰当地选择杆件剖面形状和尺寸，提高支承刚度和接触刚度，合理地安排作用在臂杆上的力和力矩，尽量减少杆件的弯曲变形。

⑤ 可靠性原则。机器人因机构复杂、环节较多，可靠性问题显得尤为重要。一般来说，元器件的可靠性应高于部件的可靠性，而部件的可靠性应高于整机的可靠性。可以通过概率设计方法设计出可靠度满足要求的零件或结构，也可以通过系统可靠性综合方法评定机器人系统的可靠性。

⑥ 工艺性原则。机器人是一种高精度、高集成度的自动机械系统，良好的加工和装配工艺性是设计时要体现的重要原则之一。仅有合理的结构设计而无良好的工艺性，

必然导致机器人性能的降低和成本的提高。

（2）机器人结构设计方法和步骤

① 确定工作对象和工作任务。

② 确定设计要求。

a.负载：根据用户工作对象和工作任务的要求，参考同类产品标准，确定机器人的负载。

b.速度：根据用户工作对象和工作任务的要求，参考国内外同类产品，确定机器人末端的最大复合速度和机器人各单轴的最大角速度。

c.精度：根据用户工作对象和工作任务的要求，参考国内外同类产品的先进机型，确定机器人的重复定位精度。

d.示教方式：根据用户工作对象和工作任务的要求；确定机器人的示教方式。一般机器人的示教方式有离线示教（离线编程）、示教盒示教、人工手把手示教。

e.根据用户工作对象和工作任务的要求，参考国内外同类产品的先进机型，确定机器人的工作空间的大小和形状。

f.尺寸规划：根据对工作空间的要求，参考国内外同类产品的先进机型，确定机器人的臂杆长度和臂杆转角，并进行尺寸优化。

③ 机器人运动的耦合分析。对大多数非直接驱动的机器人而言，前面关节的运动会引起后面关节的附加运动，产生运动耦合效应。比如将六个轴的电动机均装在机器人的转塔内，通过链条、连杆或齿轮传动其他关节的设计，再比如同心的齿轮套传动腕部关节的设计，都会产生运动耦合效应。设计六自由度的交流伺服机器人，一般情况下前4个轴的运动都设计成相对独立的，而运动耦合只发生在4、5、6轴之间，即5轴的运动受到4轴运动的影响，6轴的运动受到4轴和5轴运动的影响。这样做既能保证机械结构的紧凑，又不会使有耦合关系的轴太多。

④ 机器人手臂的平衡。便于人工手把手示教，使驱动器基本上只需克服机器人运动时的惯性力，而忽略重力矩的影响，免除机器人手臂因自重下落伤人的危险。在伺服控制中因减少了负载变化的影响，因而可实现更精确的伺服控制。

⑤ 机器人动力学分析。机器人因各轴的重力矩均已基本平衡，故在这些轴运转时，电动机主要需克服的是由各轴转动惯量所带来的动力矩。

⑥ 电动机的选用。选好交流伺服电动机，是设计的关键。由于机器人要求结构紧凑、重量轻、运动特性好，故希望在同样功率的情况下，电动机重量要尽可能轻、外形尺寸要尽可能小。

在选用时要注意，交流伺服电动机的速度是可调节的，且在相当大的转速范围内电动机输出的转矩是恒定的，故选用电动机时只要电动机的额定转速大于各轴所需的最高转速就行。

同时还要注意与交流伺服电动机配置在一起的位置编码器的选用，并注明电动机是否需要带制动器等。

⑦ 减速器的选用。常见的有RV减速器和谐波减速器。RV减速器具有长期使用不需再加润滑剂、寿命长、刚度好、减速比大、低振动、高精度、保养便利等优点，适用于在机器人上使用。它的传动效率为0.8，相对于同样减速比的齿轮组，这样的效率是很高的。它的缺点是重量重，外形尺寸较大。谐波减速器的优点是重量较轻，外形尺寸

较小，减速比范围大，精度高。

⑧ 机器人臂体校核。机器人的手臂要进行强度校核和刚度校核，在满足强度和刚度的情况下，手臂要尽可能采用轻型材料，以减少运动惯量，并给平衡机构减少压力。

（3）机器人腰部、臂部和腕部等结构的设计

① 腰部结构。机器人腰部包括机座和腰关节，机座承受机器人全部重量，要有足够的强度和刚度，一般用铸铁或铸钢制造，机座要有一定的尺寸以保证操作机的稳定，并满足驱动装置及电缆的安装。

腰关节是负载最大的运动轴，对末端执行器运动精度影响最大，故设计精度要求高。腰关节的轴可采用普通轴承的支承结构。

② 臂部结构。臂部作用是连接腰部和腕部，实现机器人在空间中的运动。手臂的长度尺寸要满足工作空间的要求，由于手臂的刚度、强度直接影响机器人的整体运动刚度，同时又要灵活运动，故应尽可能选用高强度轻质材料，减轻其重量。在臂体设计中，也应尽量设计成封闭形和局部带加强肋的结构，以增加刚度和强度。

③ 腕部结构。腕部用来连接机器人手臂和末端执行器，并决定末端执行器在空间里的姿态。腕部一般应有2～3个自由度，结构要紧凑，质量较小，各运动轴采用分离传动。图 2-14 为 P-100 型机器人手腕。

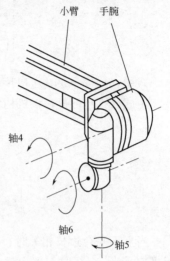

图 2-14　P-100 型机器人手腕

2.3　仿真分析

2.3.1　运动学计算

（1）三自由度并联机器人机构的运动学计算及运动学方程的建立

以一种新型的三杆三自由度并联机器人机构为例，对并联机器人的运动学计算进行介绍，并对其运动学正反计算式进行推导，给出运动空间和根据作业空间设计结构参数的计算式[13]。

所举例的三自由度并联机构由运动平台、固定平台、平行机构及连接两平台的 3 个分支组成。其中，3 个分支与运动平台、固定平台相连的运动副为虎克副，两个虎克副之间为移动副。3 个移动副为机构的 3 个驱动副，由于所加的空间平行机构限制了 3 个转动自由度，即运动平台在运动中只能保持平动。机构还剩有 3 个移动自由度，当机构运动平台的移动副作为输入时，运动平台 3 个位置参数即会发生变化。图 2-15 为该机构原理图。

首先在该机构的固定平台建立一个坐标系 $Oxyz$，

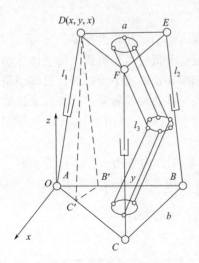

图 2-15　机器人机构原理图

如图 2-15 所示，机构上下平台均为等边三角形，边长分别为 a、b，对应边分别平行，两平台相对位置在运动中保持姿势不变，可作如图 2-15 所示的两条辅助线 DB'、DC' 分别平行于 EB、FC，形成一个以 D 为顶点，$\triangle AB'C'$ 为底的三棱锥 $D\text{-}AB'C'$，设 3 个棱边长分别为 l_1、l_2、l_3，从图示的几何关系可建立下列关于 D 点的方程：

$$\begin{cases} x^2+y^2+z^2=l_1^2 \\ x^2+(y-c)^2+z^2=l_2^2 \\ \left(x-\dfrac{\sqrt{3}}{2}c\right)^2+\left(y-\dfrac{c}{2}\right)^2+z^2=l_3^2 \end{cases} \tag{2-1}$$

式中，$c=a-b$，为上下平台边长之差。

由式(2-1)可得，该机构的运动学位置问题逆方程为：

$$\begin{cases} l_1=\sqrt{x^2+y^2+z^2} \\ l_2=\sqrt{x^2+(y-c)^2+z^2} \\ l_3=\sqrt{\left(x-\dfrac{\sqrt{3}}{2}c\right)^2+\left(y-\dfrac{c}{2}\right)^2+z^2} \end{cases} \tag{2-2}$$

当上下平台边长相等时，$c=0$，方程有无穷多解。此时机构属于不稳定结构，即平行机构。当 $c\neq0$ 时，解上述方程可求得 D 点坐标，即该机构运动学问题位置正方程为：

$$\begin{cases} x=\dfrac{l_1^2+l_2^2-2l_3^2+c^2}{2\sqrt{3}\,c} \\ y=\dfrac{l_1^2-l_2^2+c^2}{2c} \\ z=\dfrac{\sqrt{(l_1^2+l_2^2+l_3^2+c^2)^2-3(l_1^4+l_2^2+l_3^4+c^4)}}{\sqrt{6}\,c} \end{cases} \tag{2-3}$$

（2）工业码垛机器人运动学计算

以一种新型工业码垛机器人机构为例，对码垛机器人运动学计算进行举例分析[14]。

所选工业码垛机器人具有 4 个独立的自由度，在运动分析时可将机器人的整体运动拆成平行四连杆机构的平面运动，抓手绕机械臂执行端的转动以及平行四连杆机构绕基座的转动等三部分进行。由于第二及第三项运动都是关于垂直轴的转动，分析起来比较简单，所以本文的分析重点将放在平行四连杆机构的平面运动上。图 2-16 所示为新型工业码垛机器人示意图及平行四连杆机构的结构简图。

接下来分析当机器人水平运动驱动电机驱动滑块 E 正方向移动 x、垂直运动驱动电机驱动滑块 F 正方向移动 y 时其腕部的移动规律。由图 2-16 可知：$D_0F=DF-y$ 和 $D_0E=DE+x$，且有

$$\theta_1=\arctan\left(\frac{DF-y}{DE+x}\right)$$

$$EF=\sqrt{D_0F^2+D_0E^2}=\sqrt{(DF-y)^2+(DE+x)^2} \tag{2-4}$$

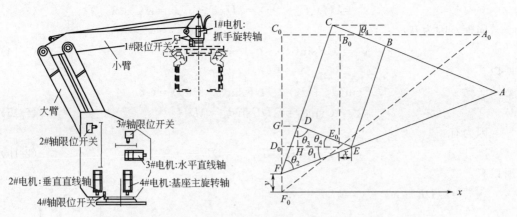

图 2-16　工业码垛机器人结构示意图及平面四连杆结构示意图

在 $\triangle DEF$ 中,可有:

$$\theta_2 = \arccos\left(\frac{DF^2 + EF^2 - DE^2}{2 \times DF \times DE}\right)$$

$$\theta_3 = \arccos\left(\frac{DF^2 + DE^2 - EF^2}{2 \times DF \times DE}\right) \tag{2-5}$$

此时 C 点坐标为:

$$\begin{cases} x_C = CF\cos(\theta_1 + \theta_2) \\ y_C = y + CF\sin(\theta_1 + \theta_2) \end{cases} \tag{2-6}$$

则 A 点的坐标为:

$$\begin{cases} x_A = x_C + AC\cos(\pi - \theta_1 - \theta_2 - \theta_3) \\ y_A = y_C + AC\sin(\pi - \theta_1 - \theta_2 - \theta_3) \end{cases} \tag{2-7}$$

将 C 点坐标式代入 A 点坐标式,可得:

$$\begin{cases} x_A = CF\cos(\theta_1 + \theta_2) + AC\cos(\pi - \theta_1 - \theta_2 - \theta_3) \\ y_A = y + CF\sin(\theta_1 + \theta_2) - AC\sin(\pi - \theta_1 - \theta_2 - \theta_3) \end{cases} \tag{2-8}$$

由于 $\pi - \theta_1 - \theta_2 - \theta_3 = \theta_4$,所以可以推出:

$$\begin{cases} x_A = CF\cos(\theta_1 + \theta_2) + AC\cos\theta_4 \\ y_A = CF\sin(\theta_1 + \theta_2) - AC\sin\theta_4 + y \end{cases} \tag{2-9}$$

设 $CF = \lambda DF$,则 $AC = \lambda DE$,有:

$$x_A = \lambda DF\cos(\theta_1 + \theta_2) + \lambda DE\cos\theta_4 \tag{2-10}$$

因为有:

$$DF\cos(\theta_1 + \theta_2) = D_0H$$
$$DE\cos\theta_4 = HE \tag{2-11}$$

由图可知:

$$D_0H + HE = D_0E \tag{2-12}$$

所以:

$$x_A = \lambda D_0F + \lambda FE = \lambda(D_0E_0 + E_0E)$$

$$\Rightarrow \lambda(D_0E_0 + x) = \lambda D_0 E_0 + \lambda x = AC + \lambda x \tag{2-13}$$

同理，因为有：

$$y_A = CF\sin(\theta_1 + \theta_2) - AC\sin\theta_4 + y \tag{2-14}$$

所以：

$$CF\sin(\theta_1 + \theta_2) = \lambda DF\sin(\theta_1 + \theta_2) = GF$$
$$AC\sin\theta_4 = \lambda DE\sin\theta_4 = \lambda DH \tag{2-15}$$

因为有：

$$GF - DH = D_0F = DF - y \tag{2-16}$$

所以有：

$$y_A = \lambda(DF - y) + y = \lambda DF - (\lambda - 1)y \tag{2-17}$$

通过上面的推导，可以得出该机器人的运动学结论：当 F 点固定，E 点沿水平方向移动时，A 点的水平移动距离是 E 点的 λ 倍，同时 A 点的水平移动速度亦为 E 点的 λ 倍；当 E 点固定，F 点沿垂直方向移动时，A 点的垂直移动距离是 F 点的 $\lambda - 1$ 倍，同时 A 点的垂直移动速度亦为 F 点的 $\lambda - 1$ 倍。其中 $\lambda = AC/BC = CF/DF$。

（3）拟人机器人运动学分析

目前对于拟人类机器人解决运动学问题的方法已达几十种之多，由于常规的坐标变换法和 D-H 规则最为直观，应用也最为广泛，这里也采用它们来进行拟人机器人的运动学分析。所建模型如图 2-17 所示。

图 2-17 中机器人为直立姿势，并取为机器人零位。具体的坐标系说明可参照表 2-2。

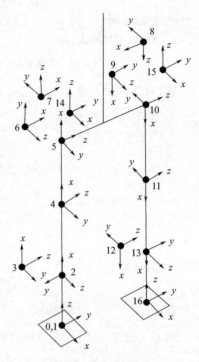

图 2-17 拟人机器人

表 2-2 坐标系说明

坐标系	原点位置	固连对象	备注
0	右踝中心在地面投影	地面	
1	同 0 位置	右脚	
2	右踝中心	右踝十字框	该十字框使 2 自由度轴线交于跳关节中心
3	同 2	右小腿	
4	右膝中心	右大腿	
5	右髋中心	右髋十字框	该十字框使 2 自由度轴线交于髋关节中心
6	同 5	右髋蜗杆	蜗轮蜗杆机构使 3 轴线交于髋关节中心
7	同 5	躯干	
8	左髋中心	左髋十字框	同 5
9	同 8	左髋蜗杆	同 6
10	同 8	左大腿	

坐标系	原点位置	固连对象	备注
11	左膝中心	左小腿	
12	左踝中心	左踝十字框	同 2
13	同 12	左脚	
14	同 5	躯干	
15	同 8	躯干	
16	右踝中心在地面投影	左脚	

其正运动学分析如下：

拟人机器人的正运动学计算相对比较简单，利用如图 2-17 所示模型中的坐标系 0～13 就足够进行正运动学计算了。与工业机器人正运动学计算唯一不同的一点就在于转换矩阵 $_0^1T$，由于坐标系 1 固连于机器人右脚，而在机器人的可能动作中，右脚相对地面的位姿有各种可能，所以坐标系 1 可绕坐标系 0 的任一坐标轴旋转，其中 α_1、β_1、γ_1 分别为坐标系 1 绕坐标系 0 的 z、y、x 轴的转角；l_x、l_y、l_z 为坐标系 0 的原点距坐标系 1 的原点的位移向量分别在坐标系 0 的 x、y、z 轴上的投影。这样就避免了由于拟人机器人不存在基座而造成的对拟人机器人进行运动学分析需要分段处理的问题。

则右脚在任意时刻相对地面的位姿为 $_0^1T$；躯干相对地面的位姿为 $_7^0T = _1^0T_2^1T_3^2T_4^3T_5^4T_6^5T_7^6T$；左脚相对地面的位姿为 $_{13}^0T = _7^0T_8^7T_9^8T_{10}^9T_{11}^{10}T_{12}^{11}T_{13}^{12}T$。

其逆运动学分析如下：

拟人机器人由于自由度数目太多，若直接由左脚的位姿反解各关节角的大小，公式的推导将非常复杂，但我们注意到与工业机器人不同的是，在进行拟人机器人的逆运动学计算时，不仅知道严格意义上的"末端执行器"——左脚相对于参考坐标系 0 的位姿，往往还知道躯干相对于参考坐标系 0 的位姿。故可将从右脚到左脚的运动链分成为左、右腿两条运动链，从而避免了由于大量矩阵相乘而造成的无法解方程组的现象，同时也大大减小了逆运动学的计算量。为此在如图 2-17 所示的模型中添加了 3 个辅助坐标系 14、15 和16，由左脚以及躯干的位姿完成远离参考坐标系 0 的左腿的逆运动学公式推导：

$$_{16}^{15}T = (_{15}^0T)^{-1} \times _{16}^0T = (_{14}^0T_{15}^{14}T)^{-1} \times _{16}^0T = _8^{15}T_9^8T_{10}^9T_{11}^{10}T_{12}^{11}T_{13}^{12}T_{16}^{13}T$$

2.3.2　动力学计算

机器人的动态特性可用一组数学方程来描述，称为机器人的动态运动方程。机器人动力学是研究如何建立机器人运动的数学方程。机器人控制的目的是根据预定的系统特性和预期的目标达到计算机控制机器人的动态响应。一般来说，机器人控制系统的动态性能直接取决于机器人动力学模型的建立和选定相应的控制定律或策略[15]。

机器人的实际动力学模型可根据已知的物理定律求得。通常先用杆件的具体几何和惯性参数建立起表示机器人各关节的动力学运动方程，然后可用拉格朗日-欧拉方法和牛顿-欧拉方法推导实际的机器人运动方程。以这两种方法为基础，描述机器人动力学方程的形式有很多种，如拉格朗日方程、牛顿-欧拉方程、凯恩方程、广义达郎贝尔方程等。这些方程都描述同一实际的机器人的动态特性。从某种意义上说，它们是等价的。但这些方程间结构却可以不同，因为它们是为了不同的任务和目的而建立的。有的是为了快速计算控制机器人关节的驱动力矩，有的是为了便于控制的分析和综合，还有的是为了改进机器人运动的计算和仿真。

（1）建立系统运动模型

以六自由度并联机器人的结构为例说明[16]。为描述运动平台的运动，选取两个坐标系，即动坐标系 $Oxyz$ 和静坐标系 $O'x'y'z'$。选取动坐标系的坐标原点为负载和运动平台的综合质心，控制点为运动平台的几何中心。动坐标系固定在运动平台和负载上，坐标轴的方向与台体的惯性主轴方向平行，负载物的安放应使其惯性主轴与动坐标系的坐标轴平行。在初始位置时，静坐标系 $O'x'y'z'$ 与动坐标系完全重合，但静坐标系固定在大地上。静坐标系实际上是动坐标系的参考对象，当平台运动时，以大地为参照物，静坐标系是不动的。但对于动坐标系，相对于平台来说它是不动的，以大地为参照物时，它是随着平台位姿的变化而变化的。

参见图 2-18，系统的结构主要由以下五个参数决定：

R_A：运动平台的六个作动器（执行器）上铰安装点外接圆的半径。

R_B：下平台的六个作动器下铰安装点外接圆的半径。

l_{3s}：作动器上铰点 A_2 与 A_3、A_4 与 A_5、A_6 与 A_1 之间的距离。

l_{3x}：作动器下铰点 B_1 与 B_2、B_3 与 B_4、B_5 与 B_6 之间的距离。

l_2：平台处于初始运动位置（中间位置）时作动器上下铰之间的距离。

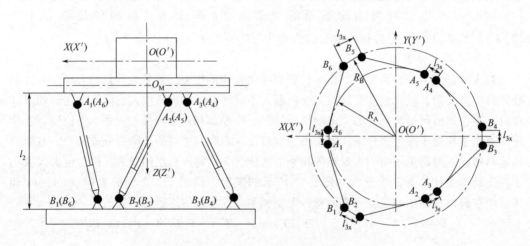

图 2-18　系统结构参数示意图

$A_1 \sim A_6$—作动器上铰点；$B_1 \sim B_6$—作动器下铰点；$A_1B_1 \sim A_6B_6$—第 1~6 号作动器；

O_M—平台质心；O—综合质心（包括负载和平台）

（2）六自由度并联机器人动力学分析

六自由度并联机器人的动力学计算是指计算平台在运动过程中各作动器提供的驱动力情况，这是进行伺服作动器负载匹配的基础，同时也为伺服控制系统选择动力元件提供重要的依据。系统动力学问题中的参数只涉及两相关坐标系之间的转移，所以我们可以利用运算量较小的牛顿-欧拉法建立系统的动力学方程。

根据伽利略-牛顿力学的假设和基本定理，我们把牛顿方程建立在静坐标系上，而将欧拉方程建立在动坐标系上，这样可以直接利用运动学分析推导出角速度、角加速度，避免对它们进行坐标变换，减少运算量。

① 系统的惯性力和惯性力矩。

在静坐标系中，根据牛顿公式，系统的惯性力为：

$$\boldsymbol{F}_g = -(m+M)\boldsymbol{a}_g \tag{2-18}$$

式中　$\boldsymbol{a}_g$——三个平动方向的加速度，$\boldsymbol{a}_g = \begin{bmatrix} a_4 & a_5 & a_6 \end{bmatrix}^T$。

在动坐标系中，根据欧拉动力学方程，系统在动坐标系中的惯性矩为 $\boldsymbol{M}_t = (\boldsymbol{J}\boldsymbol{w}_t) \times \boldsymbol{w}_t - \boldsymbol{J}\boldsymbol{\varepsilon}_t$。

式中　$\boldsymbol{w}_t$——3 个转动方向的角速度，$\boldsymbol{w}_t = \begin{bmatrix} w_{t_1} & w_{t_2} & w_{t_3} \end{bmatrix}^T$；

$\boldsymbol{\varepsilon}_t$——3 个转动方向的角加速度；

$\boldsymbol{J}$——动坐标系下运动部分对 3 个坐标轴的转动惯量矩阵，$\boldsymbol{J} = \mathrm{diag}(J_1, J_2, J_3)$。

② 系统的主矢和主矩。

系统在静坐标系中的主矢为：

$$\boldsymbol{P}_c = \boldsymbol{D}_e\boldsymbol{P} + \boldsymbol{Q}$$

式中　$\boldsymbol{D}_e$——各作动器在静坐标系中的方向余弦矩阵，又称为主矢变换矩阵，$\boldsymbol{D}_e = |d_{eij}|_{3\times6}$；

$\boldsymbol{P}$——作动器的驱动力矢量，其方向沿作动器的轴线方向，$\boldsymbol{P} = |P_{ij}|_{6\times1}$；

$\boldsymbol{Q}$——重力矢量，$\boldsymbol{Q} = -(m+M)\boldsymbol{g} |0\ 0\ 1|^T$。

系统在动坐标系中的主矩为：

$$\boldsymbol{M}_c = \boldsymbol{A} \times (\boldsymbol{D}_c\boldsymbol{P}) = \boldsymbol{H}\boldsymbol{P}$$

式中　$\boldsymbol{H}$——系统主矩变换矩阵，$\boldsymbol{H} = |h_{ij}|_{3\times6} = \boldsymbol{A}\boldsymbol{D}_c$；

$\boldsymbol{D}_c$——各作动器在动坐标系中的方向余弦矩阵，$\boldsymbol{D}_c = |d_{cij}|_{3\times6}$；

$\boldsymbol{A}$——上铰支点在动坐标系中的坐标矩阵，$\boldsymbol{A} = |a_{ij}|_{3\times6}$。

③ 动力学方程的建立。

由牛顿-欧拉法知，系统的惯性力、惯性力矩、主矢和主矩应满足

$$\begin{cases} \boldsymbol{P}_c + \boldsymbol{F}_g = 0 \\ \boldsymbol{M}_c + \boldsymbol{M}_t = 0 \end{cases} \tag{2-19}$$

即

$$\begin{cases} \boldsymbol{D}_e\boldsymbol{P} + \boldsymbol{Q} + \boldsymbol{F}_g = 0 \\ \boldsymbol{H}\boldsymbol{P} + \boldsymbol{M}_t = 0 \end{cases} \tag{2-20}$$

为写成动力学方程的标准形式，可将上式写成

$$\begin{bmatrix} \boldsymbol{D}_e \\ \boldsymbol{H} \end{bmatrix}\boldsymbol{P} + \begin{bmatrix} \boldsymbol{Q} \\ \boldsymbol{M}_1 \end{bmatrix} + \begin{bmatrix} 0 & \boldsymbol{F}_e \\ \boldsymbol{M}_2 & 0 \end{bmatrix}\ddot{\boldsymbol{q}} = 0 \tag{2-21}$$

式中　$\ddot{\boldsymbol{q}}$——系统质心的（角）加速度，$\ddot{\boldsymbol{q}} = \begin{bmatrix} \boldsymbol{a}_g & \boldsymbol{\varepsilon}_1 \end{bmatrix}^T$。

$$\boldsymbol{M}_1 = (\boldsymbol{J}\boldsymbol{w}_t) \times \boldsymbol{w}_t - \boldsymbol{J}\boldsymbol{E}\boldsymbol{q}_t$$

$$\boldsymbol{M}_2 = -\boldsymbol{J}\boldsymbol{E}$$

$$\boldsymbol{F}_e = -(m+M)^* \mathrm{diag}(1,1,1)$$

则可求得作动器驱动力矢量 $\boldsymbol{P}$，$\boldsymbol{P} = \boldsymbol{U}\ddot{\boldsymbol{q}} + \boldsymbol{V}$。

式中　$\boldsymbol{U}$——广义质量矩阵，$\boldsymbol{U} = -\begin{bmatrix} \boldsymbol{D}_e \\ \boldsymbol{H} \end{bmatrix}^{-1}\begin{bmatrix} 0 & \boldsymbol{F}_e \\ \boldsymbol{M}_2 & 0 \end{bmatrix}$；

V——与机构广义力及哥氏离心力有关的矩阵，$V = \begin{bmatrix} D_e \\ H \end{bmatrix}^{-1} \begin{bmatrix} Q \\ M_1 \end{bmatrix}$。

用上述公式，可求出对应于系统不同运动状态时各作动器所受的力。

2.3.3 运动空间分析

（1）一种三自由度并联机器人机构的运动空间分析

该机器人运动空间是指机器人运动时磨削执行器能够到达的所有空间区域，利用运动学位置正方程可在计算机上仿真出该机构的运动空间，如图2-19所示，可以看出工作空间形状为六棱陀螺形的复杂形状。由位置正方程可以得出最大横截面六边形的两对边距离为 $y_{max} - y_{min}$。设三个驱动杆结构相同，则：

$$y_{max} - y_{min} = \frac{l_{max}^2 - l_{min}^2 + c^2}{2c} - \frac{l_{min} - l_{min}^2 + c^2}{2c} = \frac{l_{max}^2 - l_{min}^2}{c} \tag{2-22}$$

式中，l_{max}、l_{min} 分别为驱动杆的最大长度和最小长度。

内接圆半径为：$R = \dfrac{l_{max}^2 - l_{min}^2}{2c}$。

取作业面积为内接圆的内接正方形，该正方形的边长为：$S = \sqrt{2}R = \dfrac{l_{max}^2 - l_{min}^2}{\sqrt{2}\,c}$。

在任意两个驱动杆所确定的平面内，可构成三角形如图2-20所示。

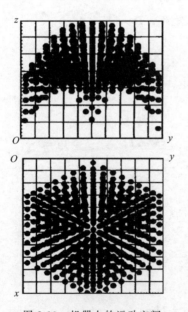

图2-19 机器人的运动空间

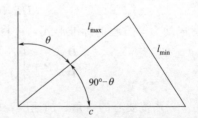

图2-20 两驱动杆和 c 所构成的三角形约束

由余弦定理有：

$$l_{min}^2 = l_{max}^2 + c^2 - 2c l_{max} \cos(90° - \theta) \tag{2-23}$$

式中，θ 为球铰（或虎克铰）的转角。

设 $l_{max} = k l_{min}$　（$k \geqslant 1$），则有

$$\frac{c^2}{l_{\min}^2} - 2\frac{c}{l_{\min}}k\sin\theta + k^2 - 1 = 0$$

要使上式有解，应满足下式：

$$\Delta = 4k^2\sin^2\theta - 4(k^2-1) \geqslant 0$$

$$1 \leqslant k_{\max} \leqslant \frac{1}{\cos\theta_{\max}} \tag{2-24}$$

式中，$\theta_{\max}$ 为驱动杆的转角范围。该式可作为驱动杆参数设计的依据。表 2-3 给出参数 $\theta_{\max}$ 和 $k_{\max}$ 的典型值。

表 2-3 $\theta_{\max}$ 和 $k_{\max}$ 的典型值

$\theta_{\max}$	$k_{\max}$
40°	1.3
50°	2.5
60°	2.0

则

$$c = (k\sin\theta \pm \sqrt{1-k^2\cos^2\theta})l_{\min}$$

可根据上述作业面积用式来确定该机构的结构参数。

（2）工业码垛机器人的运动空间分析

运动空间是该工业码垛机器人的一项重要性能参数，因为其末端执行器（抓手）只能在其工作空间范围内运动，使用者必须严格根据工作空间决定工件的码垛起止位置。由于该机器人严格执行放大比例关系，所以抓手所能到达的位置主要取决于水平滑块与垂直滑块的运动范围，也就是说抓手在竖直方向上的运动范围是垂直滑块在竖直方向范围的 5 倍，而抓手 A 点在水平方向上的运动范围是水平滑块在水平方向范围的 6 倍。又由于机器人工作时还得绕基座进行旋转，所以，其工作空间应该是个圆柱环。

根据该码垛机器人的比例关系，通过 MATLAB 对其三维工作空间进行了仿真分析，所得结果如图 2-21 所示。在该机器人中，水平滑块在水平方向上的移动范围是 95~135mm，按比例关系，抓手在水平面的工作范围是一个半径为 2310~2550mm 的一个圆环；同样垂直滑块在垂直方向上的移动范围是 0~310mm，所以抓手在垂直方向上的工作范围是 0~1550mm，图 2-21 中的仿真结果与理论分析完全吻合。

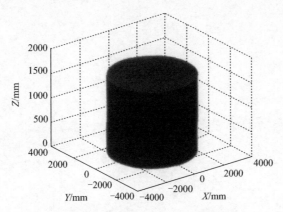

图 2-21 工业码垛机器人运动空间图

参考文献

[1] 韩金利.工业机器人第七轴的硬件设计与实现 [J].机械工程与自动化,2018 (6):178-180.

[2] 白意东,孙凌宇,张明路,等.履带机器人地面力学研究进展 [J].机械设计,2020,37 (10):1-13.

[3] 吉洋,霍光青.履带式移动机器人研究现状 [J].林业机械与木工设备,2012,40 (10):7-10.

[4] 朱磊磊,陈军.轮式移动机器人研究综述 [J].机床与液压,2009,37 (8):242-247.

[5] 刘静,赵晓光,谭民.腿式机器人的研究综述 [J].机器人,2006,28 (1):81-88.

[6] 杨东超,刘莉,徐凯,等.拟人机器人运动学分析 [J].机械工程学报,2003,39 (9):70-74.

[7] 崔旭明,孙英飞,何富君.壁面爬行机器人研究与发展 [J].科学技术与工程,2010,10 (11):2672-2677.

[8] 王宁.蠕动式软体管道机器人设计与实现 [D].沈阳:沈阳工业大学,2020.

[9] 郭瑞杰,李杰,王忠,等.一种管道机器人爬行机构的工作原理 [J].机械设计,2012,29 (11):26-30.

[10] 李雅娟.螺旋推进仿生游动机器人的研究 [D].南京:南京航空航天大学,2013.

[11] 张元开.当前小型仿生扑翼飞行机器人研究综述 [J].北方工业大学学报,2018,30 (2):57-66.

[12] 赵小川,罗庆生,韩宝玲.机器人多传感器信息融合研究综述 [J].传感器与微系统,2008 (8):1-4,11.

[13] 胡明,郭成,蔡光起,等.一种三自由度并联机器人机构运动学计算 [J].东北大学学报,1998,19 (4):411-414.

[14] 姚猛,韩宝玲,罗庆生,等.工业码垛机器人机构设计与运动学分析 [J].组合机床与自动化加工技术,2011 (5):31-33,37.

[15] 于华东.机器人动力学方程的符号法推导及快速计算 [D].北京:北京工业大学,2002.

[16] 赵慧,韩俊伟,张尚盈,等.六自由度并联机器人动力学分析和计算 [J].济南大学学报 (自然科学版),2003,17 (2):114-117.

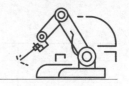

第 3 章

机器人驱动机构

本章主要介绍机器人驱动机构。常见的机器人驱动机构分为电机驱动装置、液压驱动装置和气动驱动装置，此外新型驱动方式的出现及应用，为机器人驱动机构增添了更多的驱动方式。其中，电机驱动装置可分为直流电机驱动方式、伺服电机驱动方式、步进电机驱动方式和直线电机驱动方式；液压驱动装置由直线液压驱动装置、回转液压驱动装置、机器人中液压驱动装置的使用和液压驱动其他关键零部件组成；气动驱动装置则包括直线气动驱动装置、回转气动驱动装置以及机器人中气动驱动装置的使用。而在新型驱动方式中，较为常用的有磁致伸缩驱动、形状记忆合金驱动、响应水凝胶驱动和聚合物驱动，此外还包括超声波电机驱动、人工肌肉驱动、静电驱动、压电驱动、光驱动等其他机器人驱动方式。

3.1 电机驱动

电机驱动是目前使用最多的一种驱动方式，其特点是无环境污染，运动精度高，电源取用方便，响应速度快，驱动力大，信号检测、传递、处理方便，并可采用多种灵活的控制方式。同时电机驱动装置的能源简单，速度变化范围大，效率高，速度精度和位置精度都很高。但大多需要与减速装置相连，直接驱动比较困难。

电机驱动装置又可分为普通直流电机，直流（DC）、交流（AC）伺服电机，步进电机和直线电机。普通直流电机的调速性能好，启动转矩大，可以均匀而经济地实现转速调节。有刷直流伺服电机电刷易磨损，且易形成火花。因此无刷直流电机也得到了越来越广泛的应用。步进电机驱动多为开环控制，控制简单但功率不大，多用于低精度小功率机器人系统。直线电机与其所驱动的负载直接耦合在一起，中间不存在任何减速机构，从而减少了系统传动过程中减速机构产生的间隙和松动，极大提高了机器人的精度。表 3-1 为电机驱动的特点。

表 3-1　电机驱动特点

特性	说明
输出功率	较大
控制性能	控制精度高，功率较大，能精确定位，反应灵敏。可实现高速、高精度的连续轨迹控制，伺服特性好，控制系统复杂

特性	说明
响应速度	很快
结构性能及体积	伺服电动机易于标准化。结构性能好,噪声低。电动机一般配置减速装置,除直线电机外,难以进行直接驱动,结构紧凑,无密封问题
安全性	设备本身无爆炸和火灾危险。直流有刷电机换向有火花,对环境的防爆性能差
对环境的影响	无
在工业机器人中的应用范围	适用于中小负载,要求具有较高的位置控制精度和轨迹控制精度,速度较高的机器人,如 AC 伺服喷涂机器人、电焊机器人、装配机器人等
成本	成本高
维修及使用	较复杂

机器人电机驱动装置是利用各种电机产生的力矩和力,直接或间接地驱动机器人本体以获得各种运动的执行机构。

对于机器人关节驱动的电机,要求有最大功率质量比和扭矩惯量比、高启动转矩、低惯量和较宽广且平滑的调速范围。特别是像机器人末端执行器(手爪)应采用体积、质量尽可能小的电机,尤其是要求快速响应时,伺服电机必须具有较高的可靠性和稳定性,并且具有较大的短时过载能力。这是伺服电机在工业机器人中应用的先决条件。机器人对关节驱动电机的主要要求归纳如表 3-2 所示。

表 3-2　机器人对关节驱动电机的主要要求

特性	说明
快速性	电机从获得指令信号到完成指令所要求的工作状态的时间短。响应指令信号的时间越短,电伺服系统的灵敏性越高,快速响应性能越好,一般是以伺服电机机电常数的大小来说明伺服电机快速响应的性能
启动力矩/惯量比大	在驱动负载的情况下,要求机器人伺服电机的启动力矩高,转动惯量小;启动力矩/惯量比是衡量伺服电动机动态特性的一个重要指标
控制特性的连续性和直线性	随着控制信号的变化,电机的转速能连续变化,有时还需转速与控制信号成正比或近似成正比
轻巧性	体积小,质量小,轴向尺寸短
载荷瞬时性	能够经受得起苛刻的运行条件。可进行十分频繁的正反转和加减速运行,并能在短时间内承受过载
高可靠性	可在恶劣环境下使用
调速范围宽	能使用于 1:1000~1:10000 的调速范围

电机驱动在机器人中常用于关节部位的驱动,在转动关节中通常由四种配合方式,分别为驱动机构与回转轴同轴式、驱动机构与回转轴正交式、外部驱动机构驱动臂部的形式和驱动电动机安装在关节内部的形式。

（1）驱动机构与回转轴同轴式（如图 3-1 所示）

该驱动机构直接驱动回转轴,有较高的定位精度。但是为了减轻重量,要选择小型减速器并增加臂部的刚度。它适用于水平多关节型机器人。

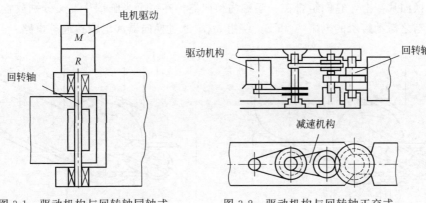

图 3-1　驱动机构与回转轴同轴式　　　　图 3-2　驱动机构与回转轴正交式

（2）驱动机构与回转轴正交式（如图 3-2 所示）

重量大的减速机构安装放在基座上，通过臂部的齿轮、链条传递运动。这种形式适用于要求臂部结构紧凑的场合。

（3）外部驱动机构驱动臂部的形式（如图 3-3 所示）

该形式适合于传递大转矩的回转运动，采用的传动机构有滚珠丝杠等。

（4）驱动电机安装在关节内部的形式（如图 3-4 所示）

驱动电机安装在关节内部的形式称为直接驱动形式。

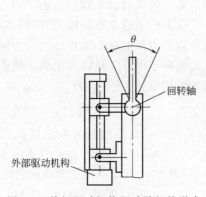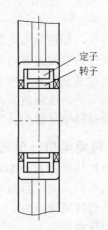

图 3-3　外部驱动机构驱动臂部的形式　　　　图 3-4　驱动电机安装在关节内部的形式

3.1.1　直流电机驱动方式

直流电机输出或输入为直流电能的旋转电机，称为直流电机，它是实现直流电能和机械能互相转换的电机。当它作电动机运行时是直流电动机，将电能转换为机械能；作发电机运行时是直流发电机，将机械能转换为电能。

（1）直流电机的结构及工作原理

如图 3-5 所示为直流电机的工作原理示意图，N 和 S 是一对固定的磁极，可以是电磁铁，也可以是永久磁铁，磁极之间有一个可以转动的铁质圆柱体，称为电枢铁芯。铁芯表面固定一个用绝缘导体构成的电枢绕组 *abcd*，绕组的两端分别接到相互绝缘的两个半圆形铜片（换向片）上，它们组合在一起称为换向器。在每个半圆铜片上又分别放置一个固定不动而与之滑动接触的电刷 A 和 B，绕组 abcd 通过换向器和电刷接通外电路。

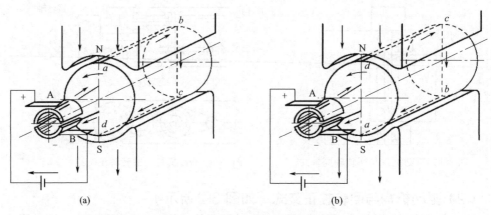

(a)   (b)

图 3-5 直流电机的工作原理示意图

将外部直流电源加到电刷 A（正极）和 B（负极）上，在导体 ab 中，电流由 a 指向 b，在导体 cd 中，电流由 c 指向 d。导体 ab 和 cd 分别处于 N、S 极磁场中，受到电磁力的作用。由左手定则可知，导体 ab 和 cd 均受到电磁力的作用，且形成的转矩方向一致，这个转矩称为电磁转矩，为逆时针方向。这样，电枢就顺着逆时针方向旋转，如图 3-5（a）所示。当电枢旋转 180°，导体 cd 转到 N 极下，导体 ab 转到 S 极下，由于电流仍从电刷 A 流入，使 cd 中的电流变为由 d 流向 c，而 ab 中的电流由 b 流向 a，从电刷 B 流出，由左手定则判断可知，电磁转矩的方向仍为逆时针方向，如图 3-5（b）所示。

由此可见，加在直流电机上的直流电源借助于换向器和电刷的作用，使直流电机电枢绕组中流过的电流的方向是交变的，从而使电枢产生的电磁转矩的方向恒定不变，确保直流电机朝着确定的方向连续旋转，这就是直流电机的基本工作原理。实际的直流电机的电枢圆周均匀地嵌放着许多绕组，相应的换向器由许多换向片组成，使电枢绕组所产生的总电磁转矩足够大且比较均匀，电机的转速也就比较均匀。

（2）直流电机在机器人中应用

直流电机是机器人必不可少的组成部分，它主要的作用是为系统提供必需的驱动力，以实现各种运动。目前市面上的直流电机主要可以分为普通直流电机以及带动齿轮传动机构的直流减速电机[1]。如图 3-6 和图 3-7 所示，为日本马步奇高速电机 RS380 和 N20 减速直流电机。

图 3-6 日本马步奇高速电机 RS380

图 3-7 N20 减速直流电机

对于不太追求速度的场合优先选用减速直流电机，直流减速电机使用方便，价格便宜、动力较大，在机器人的行走方面得到广泛应用。直流减速电机是由直流电机和齿轮减速器构成的，由于齿轮减速器有不同的减速比，所以直流减速电机可以有许多不同的转速供使用者进行选择，这给应用带来了很大的方便。下面对几种常见的减速电机进行介绍。

① RS-545ZYJ 永磁直流减速电机。

此电机工作电压为 12V，最大转速为 6000r/min，空载电流＜200mA，负载电流＜1200mA。这种电机的功率较大，可以作为机器人的驱动电机。使用两只电机各带动一个轮子，可以驱动 10～15kg 的轮式工业机器人。电机转速最好选择 300r/min。如果转速过快，就要要求操作者拥有较高的操作技术以及较快的反应能力，才可以控制好轮式机器人。如果需要增大驱动动力，可以通过减少电机的转速换取更大的转矩。表 3-3 为 RS-545ZYJ 永磁直流减速电机的主要技术参数。

表 3-3　RS-545ZYJ 永磁直流减速电机的主要技术参数

减速比	1/6	1/10	1/20	1/30	1/60	1/100	1/200	1/300
力矩/kg·cm	0.6	1.0	2.0	3.0	6.0	10.0	20.0	20.0
转速/r·min^{-1}	1000	600	300	200	100	60	30	20

② TG-38ZYJ 永磁直流减速电机。

此电机工作电压为 12V，最大转速为 6000r/min，空载电流＜120mA，负载电流＜500mA。通常用于制作各种机械手和机械臂，虽然相对于减速直流电机，伺服电机在控制机械臂和机械手关节更加精准方便，但是伺服电机的价格较贵，尤其是大功率的伺服电机更加昂贵，此时选择应用 TG-38ZYJ 永磁直流减速电机就十分经济。选择转速 30r/min 时，力矩可以达到 6kg·cm，如果力臂为 20cm 时，力量可达 0.3kg。若此时力矩还不够，可以选择 RS-545ZYJ 永磁直流减速电机，转速 30r/min 时，力矩可以达到 20kg·cm。使用时一定要留有充足的余量，因为负载加重时，转速必定下降。TG-38ZYJ 永磁直流减速电机的主要技术参数如表 3-4 所示。

表 3-4　TG-38ZYJ 永磁直流减速电机的主要技术参数

减速比	1/6	1/10	1/30	1/60	1/100	1/200	1/300	1/600
力矩/kg·cm	0.25	0.4	1	2	3	6	9	18
转速/r·min^{-1}	1000	600	200	100	60	30	20	10

对于普通直流电机，由于转速比较高，具体应用时应加齿轮传动机构，也可以直接选用减速直流电机，但如果对于一些速度要求比较高的场合，市面上很难找到合适的减速电机，此时应选用齿轮传动机构来充当减速机构。

直流电机、伺服电机以及步进电机通常配合旋转传动机构一起使用，其目的是将电机的驱动源输出的较高转速转换成较低转速，并获得较大的力矩。机器人中应用较多的旋转传动机构有齿轮链、同步带和谐波齿轮[2]。由于旋转传动机构在直流电机、伺服电机以及步进电机中使用情况相同，之后就不进行赘述了。

3.1.2　伺服电机驱动方式

伺服电机又称执行电机，在自动控制系统中，用作执行元件，把所收到的电信号转换成电机轴上的角位移或角速度输出。分为直流和交流伺服电机两大类,其主要特点是,当信号电压为零时无自转现象,转速随着转矩的增加而匀速下降。

伺服电机是指带有反馈的直流电机、交流电机、无刷电机或步进电机。它们通过控制以期望的转速和相应的期望转矩,运动到期望转角。为此,反馈装置向伺服电机控制器电路发送信号,提供电机的角度和速度。如果负载增大,转速就会比期望的转速低,电流就会增大至转速达到期望值为止。如果信号显示速度比期望值高,那么电流就会相应减小。如果还使用了位置反馈,那么位置信号用于在转子达到期望的角位置时关闭电机。如图 3-8 所示为伺服电机驱动原理框图。

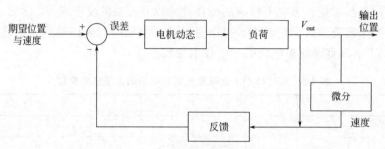

图 3-8 伺服电机驱动原理框图

目前,由于高启动力矩、大转矩、低惯量的交流和直流伺服电机在机器人中得到了广泛应用,一般在 1000N 以下的机器人多采用电机伺服驱动系统。所采用的关节驱动电机主要是直流伺服电机、交流伺服电机。其中直流伺服电机、交流伺服电机均采用闭环控制,一般应用于高精度、高速度的机器人中。

(1)直流伺服电机驱动方式及应用场合

直流伺服电机的基本结构与工作原理与一般直流电机相类似。直流伺服电机主要包括小惯量永磁直流伺服电机、无刷绕组直流伺服电机、大惯量永磁直流伺服电机、空心杯电枢直流伺服电机等。下面对几种直流伺服电机进行介绍。

① 小惯量直流永磁伺服电机。小惯量直流永磁伺服电机转子直径比较小,因此电机的惯量小,理论加速度大,快速反应性好。由于没有齿槽,低速性能好。故一般调速比可以做到 $1:10^4$ 范围,但由于转子较细,故低速输出力矩不够大,而且负载惯量的改变对整个驱动系统产生很大的影响。又由于转子细长,不利于散热,转向器也较易损坏。因此适用于对快速性能高要求严格而负载力矩不大的场合。适用的驱动器为脉宽调制(PWM)伺服驱动器和晶体管变压驱动器。

该电机可以频繁启制动、正反转工作,响应迅速。由于轴向尺寸小,能够紧密地连接到负载机构上,可以构成给一个抗扭力矩的结构体系,适用于机器人、数控等机电一体化产品。

② 无刷绕组直流永磁伺服电机。无刷绕组直流永磁伺服电机的转动惯量小,快速响应性能好;转子无铁损,因此效率高,换向性能好、寿命长、负载变化时速度变化率小,输出力矩平稳。具有特殊的转子结构,转子由薄片套组叠装而成,各层绕组按一定连接方式接成闭环,整个转子无铁芯,具有轴向平面气隙。

③ 大惯量直流永磁伺服电机。大惯量直流永磁伺服电机的输出转矩比较大,转矩波动小,机械特性硬度大,可以长期工作在堵转条件下,与小惯量电机相比,其转子明显加粗。

主要适用于要求驱动力矩较大的场合，由于力矩较大可以不用齿轮变速而直接驱动负载，消除了齿轮变速系统的齿轮间隙问题。在制造上不需采用特殊的制造工艺，因此比较经济，对负载惯性匹配问题不明显。适用的驱动器有直流 PWM 伺服驱动器、晶体管变压驱动器。

④ 空心杯型电枢直流电机。空心杯型电枢直流电机的电枢绕组用环氧树脂浇注成杯形，置于内外定子之间，内外定子分别用软磁材料和永磁材料制成，除了具有一般直流伺服电机的特点，转动惯量和机电时间常数都非常小，低速运转平滑，换向性能良好，一般适用于需要快速运动的场景中。

（2）交流伺服电机驱动方式及应用场合

交流伺服电机，是将电能转变为机械能的一种机器。交流伺服电机主要由一个用以产生磁场的电磁铁绕组或分布的定子绕组和一个旋转电枢或转子组成。电机利用通电线圈在磁场中受力转动的现象而制成的。交流伺服电机主要由定子部分和转子部分组成，其中定子的结构与旋转变压器的定子基本相同，在定子铁芯中也安放着空间互成 90°电角度的两相绕组（其中一组为励磁绕组，另一组为控制绕组）。交流伺服电机控制精度高，矩频特性好，具有过载能力，同直流伺服电机相比，交流伺服电机具有转动惯量比高、无电刷及换向火花等优点，在机器人中得到广泛应用。

与普通交流电机类似，交流伺服电机也分为异步电机和同步电机两种。两相交流伺服电机原理上就是一台两相异步电机。它的定子上正交放置两相绕组，这两相绕组一个叫励磁绕组，另一相为控制绕组。下面分别对同步和异步交流伺服电机进行介绍。

① 同步交流伺服电机。同步交流伺服电机转速与定子绕组所建立的旋转磁场严格同步，从低速到高速，只要在永久磁体不退磁的范围内，定子绕组都可以通过大电流，所以启、制动转矩不会降低，可以频繁启制动。主要适用于小容量的伺服驱动系统中，如数控、机器人等驱动系统中。适用的驱动器为 PWM 变频调速器。

② 异步交流伺服电机（反应式步进电机）。可以将电脉冲信号直接转变为转角，其转角的大小与输入脉冲数成正比，而其旋转方向则取决于输出脉冲的顺序，其输出力矩比较大。主要适用于数字系统中，作为执行元件，如各类数控机床、机器人以及自动传送机器等。适用的驱动器为直流 PWM 伺服驱动器、晶体管变压驱动器。

3.1.3　步进电机驱动方式

步进电机（stepping motor）是一种将输入脉冲信号转换成相应角位移或线位移的旋转电机。步进电机的输入量是脉冲序列，输出量则为相应的增量位移或步进运动。正常运动情况下，它每转一周具有固定的步数，做连续步进运动时，其旋转转速与输入脉冲的频率保持严格的对应关系，不受电压波动和负载变化的影响。由于步进电机能直接接受数字量的控制，因而特别适宜采用计算机进行控制，是位置控制中不可或缺的执行装置。

步进电机是通用、耐久和简单的电机，可以应用在许多场合。在大多数应用场合，使用步进电机时不需要反馈，这是因为步进电机每次转动时步进的角度是已知的（除非失步）。由于它的角度位置总是已知的，因而也就没必要反馈，所以其电路简单，容易用计算机控制，且停止时能保持转矩，维护也比较方便，但工作效率低，容易引起失步，有时也有振荡现象产生。步进电机有不同的形式和工作原理，每种类型的步进电机都有一些独特的特性，适合于不同的应用。大多数步进电机可通过不同的连接方式工作在不同的工作模式下。

步进电机多适用于精度、速度要求不高的小型简易机器人的开环系统中。

3.1.4 直线电机驱动方式

直线电机是一种将电能直接转换成直线运动机械能，且不需要任何中间转换机构的传动装置。它可以看成是一台旋转电机按径向剖开，并展成平面而成。

直线电机也称线性电机、线性马达、直线马达、推杆马达。最常用的直线电机类型是平板式、U型槽式和管式。线圈的典型组成是三相，由霍尔元件实现无刷换相。

（1）直线电机组成及工作原理

如图 3-9 所示直线电机动子的内部绕组、磁铁和磁轨，动子是用环氧材料把线圈压在一起制成的，而磁轨是将磁铁固定在钢上的。

由于直线电机经常简单描述为被展平的旋转电机，所以工作原理与旋转电机相似。它也有直流、交流、步进、永磁、电磁、同步和异步等多种类型[3]。电机的动子包括线圈绕组、霍尔元件电路板、电热调节器（温度传感器监控温度）和电子接口。在旋转电机中，动子和定子需要旋转轴承支撑动子以保证相对运动部分的气隙。同样地，直线电机需要直线导轨来保持动子在磁轨产生的磁场中的位置。和旋转伺服电机的编码器安装在轴上反馈位置一样，直线电机需要反馈直线位置的反馈装置——直线编码器，它可以直接测量负载的位置，从而提高负载的位置精度。

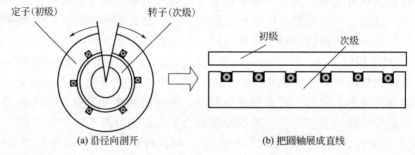

图 3-9 直线电机动子内部绕组

直线电机的控制和旋转电机一样。像无刷旋转电机的方面，动子和定子无机械连接（无刷）；不像旋转电机的方面，动子旋转和定子位置保持固定，直线电机系统可以是磁轨动或推力线圈动（大部分定位系统应用是磁轨固定，推力线圈动）。用推力线圈运动的电机，推力线圈的重量和负载比很小，然而需要高柔性线缆及其管理系统。用磁轨运动的电机，不仅要承受负载，还要承受磁轨质量，但无需线缆管理系统。

直线和旋转电机有相似的机电原理。相同的电磁力在旋转电机上产生力矩在直线电机产生直线推力作用。因此，直线电机使用和旋转电机相同的控制和可编程配置。

（2）直线电机驱动方式及应用场合

直线驱动电机可以应用于机器人的直线传动机构当中，直线传动方式可用于直角坐标机器人的 X、Y、Z 向驱动，圆柱坐标结构的径向驱动和垂直升降驱动，以及球坐标结构的径向伸缩驱动。直线运动可以通过齿轮齿条、丝杠螺母等传动元件将旋转运动转换成直线运动，也可以通过直线电机进行驱动。

直线电机在工业机器人、机床及各种需要直线运动的机械装置中应用较多[4]。如：浙江大学研制的直线电机驱动的冲压机，消除了传统冲压机的各种大小带轮、齿轮、飞轮、曲轴、连杆等，冲压机结构简单、体积小、重量轻、噪声极小、节能、智能化程度高[5]；西安交通大学研究了一种新型结构的直线压缩机，可应用于冰箱、空调等小型制冷设备，由于采用新型磁阻式直线电机驱动，压缩机结构简单、易于控制，高效节能[6]；等等。

① 微型直线电机。在工业以及医疗方面，要求机器人可以在精密加工以及微创手术等细小操作环境下工作，就需要机器人的末端执行器具有灵巧性，迫切需要解决手部驱动关节的体积和驱动灵活性、准确性和可靠性，其中主要是电机的变化，因此现在提出了一种微型直线电机的概念[7]。

日本 Lead Engineering 公司开发的微型直线电机如图 3-10 所示。它采用 2 相步进电机驱动，无位置传感器，用特殊的高精度滚珠丝杠变旋转为直线运动。大端直径 13.8mm，长 78.5mm，分辨率 5μm，行程 5mm，最大速度 1mm/s，最大推力 30N。

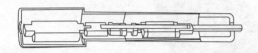

图 3-10　日本 Lead Engineering 公司产品

日本东京工业大学 2004 年开发了 BaltanDE 压电微型直线电机，定子驱动部分宽度仅 2mm，实现输出速度 200mm/s，推力 150m·N[8]。

② 常用的三种直线电机。直线电机按工作原理可分为：直流、异步、同步和步进等；直线电机按结构形式可分为：单边扁平型、双边扁平型、圆盘型、圆柱型（或称为管型）等。最常用的直线电机类型是平板式直线电机、U 型槽式直线电机和圆柱型直线电机。

a. 平板式直线电机。如图 3-11 所示，平板式直线电机铁芯安装在钢叠片结构上，然后再安装到铝背板上，铁叠片结构用在指引磁场和增加推力。磁轨和动子之间产生的吸力和电机产生的推力成正比，叠片结构导致接头力产生。把动子安装到磁轨上时必须小心，以免它们之间的吸力造成伤害。

b. U 型槽式直线电机。如图 3-12 所示，U 型槽式直线电机有两个介于金属板之间且都对着线圈动子的平行磁轨。动子由导轨系统支撑在两磁轨中间。动子是非钢材料，意味着无吸力且在磁轨和推力线圈之间无干扰力产生。非钢线圈装配具有惯量小、允许非常高加速度的特点。U 型槽式直线电机的线圈一般是三相的，而且是无刷换相。可以用空气冷却法冷却电机来获得性能的增强，也有采用水冷方式的。这种设计可以较好地减少磁通泄漏，因为磁体面对面安装在 U 型导槽里。这种设计也最小化了强大的磁力吸引带来的伤害。

图 3-11　平板式直线电机　　　　图 3-12　U 型槽式直线电机

这种设计的磁轨允许组合以增加行程长度，但只局限于线缆管理系统可操作的长度和编码器的长度以内。

c.圆柱型直线电机。圆柱型直线电机动子是圆柱结构，如图 3-13 所示。这种电机是最初的商业应用，但是不能使用于要求节省空间的平板式和 U 型槽式直线电机的场合。圆柱型动磁体直线电机的磁路与动磁执行器相似，区别在于线圈可以复制以增加行程。典型的线圈绕组是三相组成的，使用霍尔装置实现无刷换相。推力线圈是圆柱形的，沿磁棒上下运动。这种结构不适合对磁通泄漏敏感的场合应用。

图 3-13　圆柱型直线电机

圆柱型直线电机设计的一个潜在的问题是，当行程增加，由于电机是完全圆柱形状的且沿着磁棒上下运动，唯一的支撑点在两端，为了保证磁棒的径向偏差不会导致磁体接触，推力线圈的长度会有限制。

3.2　液压驱动

电机驱动系统为机器人领域中最常见的驱动器，但存在输出功率小、减速齿轮等传动部件容易磨损的问题。相对电机驱动系统，传统液压驱动系统具有较高的输出功率、高带宽、快响应以及在一定程度上的精准性。因此，机器人在大功率的应用场合下一般采用液压驱动。随着液压技术与控制技术的发展，各种液压控制机器人已广泛应用。液压驱动的机器人结构简单，动力强劲，操纵方便，可靠性高。其控制方式多式多样，如仿形控制、操纵控制、电液控制、无线遥控、智能控制等。在某些应用场合，液压机器人仍有较大的发展空间[9]。液压驱动的特点见表 3-5。

表 3-5　液压驱动的特点

特性	说明
输出功率	大,压力范围 500～14000kPa,这是因为液体的不可压缩性
控制性能	控制精度较高,输出功率大。可无级调速,反应灵敏,可实现连续轨迹控制
响应速度	很高
结构性能及体积	结构适当,执行机构可标准化、模块化,易实现直接驱动。功率/质量比大,体积小,结构紧凑;密封问题较大
安全性	防爆性能较好;用液压油作传动介质,在一定条件下有火灾危险
对环境的影响	液压系统易漏油

特性	说明
在工业机器人中应用范围	适用于重载、低速驱动；电液伺服系统适用于喷漆机器人、重载点焊机器人和搬运机器人
成本	液压元件成本较高
维修及使用	方便，但液压油对环境温度有一定要求
应用	中小负荷机器人以及程序控制机器人，如上、下料和冲压机器人
控制方式	多数选用PLC(可编程控制器)，在易燃易爆场合下可采用气动逻辑元件组成控制装置

由于液压驱动方式输出功率大，控制精度较高，可无级调速，反应灵敏[10]，可实现连续轨迹控制，并且结构适当，执行机构可以标准化，体积小，结构紧凑，所以适用于重载低速驱动，多用于机器人机身、手臂及腕部驱动。

3.2.1 直线液压驱动装置

机器人采用的直线驱动包括直角坐标机构的 X、Y、Z 方向驱动，圆柱坐标结构的径向驱动和垂直升降驱动，以及球坐标结构的径向伸缩驱动。直线运动可以直接由液压缸和活塞产生，也可以采用齿轮齿条、丝杠、螺母等传动方式把旋转运动转换成直线运动，这时则需要驱动器带动机构运动[11]。

直线液压缸[12] 是将液压能转变为机械能的、做直线往复运动的液压执行元件。它结构简单、工作可靠。用它来实现往复运动时，可免去减速装置，并且没有传动间隙，运动平稳，因此在各种机械的液压系统中得到广泛应用。液压缸输出力和活塞有效面积及其两边的压差成正比；液压缸基本上由缸筒和缸盖、活塞和活塞杆、密封装置、缓冲装置与排气装置组成。缓冲装置与排气装置视具体应用场合而定，其他装置则必不可少。

直线式液压缸分为活塞缸和柱塞缸两大类，下面对其进行介绍。

（1）活塞缸

活塞缸是液压缸的一种结构形式，输入压力和流量，输出推力和速度[13]。

① 单杆活塞液压缸（图 3-14）。即普遍使用的活塞液压缸。

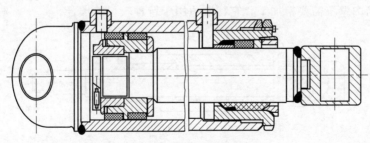

图 3-14 单杆活塞液压缸

② 双杆活塞液压缸（图 3-15）。进、出油口布置在缸筒的两端，两活塞杆的直径是相等的，因此，当工作压力和输入流量不变时，两个方向上输出的推力和速度是相等的[14]。

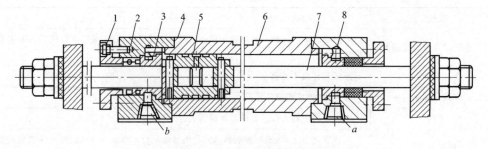

图 3-15　双杆活塞液压缸

1—压盖；2—密封圈；3—导向套；4—密封纸垫；5—活塞；6—缸体；7—活塞杆；8—端盖

③ 伸缩式活塞液压缸（图 3-16）。具有二级或多级活塞，伸缩式液压缸中活塞伸出的顺序是从大到小，而空载缩回的顺序则一般是从小到大。伸缩缸可实现较长的行程，而缩回时长度较短，结构较为紧凑。此种液压缸常用于工程机械和农业机械上。有多个一次运动的活塞，各活塞逐次运动时，其输出速度和输出力均是变化的[15]。

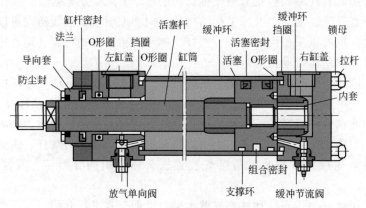

图 3-16　伸缩式活塞液压缸

（2）柱塞缸

柱塞缸（图 3-17）只能实现一个方向运动，反向要靠外力或者柱塞本身重力。用两个柱塞缸组合，也能用压力油实现往复运动。柱塞缸运动时，由缸盖上的导向套来导向，因此缸筒内壁不需要精加工。它特别适用于行程较长的场合。

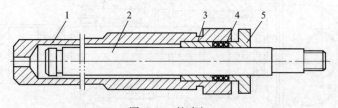

图 3-17　柱塞缸

1—缸体；2—柱塞；3—导向套；4—密封胶圈；5—端盖

3.2.2　回转液压驱动装置

对于液压机器人的旋转运动，一般采用摆动液压缸，或者采用直线液压缸作为动力源，将直线运动转换为旋转运动，这种运动的传递和转换必须高效率地完成，并且不能

62　**机器人**
机构设计及实例解析

有损于机器人系统所需要的特性，特别是定位精度、重复精度和可靠性。运动的传递和转换可以选择齿轮传动、同步带传动和谐波齿轮等方式[11]。

（1）液压马达

液压马达，亦称为油压马达，主要应用于注塑机械、建筑机械、矿山机械、冶金机械、船舶机械、港口机械等[17]。

液压马达的特点：从能量转换的观点来看，液压泵与液压马达是可逆工作的液压元件，向任何一种液压泵输入工作液体，都可使其变成液压马达工况；反之，当液压马达的主轴由外力矩驱动旋转时，也可变为液压泵工况。因为它们具有同样的基本结构要素——密闭而又可以周期变化的容积和相应的配油机构。但是由于液压马达和液压泵的工作条件不同，对它们的性能要求也不一样，所以同类型的液压马达和液压泵之间，仍存在许多差别。首先液压马达应能够正、反转，因而要求其内部结构对称；液压马达的转速范围需要足够大，特别对它的最低稳定转速有一定的要求，因此，它通常都采用滚动轴承或静压滑动轴承。其次液压马达由于在输入压力油条件下工作，因而不必具备自吸能力，但需要一定的初始密封性，才能提供必要的启动转矩。由于存在着这些差别，使得液压马达和液压泵在结构上比较相似，但不能可逆工作。按照结构形式分类如下。

① 叶片式（图 3-18）。由于压力油作用，受力不平衡使转子产生转矩。叶片式液压马达的输出转矩与液压马达的排量和液压马达进出油口之间的压力差有关，其转速由输入液压马达的流量大小来决定。由于液压马达一般都要求能正反转，所以叶片式液压马达的叶片要径向放置。为了使叶片根部始终通有压力油，在回、压油腔通入叶片根部的通路上应设置单向阀，为了确保叶片式液压马达在压力油通入后能正常启动，必须使叶片顶部和定子内表面紧密接触，以保证良好的密封，因此在叶片根部应设置预紧弹簧。叶片式液压马达体积小、转动惯量小、动作灵敏、可适用于换向频率较高的场合；但泄漏量较大、低速工作时不稳定。因此叶片式液压马达一般用于转速高、转矩小和动作要求灵敏的场合。

② 径向柱塞式（图 3-19）。径向柱塞式液压马达工作原理：当压力油经固定的配油轴的窗口进入缸体内柱塞的底部时，柱塞向外伸出，紧紧顶住定子的内壁，由于定子与

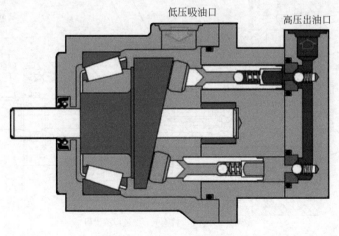

低压吸油口　　　　　　高压出油口

图 3-18　叶片式液压马达

缸体存在一偏心距，在柱塞与定子接触处，定子对柱塞产生反作用力，反作用力可分解为两个分力。当作用在柱塞底部的油液压力为 p，柱塞直径为 d，力和之间的夹角为 X 时，力对缸体产生一转矩，使缸体旋转。缸体再通过端面连接的传动轴向外输出转矩和转速。以上分析为一个柱塞产生转矩的情况，由于在压油区作用有好几个柱塞，在这些柱塞上所产生的转矩都使缸体旋转，并输出转矩。径向柱塞液压马达多用于低速大转矩的情况下。

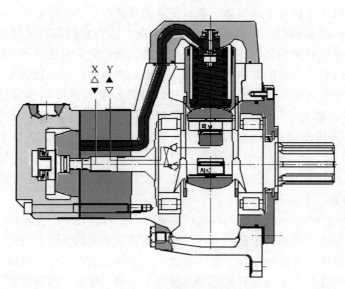

图 3-19　径向柱塞式液压马达

③ 轴向柱塞式（图 3-20）。轴向柱塞泵除阀式配流外，其他形式原则上都可以作为液压马达用，即轴向柱塞泵和轴向柱塞马达是可逆的。轴向柱塞马达的工作原理：配油

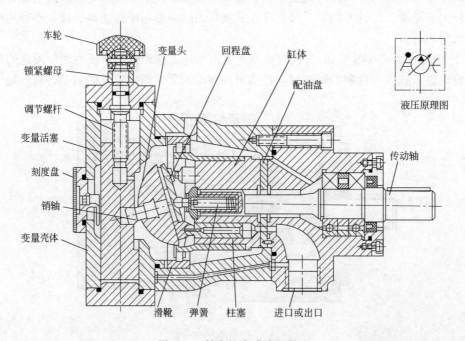

图 3-20　轴向柱塞式液压马达

盘和斜盘固定不动，马达轴与缸体相连接一起旋转。当压力油经配油盘的窗口进入缸体的柱塞孔时，柱塞在压力油作用下外伸，紧贴斜盘，斜盘对柱塞产生一个法向反力 p，此力可分解为轴向分力及和垂直分力 Q。Q 与柱塞上液压力相平衡，而 Q 则使柱塞对缸体中心产生一个转矩，带动马达轴逆时针方向旋转。轴向柱塞马达产生的瞬时总转矩是脉动的。若改变马达压力油输入方向，则马达轴按顺时针方向旋转。斜盘倾角 α 的改变，即排量的变化，不仅影响马达的转矩，而且影响它的转速和转向。斜盘倾角越大，产生转矩越大，转速越低。

④ 齿轮马达（图 3-21）。齿轮马达在结构上为了适应正反转要求，进出油口相等、具有对称性、有单独外泄油口，将轴承部分的泄漏油引出壳体外；为了减少启动摩擦力矩，采用滚动轴承；为了减少转矩脉动，齿轮液压马达的齿数比泵的齿数要多。齿轮液压马达由于密封性差、容积效率较低、输入油压力不能过高、不能产生较大转矩，并且瞬间转速和转矩随着啮合点的位置变化而变化，因此齿轮液压马达仅适合于高速小转矩的场合。一般用于工程机械、农业机械以及对转矩均匀性要求不高的机械设备上。

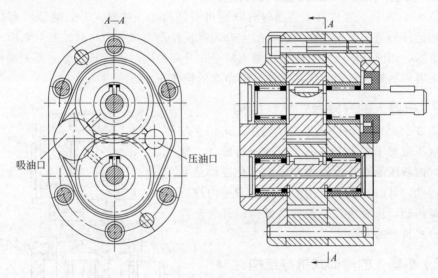

图 3-21 齿轮液压马达

⑤ 高速马达。额定转速高于 500r/min 的马达属于高速马达。高速马达的基本形式有齿轮式、叶片式和轴向柱塞式。它们的主要特点是转速高，转动惯量小，便于启动、制动、调速和换向。

⑥ 低速马达。转速低于 500r/min 的液压马达属于低速液压马达。它的基本形式是径向柱塞式。低速液压马达的主要特点是：排量大，体积大，转速低，可以直接与工作机构连接，不需要减速装置，使传动机构大大简化，低速液压马达的输出扭矩较大，可达几千到几万牛·米（N·m），因此又称为低速大扭矩液压马达。

（2）摆动液压缸

摆动液压缸是一个装配紧密的配件，它内部采用组合螺旋齿结构，整个摆动液压缸在较小的空间内可产生较大的扭矩。尽管动力很高，但是它们仍然可以精确容易地控制，摆动液压缸已经成功地应用在了几乎所有要求有限旋转运动且要大扭矩的领域。这一设计是建立在带有多重螺旋齿轮的系统之上的。通过多重螺旋齿轮将活塞的直线运动

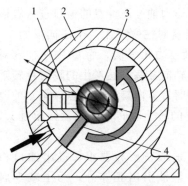

图 3-22　单叶片摆动液压缸结构
1—定子块；2—缸体；3—摆动轴；4—叶片

转化成旋转运动。活塞的直线运动越长，旋转的角度就越大[16]。

如图 3-22 所示，叶片式摆动缸的特征就是它内部一段固定的装置，也就是所谓的叶片。一个叶片牢牢地固定在外壳上，活塞部分则牢牢地固定在驱动轴上，叶片式摆动缸设计上非常紧凑。尽管如此，它的最大旋转角度仍可达到 270°。叶片式摆动缸经常用于伺服回转台。叶片摆动液压缸又分为单叶片摆动液压缸和多叶片摆动液压缸，单叶片摆动液压缸能转动的最大角度为 280°，多叶片摆动液压缸能转动的最大角度为 150°。

3.2.3　机器人中液压驱动装置的使用

（1）机器人的升降回转型机身结构

如图 3-23 所示，在机器人的回转升降型机身结构中，柱塞式升降液压缸可以通过缸体内的液压油进入控制机器人机身的上升，靠反作用力（外力）或柱塞自重驱动机器人机身下降，而回转液压缸可以使机器人机身在升降的同时进行转身等一系列操作，使得机器人可以更加灵活，实现多方位及多角度的操作。

（2）机器人的升降台式机身结构

如图 3-24 所示，升降式机身结构中，采用直线活塞式液压缸对于机身上部剪叉机构进行驱动，通过液压缸内液压油或其他液体的体积变化控制活塞的往复运动，可以使剪叉机构的连杆在滑道内进行水平往复运动，从而通过控制剪叉机构的开合来控制升降台式机身的升降。

（3）机器人的俯仰式机身结构

如图 3-25 所示，在俯仰式机身结构中，机器人的俯仰主要通过直线液压缸进行驱动，通过液压缸内液压油或其他液体的体积变化控制活塞的上下往复运动，从而可以使机器人机身结构进行俯仰动作，而回转液压缸的安置则可以使机器人机身沿立柱进行转动，使机身更加灵活，可操作范围更大。

（4）液压驱动机器人手臂处回转结构

液压驱动机器人手臂的回转结构主要由液压缸与连杆、传送带及螺纹丝杠等零件构成，通过直线液压缸的往复运动驱动由连杆构成的机械手臂进行回转运动。

如图 3-26、图 3-27 所示，手臂关节的回转运动是通过液压缸-连杆机构实现的。控制活塞的行程就

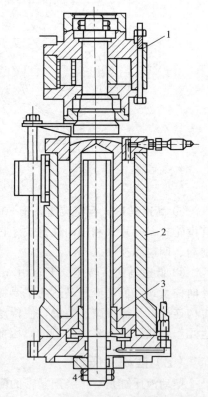

图 3-23　机器人的回转升降型机身结构
1—回转液压缸；2—柱塞式升降液压缸；
3—花键套；4—键轴

控制了手臂摆角的大小。

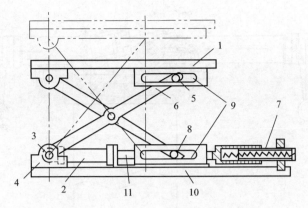

图 3-24　机器人的升降台式机身结构

1—平台；2—升降驱动活塞式直线液压缸；3—固定轴；4—轴承支架；5,6,8,9—剪叉机构；

7—弹簧装置；10—底座；11—活塞杆

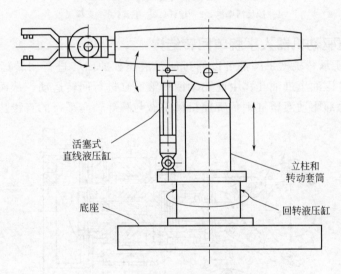

活塞式
直线液压缸

立柱和
转动套筒

底座

回转液压缸

图 3-25　机器人俯仰式机身结构

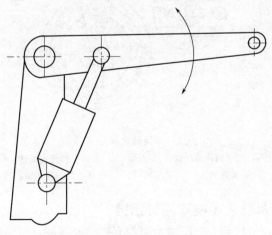

图 3-26　液压驱动机械臂结构（一）

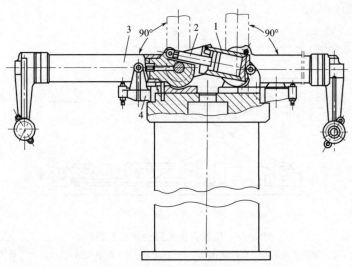

图 3-27 液压驱动机械臂结构（二）

1—铰接活塞缸；2—连杆；3—手臂；4—支撑架

（5）液压驱动机器人手腕单回转结构

如图 3-28 所示，机械手腕部可以通过回转液压缸的回转进行回转运动，由摆动液压缸油管输送液压油至进油孔，由此驱动回转液压缸进行回转运动，从而使得机械手腕部进行回转，手部驱动液压缸则负责使机械手做与腕部轴向平行的直线往复运动。

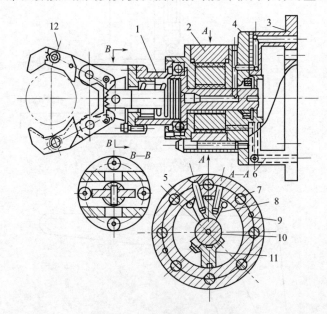

图 3-28 单回转机械手腕结构

1—手部驱动液压缸；2—回转液压缸；3—腕架；4—通向手部液压油管；5—左侧进油管；
6—通向摆动液压缸油管；7—右侧进油孔；8—固定叶片；9—缸体；10—回转轴；11—回转叶片；12—机械手

（6）液压驱动机器人手腕双回转结构

如图 3-29 所示，$V—V$ 与 $L—L$ 两个面均有摆动液压缸，可以驱动机械手腕在两个面上同时进行回转运动。

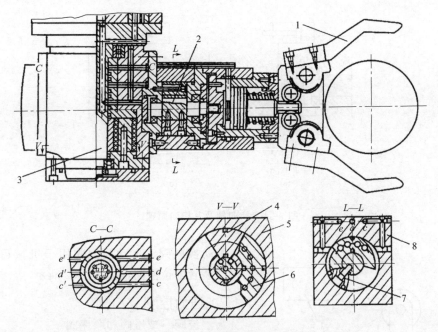

图 3-29 液压驱动机器人手腕双回转结构

1—手部；2—中心轴；3—固定中心轴；4—定片；5—摆动液压缸；6—动片；7—回转轴；8—摆动液压缸

3.2.4 液压阀

液压阀是一种用压力油操作的自动化元件，它受配压阀压力油的控制，通常与电磁配压阀组合使用，可用于远距离控制水电站油、气、水管路系统的通断，常用于夹紧、控制、润滑等油路。有直动型与先导型之分，多用先导型[18]。

（1）方向控制

分为单向阀和换向阀。

① 单向阀：只允许油液向某一方向流动，而反向截止，这种阀也称为止回阀。

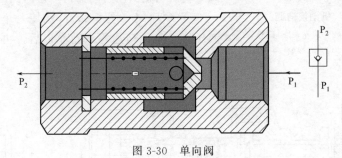

图 3-30 单向阀

② 换向阀。

a.滑阀式换向阀。滑阀式换向阀是靠阀芯在阀体内做轴向运动，使相应的油路接通或断开的换向阀，其换向原理如图 3-31 所示。当阀芯处于图 3-31(a) 所示位置时，P 与 B、A 与 T 相连，活塞向左运动；当阀芯处于图 3-31(b) 所示位置时，P 与 A、B 与 T 相连，活塞向右运动。

b.手动换向阀。手动换向阀用于手动换向。

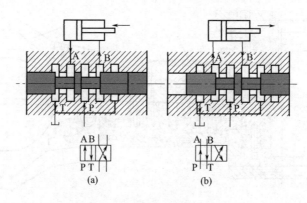

图 3-31　换向阀及其换向原理

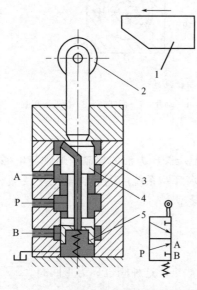

图 3-32　机动换向阀
1—行程挡块；2—滚轮；3—阀体；
4—阀芯；5—弹簧

c.机动换向阀。机动换向阀用于机械运动中，作为限位装置限位换向，如图 3-32 所示。

（2）压力控制

分为溢流阀、减压阀和顺序阀。

① 溢流阀（图 3-33）：能控制液压系统在达到调定压力时保持恒定状态。用于过载保护的溢流阀称为安全阀。当系统发生故障，压力升高到可能造成破坏的限定值时，阀口会打开而溢流，以保证系统的安全。

② 减压阀（图 3-34）：能控制分支回路得到比主回路油压低的稳定压力。减压阀按它所控制的压力功能不同，又可分为定值减压阀（输出压力为恒定值）、定差减压阀（输入与输出压力差为定值）和定比减压阀（输入与输出压力间保持一定的比例）。

③ 顺序阀（图 3-35）：能使一个执行元件（如液压缸、液压马达等）动作以后，再按顺序使其他执行元件动作。

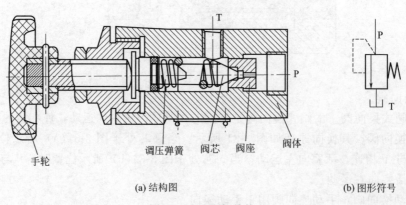

(a) 结构图　　　　　　　　　　(b) 图形符号

图 3-33　溢流阀结构

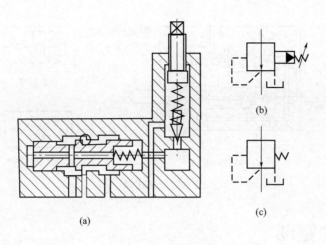

图 3-34 减压阀结构

（3）流量控制

利用调节阀芯和阀体间的节流口面积和它所产生的局部阻力对流量进行调节，从而控制执行元件的运动速度。

① 节流阀（图 3-36）：在调定节流口面积后，能使载荷压力变化不大和运动均匀性要求不高的执行元件的运动速度基本上保持稳定。

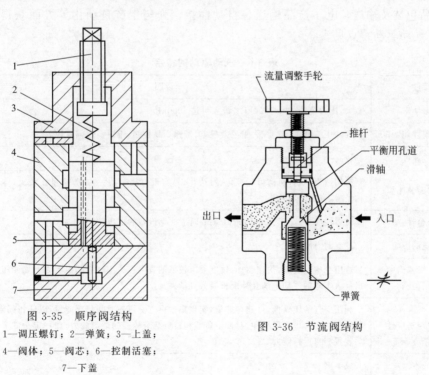

图 3-35 顺序阀结构

1—调压螺钉；2—弹簧；3—上盖；
4—阀体；5—阀芯；6—控制活塞；
7—下盖

图 3-36 节流阀结构

② 调速阀（图 3-37）：在载荷压力变化时能保持节流阀的进出口压差为定值。这样，在节流口面积调定以后，不论载荷压力如何变化，调速阀都能保持通过节流阀的流量不变，从而使执行元件的运动速度稳定。

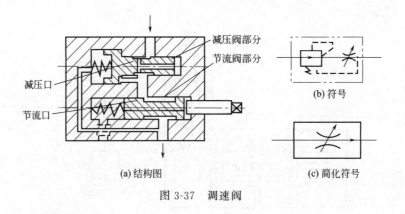

(a) 结构图　　　　(b) 符号

(c) 简化符号

图 3-37　调速阀

3.3　气动驱动

气动机器人适合在中、小负荷的机器人中采用。但因难以实现伺服控制，多用于程序控制的机器人中，如在上、下料和冲压机器人中应用较多。气动机器人采用压缩空气为动力源，一般从工厂的压缩空气站引到机器作业位置，也可单独建立小型气源系统。由于气动机器人具有气源使用方便、不污染环境、动作灵活迅速、工作安全可靠、操作维修简便以及适于在恶劣环境下工作等特点，因此它在冲压加工、注塑及压铸等有毒或高温条件下作业，机床上、下料，仪表及轻工行业中、小型零件的输送和自动装配等作业，食品包装及输送，电子产品输送、自动插接，弹药生产自动化等方面获得广泛应用[19]。气动驱动特点见表 3-6。

表 3-6　气动驱动的特点

特性	说明
输出功率	大,压力范围 400~600kPa,最大可达 1000kPa
控制性能	气体压缩性大,精度低,阻尼效果差,低速不易控制,难以实现伺服控制
响应速度	较高
结构性能及体积	结构适当,执行机构可标准化、模块化,易实现直接驱动。功率/质量比较大,体积小,结构紧凑,密封问题较小
安全性	防爆性能好,高于 1000kPa(10atm)时应注意设备的抗压性
对环境的影响	排气时有噪声
在工业机器人中应用范围	适用于中小负载,快速驱动,精度要求较低的有限点位程序控制机器人。如冲压机器人、机器人本体的气动平衡及装配机器人气动夹具
灵活性与适应性	利用空气的压缩性,可储存能量,实现集中供气。可短时间释放能量,以获得间歇运动中的高速响应。可实现缓冲,对冲击负载和过负载有较强的适应能力,在一定条件下,可使气动装置有自保持能力
成本	成本低
维修及使用	方便
应用	中小负荷机器人以及程序控制机器人,如上、下料和冲压机器人
控制方式	多数选用 PLC(可编程控制器),在易燃易爆场合下可采用气动逻辑元件组成控制装置

3.3.1 直线气动驱动装置

机器人采用的直线驱动包括直角坐标机构的 X、Y、Z 方向驱动，圆柱坐标结构的径向驱动和垂直升降驱动，以及球坐标结构的径向伸缩驱动。直线运动可以直接由气缸和活塞产生，也可以采用齿轮齿条、丝杠、螺母等传动方式把旋转运动转换成直线运动，这时则需要驱动器带动机构运动[11]。

气缸是气动系统的执行元件之一。除几种特殊气缸外，普通气缸的种类及结构形式与液压缸基本相同。目前最常用的是标准气缸，其结构和参数都已系列化、标准化和通用化。标准气缸通常有无缓冲普通气缸和有缓冲普通气缸等[19]。较为典型的特殊气缸有气液阻尼缸、薄膜式气缸和冲击式气缸等。气缸可以引导活塞在缸内进行直线往复运动，空气在气缸中通过膨胀将热能转化为机械能，气体在压缩机气缸中接受活塞压缩而提高压力。

① 普通气缸（图 3-38）。单作用气缸：仅一端有活塞杆，从活塞一侧供气聚能产生气压，气压推动活塞产生推力伸出，靠弹簧或自重返回。双作用气缸：从活塞两侧交替供气，在一个或两个方向输出力。

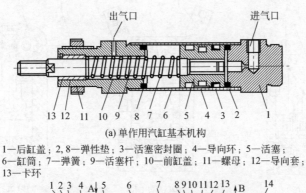

(a) 单作用汽缸基本机构

1—后缸盖；2,8—弹性垫；3—活塞密封圈；4—导向环；5—活塞；
6—缸筒；7—弹簧；9—活塞杆；10—前缸盖；11—螺母；12—导向套；
13—卡环

(b) 双作用汽缸基本机构

1,13—弹簧挡圈；2—防尘圈压板；3—防尘圈；4—导向套；5—杆侧端盖；
6—活塞杆；7—缸筒；8—缓冲垫；9—活塞；10—活塞密封圈；11—密封圈；
12—耐磨环；14—无杆侧端盖；A—进气口；B—出气口

图 3-38 普通气缸结构图

② 无杆气缸（图 3-39）。没有活塞杆的气缸的总称。无杆气缸是指利用活塞直接或间接方式连接外界执行机构，并使其跟随活塞实现往复运动的气缸。这种气缸的最大优点是节省安装空间，分为磁耦无杆气缸（磁性气缸）与机械式无杆气缸[20]。

气缸两边都是空心的，活塞杆内的永磁铁带动活塞杆外的另一个磁体（运动部件），它对清洁度要求很高，磁耦无杆气缸经常要拆下来用汽油清洗，这与它的工作环境有关。无杆气缸里有活塞，而没有活塞杆，活塞装置在导轨里，外部负载与活塞相连，动作靠进气。磁耦式无杆气缸的运动是利用空心活塞杆内的永磁铁带动活塞杆外的另一个磁铁运动来实现的，因其在速度快、负载高时内外磁环易脱开，故使用没那么广泛，其负载质量的大小需查阅其质量与速度的特性曲线。故机械式用得比较多。活塞通过磁力带动缸体外部的移动体做同步移动。它的工作原理是：在活塞上安装一组高强磁性的永久磁环，磁力线通过薄壁缸筒与套在外面的另一组磁环作用，由于两组磁环磁性相反，具有很强的吸力。当活塞在缸筒内被气压推动时，则在磁力作用下，带动缸筒外的磁环套一起移动。气缸活塞的推力必须与磁环的吸力相适应。

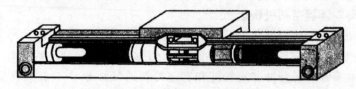

图 3-39　无杆气缸结构图

③ 手指气缸（图 3-40）。手指气缸又名气动夹爪或气动手指，是利用压缩空气作为动力，用来夹取或抓取工件的执行装置。最初起源于日本，后被我国自动化企业广泛使用[21]。

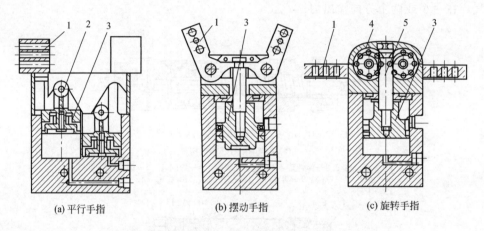

(a) 平行手指　　　　　　　(b) 摆动手指　　　　　　　(c) 旋转手指

图 3-40　手指气缸结构图
1—手指；2—滚轮；3—活塞；4—啮合轮；5—啮合轴

④ 气液阻尼缸。普通气缸工作时，由于气体有压缩性，当外部载荷变化较大时，会产生"爬行"或"自走"现象，使气缸的工作不稳定。为了使气缸运动平稳，普遍采用气液阻尼缸[22]。气液阻尼缸中一般将双活塞杆缸作为液压缸。因为这样可使液压缸两腔的排油量相等，此时油箱内的油液只用来补充因液压缸泄漏而减少的油量，一般用油杯就可以。

⑤ 薄膜式气缸（图 3-41）。薄膜式气缸是一种利用压缩空气通过膜片推动活塞杆做往复直线运动的气缸。它由缸体、膜片、膜盘和活塞杆等主要零件组成[23]。其功能类似于活塞式气缸，分单作用式和双作用式两种，如图 3-41 所示。薄膜式气缸的膜片可以做成盘形膜片和平膜片两种形式。

⑥ 冲击式气缸（图 3-42）。冲击式气缸是一种体积小、结构简单、易于制造、耗气功率小但能产生相当大冲击力的特殊气缸。与普通气缸相比，冲击式气缸的结构特点是增加了一个具有一定容积的蓄能腔和喷嘴。

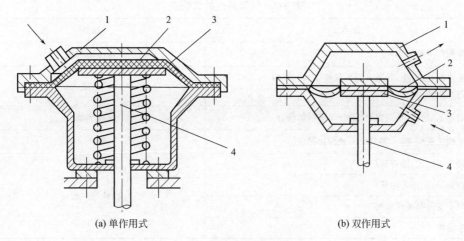

(a) 单作用式　　　　　　　　　　　(b) 双作用式

图 3-41　薄膜式气缸结构图
1—缸体；2—膜片；3—膜盘；4—活塞杆

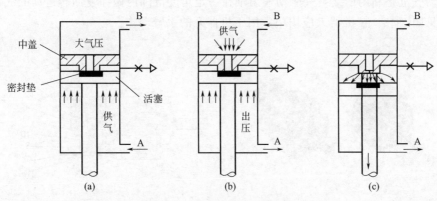

图 3-42　冲击式气缸结构原理

3.3.2　回转气动驱动装置

对于机器人的旋转运动，一般采用气动马达或者直线气缸作为动力源，将直线运动转换为旋转运动，这种运动的传递和转换必须高效率地完成，并且不能有损于机器人系统所需要的特性，特别是定位精度、重复精度和可靠性。运动的传递和转换可以选择齿轮传动、同步带传动和谐波齿轮等方式。

（1）气动马达

气动马达是指将压缩空气的压力能转换为旋转的机械能的装置。一般作为更复杂装置或机器的旋转动力源，其优缺点见表 3-7。气动马达按结构分类为：叶片式气动马达，活塞式气动马达，紧凑叶片式气动马达，紧凑活塞式气动马达。叶片式气动马达制造简单，结构紧凑，但低速运动转矩小，低速性能不好，适用于中、低功率的机械。活塞式气动马达在低速情况下有较大的输出功率，低速性能好，适用于载荷大并要求低速转矩的机械[24]。

气动马达是气压传动中将压缩气体的压力能转换为机械能并产生旋转运动的气动执行元件。常用的气压马达是容积式气动马达，它利用工作腔的容积变化来做功。它的作用相当于电动机或液压马达，即输出转矩以驱动机构做旋转运动。

表 3-7　气动马达的优缺点

优点	缺点
小体积产生高功率	输出功率小
高适应性，温升小，转速可随负载改变，超载停机不会对气动马达造成损伤，可考虑较低的安全系数	耗气量大
急启动，急停机，换向容易，适合频繁启动场合	效率低
简单的无级调速，从零到最大的操作灵活	噪声大
启动扭矩较大，能带载启动	容易产生振动
结构简单，使用寿命长	
使用不受外部条件影响	
安全防爆	

（2）摆动气缸

摆动气缸是利用压缩空气驱动输出轴在一定角度范围内做往复回转运动的气动执行元件，见图 3-43。在机器人应用中常用于机器人的手臂动作。

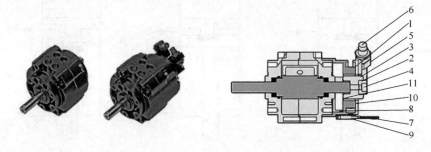

编号	名称	材质	编号	名称	材质
1	感应定位座	铝合金	7	感应器	—
2	摇臂	不锈钢	8	磁铁	稀土类
3	摇臂座	不锈钢	9	感应器固定座	铝合金
4	摇臂固定螺钉	合金钢	10	后盖板	铝合金
5	角度调整座	铝合金	11	磁铁座	铝合金
6	油压缓冲器	—			

图 3-43　摆动气缸外观与结构

3.3.3　机器人中气动驱动装置的使用

（1）机器人直线气动手爪结构

如图 3-44 所示，直线气缸通过气体进出驱动活塞杆进行往复直线运动，活塞杆带动齿轮齿条完成机器人手爪的开合。

（2）气动机械手臂俯仰机构

如图 3-45 所示，机器人的手臂俯仰机构通常采用气缸驱动，带动铰链连杆机构传动，从而实现机械手臂的俯仰运动。

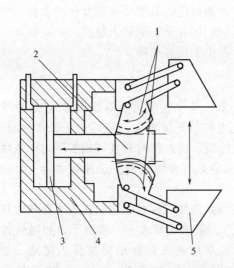

图 3-44　机器人直线气动手爪结构
1—扇形齿轮；2—齿条；3—活塞；4—气缸；5—爪钳

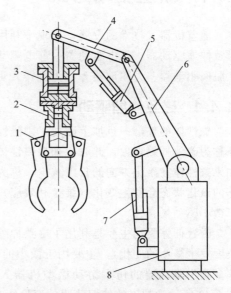

图 3-45　气动机器人手臂俯仰机构
1—机械手爪；2—夹紧缸；3—升降缸；4—连杆；
5，7—直线气缸；6—机械臂；8—基座

（3）手爪平行开闭机械手

如图 3-46 所示，通过活塞的往复直线运动来控制机械手爪的张开与抓取，压缩弹簧可消除运动间隙，可以通过改变气压来调节抓取力的大小。

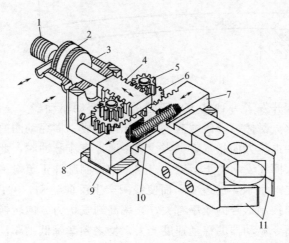

图 3-46　手爪平行开闭机械手
1—螺杆（用于与机器人手臂连接）；2—活塞；3—气缸；4—双面齿条；5—小齿轮 A；6—小齿轮 B；
7—滑动齿条 A；8—滑动齿条 B；9—手爪体；10—压缩弹簧；11—可换夹爪

3.4 新型驱动方式

随着机器人技术的发展，出现了利用新工作原理制造的新型驱动器及驱动设备，如磁致伸缩驱动器、压电驱动器、静电驱动器、形状记忆合金驱动器、超声波驱动器、人工肌肉驱动器、光驱动器等，为机器人驱动设计提供了更多选择。

3.4.1 磁致伸缩驱动

磁性体的外部一旦加上磁场，则磁性体的外形尺寸发生变化（焦耳效应），这种现象称为磁致伸缩现象。此时，如果磁性体在磁化方向的长度增大，则称为正磁致伸缩；如果磁性体在磁化方向的长度减少，称为负磁致伸缩。从外部对磁性体施加压力，磁性体的磁化状态会发生变化（维拉利效应），则称为逆磁致伸缩现象。这种驱动器主要用于微小驱动场合。

磁致伸缩驱动主要是利用了磁致伸缩现象（即磁致伸缩材料磁化状态的改变导致其长度发生微小的变化），主要用于微小的驱动场合。张永顺等人[26]研制了以超磁致伸缩薄膜为驱动器的仿生游动微型机器人，机器人采用超磁致伸缩薄膜作为尾鳍，如图 3-47 所示为超磁致伸缩薄膜的变形，在磁场作用下涂层 TbDyFe 和 SmFe 的长度 H 分别伸长和缩短，从而使薄膜尾部产生偏移距离 δ，并进行了试验，通过改变驱动频率和磁场的大小，实现了机器人运动速度和运动方向的改变。

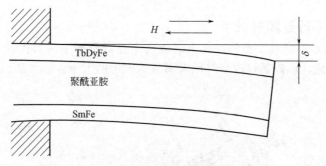

图 3-47　超磁致伸缩薄膜的变形

上海交通大学则开发了一种基于电磁力的微小蠕动驱动器。驱动器采用动圈式结构，由导磁套筒、永久磁体、导磁端盖、导磁壳体构成一横穿动圈的均匀磁场。此匀强磁场的方向与线圈中电流方向相垂直。当线圈中通以直流脉冲时，此匀强磁场在线圈中产生安培力，使得线圈在安培力下运动。当输入的控制脉冲正负电平翻转时，线圈受到的安培力方向也随之产生 180° 的改变，而使线圈产生反向运动，并由此产生往复运动。驱动器的移动速度与控制信号的频率有关，频率高则安培力方向转换快，使线圈往复运动的频率增高，从而令驱动器的移动速度变大，反之频率降低则驱动器的移动速度也会减小。因而通过改变控制脉冲的频率就可以改变驱动器的移动速度[27]。

此外，在磁致伸缩驱动中，除磁性体材料外还有一种磁流变材料，这是一种新型智能材料[28]，通过调节磁场的大小，同样可使其力学、电学、磁学等性能发生连续可逆变化，因其反应速度快、可逆性好，已受到研究者的普遍关注，有望在变刚度软体机器人方面得到广泛的应用。目前，将高磁导率、低磁滞性的微小软磁性颗粒（如铁、钴、镍等）分散溶于非导磁性液体（如硅油、矿物油等）中制成的磁流变液是此类材料研究比较多的领域。它具有独特的流变特性，在磁场作用下其弹性模量可随外加磁场强度的变化而变化，能在液体与类固体之间发生可逆变化，其工作原理如图 3-48(a) 所示。Nishida 等使用电磁铁和新改进后的磁流变液设计了一种通用的软体机器人抓手[29]，如图 3-48(b) 所示，当电磁铁通电产生磁场时，磁流变液中分布的磁性粒子发生极化效应，沿磁场方向形成具有一定硬度的链状或柱状结构，使机器人抓手的弹性模量发生变化从而实现夹取。这种抓手可以抓取任何形状非磁性物体，最大夹持力可达到 50.67N。但是磁流变液存在团聚稳定性和沉降稳定性差的问题。后来，随着进一步研究，科学家们用硅橡胶取代了磁流变液中的载液，制成了磁流变弹性体（MRE），这种软体智能材料最大的优点是颗粒不会随时间而沉降，而且不需要在工作过程中将其进行密封处理。2012 年，日本学者以 MRE 为智能材料研发了一种新型软体驱动器[30]，此驱动器包含 3 部分：电磁铁、MRE 和硅胶弹性体 ［如图 3-48(c) 所示］。当线圈通电时，具有高磁导率的 MRE 被磁化产生磁极，使得软体驱动结构在磁场力的作用下实现收缩变形。当电磁铁断电时，磁场消失，硅胶弹性体储存的弹性能使结构恢复初始状态[31]。

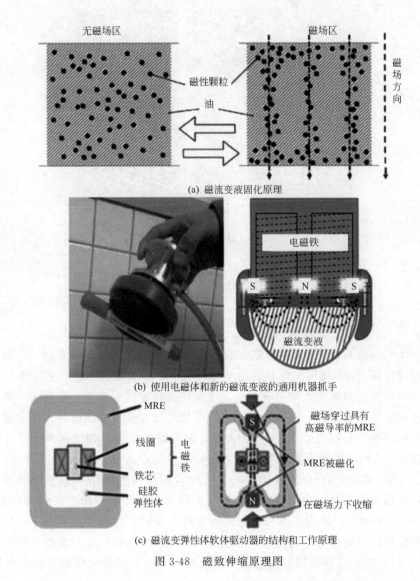

(a) 磁流变液固化原理

(b) 使用电磁体和新的磁流变液的通用机器抓手

(c) 磁流变弹性体软体驱动器的结构和工作原理

图 3-48　磁致伸缩原理图

3.4.2 形状记忆合金驱动

SMA（shape memory alloy，形状记忆合金）是一种具有形状记忆效应的智能材料，可以在一定条件下改变自身形状和力学性能，例如它在外力作用下变形，但当加热到某一适当温度时，则恢复为变形前的形状。其驱动原理为当 SMA 正在冷却或存在力载荷时，它将从高温奥氏体变成低温马氏体，其原始形状被破坏而发生变形；当处于加热状态时，它又能消除低温状态下产生的变形，恢复原始形状，对外输出力和位移，如图 3-49 所示。其中，X_{A0} 表示 SMA 弹簧在奥氏体状态下的自然长度；δ_H 表示奥氏体状态下的 SMA 弹簧在力 F 的作用下的变形量；X_{M0} 表示 SMA 弹簧在马氏体状态下的自然长度；δ_M 表示 SMA 弹簧从奥氏体到马氏体状态的过程中自然长度的变化量；δ_L 表示马氏体状态下的 SMA 弹簧在力 F 的作用下的变形量[31]。已知的形状记忆合金有 Au-Cd、In-Tl、Ni-Ti、Cu-Al-Ni、Cu-Zn-Al 等几十种。

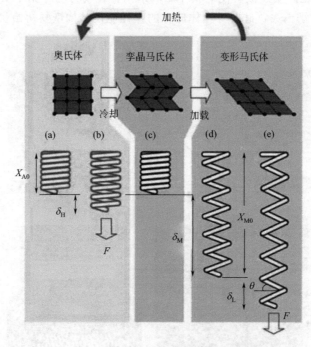

图 3-49 SMA 原理

1992 年，Lagoudas 等首次提出将 SMA 作为驱动器，将 SMA 嵌入到一个细长柔软的杆中，通过控制 SMA 变形来驱动杆运动[32]。SMA 由于质量小、功重比大、驱动结构简单、响应速度快和工作无噪声等优点，受到许多研究者的青睐，将它嵌入到机器人本体中，通过外界（光、热、电等）刺激改变形状及长度实现软体机器人相应部件的驱动。在研究的早期，人们只是单独用 SMA 设计驱动器的结构，如江南机电设计研究所提出以非接触式 SMA 平面涡卷弹簧（简称 SMA 卷簧）为驱动源的一种差动式 SMA 驱动器[33]。2009 年，Shibata 等提出了一种可爬行的张拉整体结构可变形机器人[34]，如图 3-50(a) 所示，它是一种舍弃刚性爬行器和腿结构，凭借身体变形爬行的机器人，其主要由 SMA 驱动器、软橡胶线和丙烯酸管组成，通过给结构中不同的 SMA 通电使其收缩，引起机器人准静态结构变形，导致重力势能梯度变化，在与地面接触的区域周围产生一个力/力矩，从而使机器人移动。田云峰[35] 等人同样依据张拉整体机器人结构原理，但机器人驱动方式则依靠电机进行驱动。此外，哈尔滨工业大学也使用多个形状记忆合金驱动器研制了一种多节蛇形导向机器人[36]，以上这些结构已经不属于软体机器人的范畴，应当为硬质连续体机器人。

后来，随着对软体机器人的进一步研究，根据 SMA 变形原理，研究者们将 SMA 埋在刚度较小的硅橡胶中，将其作为柔性驱动器，利用 SMA 受自身温度影响的变形，带动整个软体结构弯曲变形。麻省理工学院仿生机器人实验室参考蚯蚓的运动机理，将聚合物网状材料卷起来并进行热封，制成长型管状身躯，然后将镍钛合金作为人造肌肉缠绕在网状管上，来模拟蚯蚓的环状肌肉纤维，研制了一种仿蚯蚓蠕动软体机器人 Meshworm[37]，如图 3-50（b）所示；当特定部位的 SMA 通电使其达到特定温度时，SMA 收缩，挤压管状躯体并驱使机器人沿表面蠕动前进。美国塔夫茨大学的 Trimmer 研究小组研制了一种类毛毛虫爬行机器人"GoQBot"[38]，如图 3-50（c）所示，该机器人使用镍钛 SMA 丝绕成弹簧放置在硅胶躯体的通道中，构成其前驱肌和后驱肌，控制 SMA 使躯体结构产生伸长和收缩变化，从而实现向前的爬行运动。它也能够快速蜷缩成一个"Q"形，进行 0.5m/s 的滚动。意大利生物研究所 Laschi 等基于生物的静水骨骼机构机理，研究了一种类似于章鱼臂的软体机器人臂[39]，这种结构不同于之前的仿生机器人臂[40]，它是通过电缆（纵向）和形状记忆合金弹簧进行驱动，通过给不同部位的弹簧通电，触手可以在多个节点上弯曲、缩短或延长，以实现物品抓取。日本研究者们基于 SMA 驱动提出了一种通过身体变形产生爬行和跳跃，可以在崎岖地面上运动的 SMA 圆形软体机器人[41]，如图 3-50（d）所示，该机器人是由 8 根 SMA 丝和硅胶圆形外壳组成，通过控制 SMA 丝的变形，使圆形外壳变形，此时由于重力作用产生力矩，从而驱动机器人爬行，如果变形储存的弹性势能被迅速地释放，将会驱动机器人实现跳跃。东北林业大学和哈尔滨工业大学合作模拟鱼类的尾鳍，使用 SMA 丝研制了一种仿生尾鳍推进器[42]，该推进器的最大瞬时推进力可达 15.8mN，具备了足够好的推进性能，但是单尾翼推进器存在较大幅度的侧向力，使得鱼体产生横向振荡和偏摆的缺点，影响鱼体游动的稳定性；随后他们通过进一步研究提出 SMA 丝驱动的仿生双尾鳍推进器[43]，双尾翼的对称摆动不仅抵消了摆动时产生的侧向力而且由于流场耦合的作用还增强了推进力，使结构得到了优化。中国科学技术大学和南洋理工大学共同研发了一种仿海星软体机器人[44]，其具有显著的对称结构和柔软的内部骨架，通过射线控制步态，可跨过大约 2 倍身高的障碍物，此外，该团队还使用 SMA 丝开创了具有多运动形式的新型软体机器人[45]，该机器人可以实现滚动、爬行和蠕动 3 种运动形式，首次实现了一种机器人结构可以有 3 种运动形式。塔夫茨大学的 Umedachi 等[46] 应用 SMA 驱动硅胶结构，设计了可模仿毛虫各种翻滚运动状态的软体机器人，与毛虫的实际运动方式十分相似。马德里卡洛斯三世大学的 Villoslada 等[47] 设计了一个柔性 SMA 驱动器，可弯曲180°，为克服磁滞现象，避免驱动器过热，设计了位置和速度控制策略。俄亥俄州立大学和清华大学[48] 合作，应用 SMA 丝设计了一款弯曲软体驱动器，建立了 SMA 丝的运动数学模型，并应用于软体机械手中，如图 3-50（e）所示，通过改变嵌入手指内的 SMA 丝的动作顺序，实现了手指的弯曲和螺旋动作。美国工程人员已经研发出一种模仿蠕虫移动的机器人，利用身体表面收缩爬行。机器人采用 SMA 材料制造，因此可以挤过狭小空间或重塑体型通过崎岖地形，它也可以承受沉重打击，不会造成持续伤害。SMA 虽然具有重量轻、功率密度高、驱动力大等优点，但其温度难以控制、驱动频率低[31]。

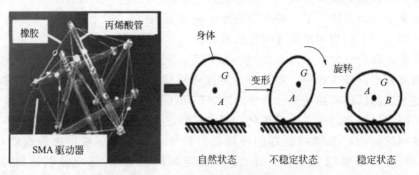

(a) 可爬行的张拉整机结构机器人及基本原理

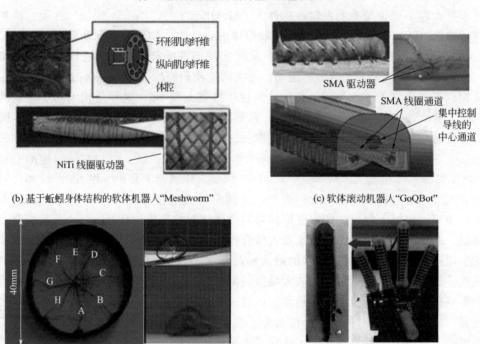

(b) 基于蚯蚓身体结构的软体机器人"Meshworm"

(c) 软体滚动机器人"GoQBot"

(d) 爬行和跳跃的可变形软体机器人

(e) SMA驱动连续机械手

图 3-50　SMA 驱动机器人

此外 Ravi Vaidyanathan[49] 等人采用 SMA 研制了一种静水海洋应用机器人，该机器人是模仿节状蠕虫设计的三节水下机器人；该设计主要使用 SMA 弹簧作为肌肉（力产生元件），乳胶膀胱作为静水骨骼支撑（液压元件），该机器人以蠕动方式运动，最大移动步距是 22mm，最大移动速度是 6mm/s，最大转角在 18°～21°（有缆驱动）。魏中国等人[50] 介绍了形状记忆合金驱动原理，并分析了国外 SMA 的研究现状，为我国 SMA 驱动机器人的研究提供了基础。采用 SMA 作为独立弯曲的多关节驱动的内窥镜可以平稳地插入如乙状结肠等形状狭小复杂弯曲的器官腔内，但是人体肠道内的温度比较高，而且不能承受太高的温度，这就造成了形状记忆合金的变形与回复温差较小，使得形状记忆合金驱动速度比较慢[51,52]。Menciassi 等[53] 首先将 SMA 驱动器应用于蠕虫的仿生机器人中，如图 3-51（a）所示。Menciassi 参考了蚯蚓的运动机制，将 SMA 弹簧嵌入硅橡胶外壳中并串联成竹节状，配置好各节的驱动电流，运动速度可达 0.22mm/s。模仿生物爬行的软体机器人还有 Du 等研发的 3 种模式运动机器人[45]；Kim 等[54] 研发了一种通过 SMA 驱动的仿生海龟，如图 3-51(b) 所示，它的最高游动速度为 22.8mm/s，此外，该研究组研发了一款新型的 SMA 仿生龟[55]，其最大游动速度为 11.5cm/s。Wang 等[56] 设计了一种 SMA 驱动的柔性鳍单元，如图 3-51(c) 所示，并将其应用于仿蝠鲼机器人[57] 中，如图 3-51(d) 所示。文献［58，59］模仿水母的运动，制作了可做沉浮运动的水下机器人。此外，SMA还被应用于攀爬机器人[60]、仿生飞行器[61,62]、机器人面部表情驱动[63,64] 等。此外还有折纸手工机器人[65,66]，能够通过形状记忆材料驱动自身形状，沿弯曲线实现柔性变形；Tufs Softworm[67] 是一种仿生软体机器人，通过 SMA 驱动器连续作用模拟无脊椎毛虫运动。

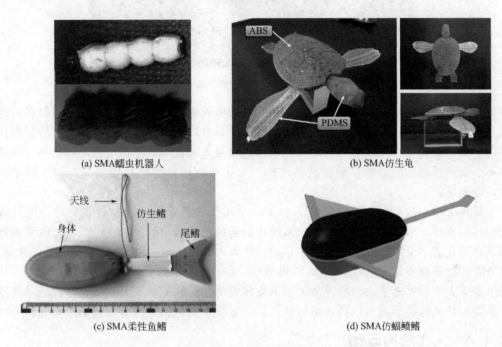

(a) SMA 蠕虫机器人

(b) SMA 仿生龟

(c) SMA 柔性鱼鳍

(d) SMA 仿蝠鲼鳍

图 3-51　SMA 驱动机器人

索丝驱动作为 SMA 驱动的一种特殊形式，是能够进行长距离传动的优良方式，其形状任意，既可用于刚性结构，也可用于柔性结构，适合细长的软体机器人。意大利圣安娜大学 Renda 等[68] 研究了章鱼手爪的运动学特性，建立了章鱼手爪的几何定常状态模型，将 12 个索丝嵌入到硅胶体内部，设计了一种连续体机械手，如图 3-52 所示，实现了弯曲、延伸和抓取等动作。

3.4.3　超声波驱动

所谓超声波驱动器就是利用超声波振动作为驱动力的一种驱动器，由振动部分和移动部分所组成，由超声波振动引起振动物体与移动物体的相对运动，产生了摩擦力，以摩擦力作为驱动力驱动机器人动作。由于超声波驱动器没有铁芯和线圈，结构简单、体积小、重量轻、响应快、力矩大，不需配合减速装置就可以低速运行，因此，很适合用于机器人、照相机和摄像机等的驱动。

而超声波马达（ultrasonic motor，USM）突破了传统电磁电机的概念，没有磁场，

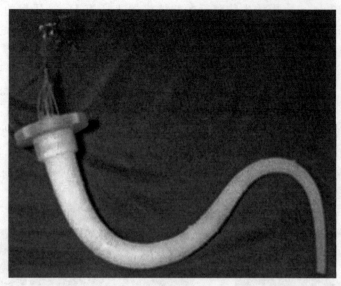

图 3-52 索丝驱动章鱼触手

不依靠电磁相互作用来转换能量，而是利用压电陶瓷的逆效应和超声振动，将材料的微观变形通过机械共振放大和摩擦耦合转换成转子或滑块的宏观运动。其定子和转子由压电陶瓷材料组成，因此超声波马达可以制作成完全无磁性的，不产生磁场和电场，运动也不会受到强磁场的影响。超声波马达的一个主要问题是生产厂家很少，因此很难获得，也很昂贵。

Masamune 等人[69] 在 2007 年开发了一个用于肝癌诊断中活检针辅助定位的开放式磁共振成像（MRI）兼容机器人，系统由五连杆机构组成，采用 USM 和光电编码器相结合建立了一个闭环控制系统。工作时，机器人系统固定在 MRI 台架上，进行穿刺。有研究者对图像质量进行了测试，结果显示 19.4% 的图像恶化是由 USM 造成的[70]。贺思源等人[71] 提出了一种超声波无轴承直接驱动的空间机器人，利用超声波驱动机器人不需配备减速装置就可以低速运行的优势，解决了太空机器人存在的润滑问题。

3.4.4 人工肌肉驱动

随着机器人技术的发展，驱动器从传统的电机-减速器的机械运动机制，向骨架-腱-肌肉的生物运动机制发展。人的手臂能完成各种柔顺作业，为了实现骨骼-肌肉的部分功能而研制的驱动装置称为人工肌肉驱动器。为了更好地模拟生物体的运动功能或在机器人上应用，已研制出了多种不同类型的人工肌肉，如利用机械化学物质的高分子凝胶，形状记忆合金制作的人工肌肉。

人工肌肉驱动是指实现骨骼-肌肉部分的功能研制的驱动，这种驱动方式可以模拟生物体的肢体运动。应申舜等人[72] 利用人工肌肉的驱动力促使关节运动，并证明了该肌肉驱动的机器人关节具有良好的强度和灵活性。2017 年 Roche 等人使用气动人工肌肉（PAM）研制了一种人工心脏[73]，该人工心脏主体由软体材料硅胶制成，通过在主体硅胶内沿螺旋向和周向嵌入 PAM 模拟自然心脏肌肉纤维运动，实现人工心脏的功能，这种人工心脏可作为一种心室辅助装置。

3.4.5 静电驱动

静电驱动是利用电荷间的吸力和排斥力互相作用顺序驱动电极而产生平移或旋转的

运动。因静电作用属于表面力，它和元件尺寸的二次方成正比，在微小尺寸变化时，能够产生很大的能量。由于其能量密度较低，应用相对较少，但是它具有电压驱动、易于集成和控制的特点，在微型机器人的研究开发中具有突出优势。

3.4.6 压电驱动

压电材料是一种受到力作用时表面上出现与外力成比例电荷的材料，又称压电陶瓷。反过来，把电场加到压电材料上，则压电材料产生应变，输出力或变位。利用这一特性可以制成压电驱动器，这种驱动器可以达到驱动亚微米级的精度。压电陶瓷具有响应速度快、位移线性好、体积小等优点。李勃等人[74]将压电陶瓷材料作为机器人的驱动功能元件，设计了一个智能化的微型多节蛇形游动机器人，该机器人动作敏捷灵巧，且整个系统体积小、重量轻、精度高。

3.4.7 光驱动

一些强电介质（严密非对称的压电性结晶）受光照射，会产生几千伏/厘米的光感应电压。这种现象是压电效应和光致伸缩效应的结果，这是电介质内部存在不纯物、导致结晶严密不对称、在光激励过程中引起电荷移动而产生的。光驱动是指某一些强电介质在受到光照射时，会产生很高的光感应电压。2015 年，中国科学院沈阳自动化研究所田孝军教授及其科研团队设计出一种仅用光进行驱动和控制的微型柔性游泳机器人[75]，这为未来研制更小的机器人创造了可能，将来可将超微小机器人用于医疗领域，进入人体血管清理血栓等。

3.4.8 聚合物驱动

电活性聚合物（electroactive polymer，EAP）是一种新型智能高分子材料，当有外加电场时，电活性聚合物内部结构发生改变，在薄膜表面的导电层之间的静电引力促使薄膜产生伸缩、弯曲、束紧或膨胀等多种形式力学响应，具有极强的电学及力学性能，可同时实现驱动、传感等多种功能[76,77]。根据电活性聚合物的致动机理，一般将 EAP 分为离子型 EAP 和电子型 EAP 两类[78]。电子型 EAP 如果想要发生形变，一般需要千伏级的驱动电压；而离子型 EAP 在较低电压下就可以发生形变[79]，所以其在机器人等领域应用前景广泛。

由于能量更容易以电能方式存储，以电子电路的形式来计算，直接应用电能来驱动软体驱动器更为方便。因此，有大量的学者致力于开发由电活性聚合物组成的电激活软体驱动器。如 Moghadam[80]提出了由两个柔性杆组成 L 形软体机器人驱动器，针对驱动器的输入电压和输出位移，建立了由电化学和电动机械模型组成的多重物理量动态模型，应用瑞利-里兹-迈罗维奇方法对软体机器人的控制方程进行了求解，应用拉普拉斯算子获得了软体机器人的传递函数，为精密控制奠定了基础。

离子型 EAP 是由 2 个电极和电解液组成，离子迁移或分散作用使这类材料可以在较低电压下产生激励作用，并产生诱导弯曲位移，具有非常卓越的柔韧性和较高的机电转换效率，易于成型且不易疲劳损坏，因此它可取代传统材料而应用于微机电系统（MEMS）、柔性装置、仿生机器人等领域[81]，典型的离子型 EAP 是 IPMC，驱动原理如图 3-53 所示，IPMC 的全称是离子交换聚合物金属复合材料，是一种电致变形的智能材料（离子型），由阳离子交换薄膜和电极组成的 IPMC，在含水状态下聚合物薄膜中的阳离子可以自由移动，阴离子固定在碳链中不能移动。当在 IPMC 电极的两端施加电压时，电极之间产生电场，在电场的作用下，水合的阳离子向负极移动，而阴离子的位置固定不变，从而导致 IPMC 的负极溶胀、正极收缩，使 IPMC 弯曲变形，这种复合材料只需要较低的电压（<5V）就可以驱动，且还具有大变形、低功耗、柔性高等特点，由于其为柔性材料，具有更好的安全性，因此，在模仿人类手臂和昆虫鱼类等生物的仿生方面具有很好的应用前景。早期，科学家首先用 IPMC 研制了一种柔性低阻尼机械臂[82]，该机械臂与传统机械臂相比，具有柔性化、轻型化、低阻尼和定向定位精度高等优点。此外科学家们还模仿一些水下生物，使用 IPMC 作为驱动器研制出了一系列水下软体机器人。哈尔滨工程大学的研究者们通过分析微小型鱼类的运动和受力情况，基于 IPMC 的特性研发了一款微型软体机器鱼[83]，该机器鱼由 3 部分柔性结构组成：前后聚氯乙烯（polyvinyl chloride，PVC）薄片和中间连接两薄片结构的条形 IPMC 驱动器。前后 PVC 薄片作为被动部分，当 IPMC 驱动器摆动时，跟随其摆动，从而实现类似于小鲫鱼尾部的摆动运动。Najem 等设计了一种由 IPMC 作为驱动器的仿生水母机器人[84]，该机器人将 8 根 IPMC 驱动器呈放射状嵌入具有热收缩能力的聚合物膜柔韧腔体中，当通电时，IPMC 材料在电场作用下会产生弯曲变形，使水母腔体发生收缩和扩张运动，从而实现类似水母运动的功能。此外，Firouzeh 等以 IPMC 作为致动器研发了一种可变形滚动机器人[85]，该机器人通过小激发电压引起环形结构的大弯曲变形，从而通过不平坦的地面和穿过狭窄的缝隙。但值得一提的是，离子型 EAP 具有耦合效率低和致动速度较差[31,86] 的缺点。

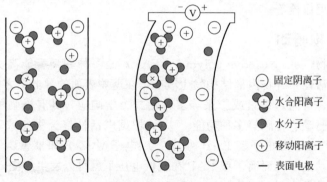

图 3-53　IPMC 驱动原理

此外 Hubbard 等[87] 将 IPMC 应用于仿生机器鱼中，用于驱动机器鱼的胸鳍和尾鳍。该机器鱼的最大游动速度为 28mm/s，如图 3-54(a) 所示。Shen 等[88] 模仿鲸鱼的游动方式，使用 IPMC 尾鳍研发了一款仿生机器鱼，并研究了其水动力性能，如图 3-54(b) 所示。弗吉尼亚大学仿生工程实验室研发了一款 IPMC 驱动的仿生蝠鲼机器鱼[89]，如图 3-54(c) 所示，该机器鱼的胸鳍由两侧的 4 根 IPMC 鳍条驱动，身长 80mm，翼展 180mm，最大游动速度为 4.2mm/s。弗吉尼亚理工大学将 IPMC 驱动器嵌入聚烯烃薄膜中，开发出透明软体水母[90]，如图 3-54(d) 所示，该水母的直径为 164mm，高为 50mm，质量为 11g，游动速度为 1.5mm/s。此外，伊朗谢里夫理工大学研发了一款 IPMC 驱动的滚动机器人[91]，如图 3-54(e) 所示。得克萨斯农工大学研发了一款 IPMC 驱动的行走机器人[92]，如图 3-54(f) 所示。IPMC 驱动的机器人具有大输出位移、运动灵活等优点，而其主要不足有输出力较小、响应频率低、材料需要液体环境等。

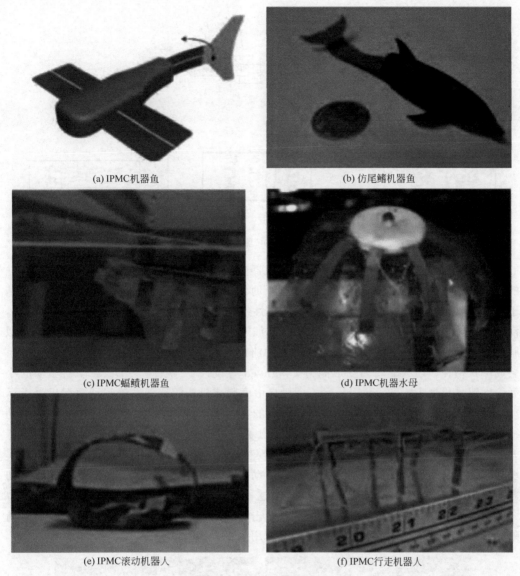

(a) IPMC机器鱼

(b) 仿尾鳍机器鱼

(c) IPMC蝠鲼机器鱼

(d) IPMC机器水母

(e) IPMC滚动机器人

(f) IPMC行走机器人

图 3-54　IPMC 机器人

　　电子型 EAP 是一种在直流电作用下直接对外输出位移和应力的智能材料，具有极好的电致动效应。介电弹性材料（dielectric elastomers，弹性材料 DE）是一种典型的电子型 EAP 智能软材料。其工作原理[93,94]　如图 3-55 示，其中 Q、P、L 分别表示电荷、表面所受力和长度。在 DE 薄膜的两侧覆盖柔性电极[95]，当施加驱动电压时，DE 在电场力作用下改变其形状和体积，电场撤去以后又会自主恢复到原来的形状和体积。DE 因其具有柔顺性好、重量轻、能量密度大、响应速度快的优点[96]，被用于软体机器人驱动、柔性传感器、智能穿戴设备以及能量采集等方面[97]。

　　浙江大学李铁风等从海洋生物蝠鲼的柔软身体与柔性扑翼推进中获得启发，利用 DE 薄膜作为软体人工肌肉驱动器设计了一种高性能的软体机器鱼[98]，如图 3-56 所示。在 DE 上施加薄膜厚度方向的电压时，DE 聚合物薄膜厚度减小，面积增大，该软体机器鱼是通过 DE 薄膜在交流电压作用下产生力输出响应，将薄膜张力变化转化为机器鱼

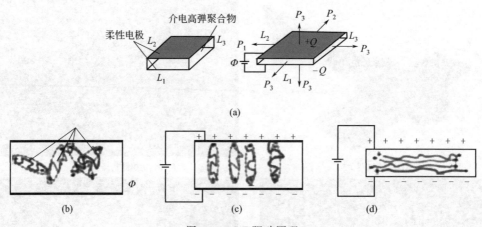

图 3-55　DE 驱动原理

的扑动,从而通过柔性鳍获得水动力。该机器鱼利用自身携带的小型化高压电源和独立的控制系统突破性地实现了快速机动性和长时续航。Lai 等突破传统二维空间限制,基于 DE 驱动提出了一种三维空间内运动的柔性致动器[99],该致动器是单独的层状结构,没有支撑结构和预拉伸层,通过给 DE 材料加电来收缩和舒张,带动硅胶变形实现类似肌肉的收缩舒张效果,实现扑翼结构的扑动前行动作。除此之外,科学家们还将 DE 组装成层状结构,增大驱动和变形能力。Nguyen 等设计了一种多层 DE 驱动器驱动的小型仿生四足机器人[100],利用具有 4 个双自由度腿式机构的致动系统驱动微型机器人运动,并验证了多层 DE 驱动器在运动系统中的可行性,有望取代传统腿式机器人的驱动结构。类似地,Jung 等以蠕虫为灵感,提出了一种基于 DE 驱动的仿环节动物的机器人[101],该机器人通过串联多个 DE 致动器模块来模拟环节动物的运动。其中致动器模块具有 3 个自由度,既可以实现上下平移运动,也可以在 2 个方向上旋转运动。该致动方法具有结构尺寸小、响应速度快和操作过程稳定性等特征。DE 驱动器虽然驱动力大,但需要较高的激励电场,该电场接近于击穿电场,所以在机器人的应用中还具有局限性,需要开展进一步的研究和优化才能应用到更多的领域。

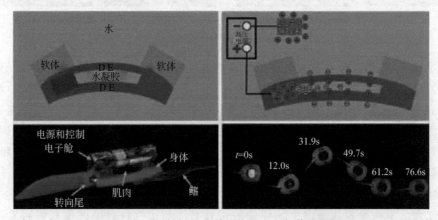

图 3-56　DE 材料驱动翼扑动型水下软体机器人

　　浙江大学工程力学系、浙江省软体机器人与智能器件研究重点实验室研究组基于介电高弹体的力电耦合特性,通过利用力电失稳实现了材料的极大电致变形[102],并可振动调频，能用于智能结构的驱动[103]。此外，该研究小组还参考了海星等无脊椎动物，研发了一种小型的智能结构[104]，如图 3-57(a) 所示。以该结构作为基本模块，可以制成多种形状的小型机器人。在不同预拉伸状态下以及不同电压的驱动下，这种机器人的运动幅度也会随之改变。Kofod 基于介电高弹体材料做了三角状抓手[105]，可以抓起轻质的柱状物体，如图 3-57(b) 所示。Jung 等[106] 以蠕虫为灵感，做成以介电材料为单元的驱动器，再以 6 个基本单元为一组，做成一个二级的圆形单元，最后这种二级的圆形单元可以连接成任意长度的蠕虫机器人，可以实现 1mm/s 的爬行速度，如图 3-57(c) 所示。Choi 等[107] 将多层介电材料薄膜制成的驱动器作为基本结构单元，以这种单元为基础组装成管状的智能机器人，如图 3-57(d) 所示。Pei 等基于介电高弹体材料，做成圆柱形驱动器单元，并组装成六足行走机器人或者首尾连接的蠕虫机器人，如图 3-57(e) 所示。Zhao 等[108] 研发了一种扑翼结构，这种马鞍形状的介电材料的驱动器在 5000V、3Hz 的驱动电压下，可以实现大于 180° 的角度变化，如图 3-57(f) 所示。

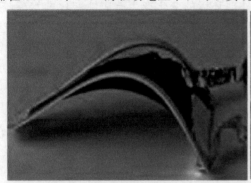

(a) 电驱动蠕虫机器人[105]

(b) 电驱动软抓手[106]

(c) DE蠕虫机器人[107]

(d) DE蠕虫机器人[108]

(e) DE行走机器人

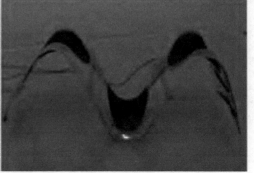

(f) DE扑翼结构[109]

图 3-57　DE 驱动机器人

这种扑翼结构也为空中飞行驱动器提供了一个很好的参考。此外，Conn 等[109] 研发了一种结合气动与电动并以介电高弹体为材料的蠕虫机器人。这种机器人是以介电高弹体薄膜封装的一个圆筒形结构为单元，并且可以将这些单元连接成不同长度的机器人。该机器人在充气后，介电薄膜进入工作状态，施加电压后可以通过底部的运动结构产生的摩擦力前进。Branz 等[110] 研发了一种以介电高弹体为基本材料的双轴机器人，这种机器人在水平 X-Z 方向和竖直 X-Y 方向分别有两个圆柱形的轴，在电的驱动下，介电薄膜会发生形变，带动两个轴运动，从而实现前进。Shintake 等[111] 开发了一种电吸附式的介电高弹体软体抓手，可以抓起 82.1g 的物体。介电高弹体机器人具有大驱动力、大驱动位移等优点，但也面临着驱动电压高等挑战。

3.4.9 响应水凝胶软体机器人

水凝胶是由具有亲水性的功能高分子，通过物理或化学作用交联形成三维网络结构，吸水溶胀而形成。响应水凝胶指能够对外部环境的变化产生响应性变化的水凝胶，如一些水凝胶能因外界温度、pH 值、光电信号、特殊化学分子等的微小变化，而产生相应的物理结构或化学结构的变化。如一类具有低临界相转变温度（LCST）的温敏水凝胶，其在温度低于 LCST 时，表现为亲水性，而高于 LCST 时相转变为疏水性。水凝胶高分子网络的相转变使得水凝胶中的水分大量出入其中（温度升高缩水，降低吸水），从而使得水凝胶产生体积等形态变化。又例如一类具有对酸碱度敏感的水凝胶，其高分子网络中含有可电离的阴离子基团（羧基、磺基等）或阳离子基团（氨基等），外界 pH 值的改变影响这些基团的电离情况，使得它们与水分子的结合情况也发生相应的改变，从而使水凝胶的体积形态随着 pH 值的改变而发生变化。由于智能水凝胶能够随外界环境变化而产生形变，其可以作为智能驱动材料应用于柔性机器人驱动等领域[112]。

Nakamaru 等[113] 以凝胶为材料，研发了一种外形简单，有着类似蠕虫的运动模式的仿生机器人。这种机器人在不改变外界驱动方式和刺激的情况下可以通过自振荡的方式移动，如图 3-58(a) 所示。Morales 等[114] 研发了一种以水凝胶为基底的片状驱动器。该驱动器分为两部分，分别作为机器人的两只脚，这两只脚分别为阴离子脚和阳离子脚，通过改变电极的方向使机器人产生不同方向的形变从而使其移动，如图 3-58(b) 所示。Lee 等[115] 同样是以水凝胶作为基本材料，以自然界中的捕蝇草为灵感，制备了一种表面具有微流道的微型机器人，可以通过机器人表面的微流道吸水和失水时所产生的表面形变来使其运动。此外，Li 等[116] 用 pH 值响应水凝胶开发了一款软体水母，

(a) 仿尺蠖凝胶机器人

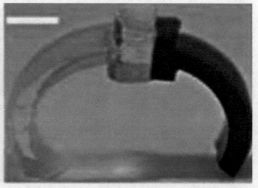

(b) 凝胶机器人

图 3-58　水凝胶机器人

该水母为磁驱动。水凝胶机器人能够通过自身化学反应实现运动，但是面临驱动力小、难以精确控制的挑战。

3.4.10　其他机器人驱动方式

无论是柔性流体驱动器、电活性聚合物驱动，还是索丝驱动，其本质都是直接应用机械能，或将电能转化为机械能驱动软体机器人。研究人员在考虑能否将其他形式能量直接转化为机械能，从而绕开中间的电能过程。

Shepherd 等人[117] 研发了一种三角状的有机弹性体机器人。该机器人以甲烷与氧气燃烧反应使气体体积膨胀为驱动机制，在分别通入纯氧和甲烷混合反应之后，这种机器人可发生形变并且跳跃，最高可达到跳离地面 300mm（30 倍身高），如图 3-59（a）所示。同样是以跳跃为运动形式，Bartlett 等[118] 应用三维打印技术制造了一种内燃驱动机器人，该机器人也是以化学反应放能作为驱动机制，丁烷和氧气在一个三角状的密闭腔室里发生反应，使这个小型机器人跳跃，并且可以通过给底部的脚分别充气实现定向的跳跃，如图 3-59（b）所示。Robert 团队[119] 应用 3D 打印提出了仿章鱼机器人 Oc-tobot，于 2016 年 8 月在 Nature 上发表。Octobot 完全由硅胶制成，既无外部供电，也无内部电池，而是采用微流控驱动技术。Octobot 内部充满了液态的过氧化氢，在与铂发生化学反应后会释放出氧气，Octobot 内部通道的压强加大，从而打开预先设计好的微阀门，在这些氧气的驱动下，章鱼手爪会产生运动，实验表明，"微流控电路"能够达到与普通电路一样的效果[120]。内燃机器人具有驱动力大、运动幅度大的优势，但是存在着控制难度大的挑战。

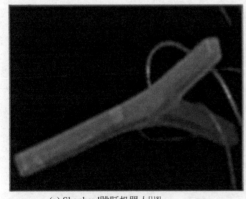 

(a) Shepherd跳跃机器人[118]　　　　　　　　(b) 跳跃机器人[119]

图 3-59　内燃驱动机器人

Park[121] 推出了全球首个以活体细胞驱动的人造生物合成机器人，该机器人由一种柔性聚合物和肌肉细胞制成柔软身躯，当受到特定的不对称脉冲光源刺激后，细胞产生收缩带动躯体弯曲，从而实现机器人相关动作或移动。由于活体细胞对所处环境要求比较特殊，目前这种驱动方式还停留在实验阶段，因此其应用还存在很大的局限性。

参考文献

[1]　机器人教程：直流电机驱动及 L298N 模块 [EB/OL]. [2015-7-19] . http：//www. 360doc. com/ content/15/0719/00/12109864＿485799005. shtml.

[2]　拆开工业机器人，让你见识机器人驱动系统中的电机种类 [EB/OL]. [2018-10-30]. http：//

bbs. elecfans. com/jishu _ 1672813 _ 1 _ 1. html.

[3] 张春良, 陈子辰, 梅德庆. 直线电机驱动技术的研究现状与发展 [J]. 农业机械学报, 2002, 33 (5): 124-128.

[4] 刘泉, 张建民, 王先逵, 等. 直线电机在机床工业中的最新应用及技术分析 [J]. 机床与液压, 2004, 33 (6): 1-3.

[5] 叶云岳, 陈永校, 卢琴芬. 直线电机驱动的新型冲压机 [J]. 电工技术杂志, 2000, 15 (2): 35-36.

[6] 何志龙, 李连生, 束鹏程. 冰箱用直线压缩机研究 [J]. 西安交通大学学报, 2003, 37 (11): 20-24.

[7] 李朝东. 用于机器人的微型直线电机研究与开发现状 [C]. 第十二届中国小电机技术研讨会, 上海, 中国, 2007, pp: 201-206.

[8] James Friend, Yasuyuki Guoda, Kentaro Nakamura, et al. A simple bidirectional linear microactuator for nanopositioning-the "Baltan" microactuator [J]. IEEE Transactions on Ultrasonics, Ferroelectrics, and Frequency Control, 2006, 53 (6): 1160-1167.

[9] 黄志坚. 机器人驱动与控制及应用实例 [M]. 北京: 化学工业出版社, 2016.

[10] 曹胜男, 朱冬, 祖国建. 工业机器人设计与实例详解 [M]. 北京: 化学工业出版社, 2019.

[11] 机器人的驱动系统 [EB/OL]. [2018-01-25]. https: //wenku. baidu. com/view/ccbe6541cec789eb172ded630b1c59eef9c79a7b. html.

[12] 李清民. 汽车钣金工 [M]. 北京: 国防工业出版社, 2016.

[13] 活塞缸 [EB/OL]. [2020-06-09]. https: //baike. baidu. com/item/%E6%B4%BB%E5%A1%9E%E7%BC%B8.

[14] 李辰. 一种中空双出杆液压缸. 中国, CN201953737U [P]. 2011.8.31.

[15] 胡四明. 伸缩式液压缸活塞杆的改进 [J]. 工程机械, 1988 (11): 35.

[16] 周海强, 陈道良. 摆动液压缸内部结构改进设计 [J]. 液压气动与密封, 2007, 27 (6): 32-34.

[17] 液压马达 [EB/OL]. [2019-09-09]. https: //baike. baidu. com/item/%E6%B6%B2%E5%8E%8B%E9%A9%AC%E8%BE%BE.

[18] 明仁雄, 万会雄. 液压与气压传动 [M]. 北京: 国防工业出版社, 2003.

[19] 郭蓓, 赵远扬, 李连生, 等. 旋叶式压缩机的气缸型线研究 [J]. 西安交通大学学报, 2003, 37 (3): 256-259.

[20] 磁性无活塞杆气缸的原理、特点及应用 [EB/OL]. [2014-07-03]. https: //www. docin. com/p-853379494. html.

[21] 王世忠, 陈早阳, 俞尚锟, 等. 气动手指结构. 中国, CN202656194U [P]. 2013-1-9.

[22] 气液增压缸和气液阻尼缸有什么不同 [EB/OL]. [2018-10-15]. http: //www. twzyg. com/jiejuefangan/1191. html.

[23] 薄膜式气缸 [EB/OL]. [2016-03-19]. https: //baike. baidu. com/item/%E8%96%84%E8%86%9C%C5%BC%8F%E6%B0%94%E7%BC%B8/1438909? fr=aladdin.

[24] 气动马达 [EB/OL]. [2019-08-10]. https: //baike. baidu. com/item/%E6%B0%94%E5%8A%A8%E9%A9%AC%E8%BE%BE.

[25] 黄超, 刘衍聪, 伊鹏, 等. 蛋胚成活性分拣机器人真空吸盘装置设计与试验 [J]. 农业工程学报, 2017, 33 (16): 276-282.

[26] 张永顺, 李海亮, 王惠颖, 等. 超磁致伸缩薄膜驱动仿生游动微型机器人 [J]. 机器人, 2006, 28 (2): 170-176.

[27] 颜国正, 林良明, 丁国清, 等. 新型机器人驱动内窥镜系统的研究 [J]. 高技术通讯, 2000, 5: 61-63.

[28] 汪建晓, 孟光. 磁流变弹性体研究进展 [J]. 功能材料, 2006, 37 (5): 706-709.

[29] Nishida T，Okatani Y，Tadakuma K. Development of universal robot gripper using MRα fluid [J]. International Journal of Humanoid Robotics，2016，13（4）：231-235.

[30] Kashima S，Miyasaka F，Hirata K. Novel soft actuator using magnetorheological elastomer-JI. IEEE Transactions on Magnetics，2012，48（4）：1649-1652.

[31] 张忠强，邹娇，丁建宁，等.软体机器人驱动研究现状 [J].机器人，2018，40（5）：648-659.

[32] Lagoudas D C，Tadjbakhsh I G. Active flexible rods with embedded SMA fibers [J]. Smart Materials and Structures，1992，1（2）：162-167.

[33] 刘俊兵.差动式形状记忆合金驱动器驱动性能研究 [J].现代机械，2017（1）：4-7.

[34] Shibata M，Saijyo F，Hirai S. Crawling by body deformation of tensegrity structure robots [C]. IEEE International Conference on Robotics and Automation，Piscataway，USA，May 12-May 17，2009，pp：4375-4380.

[35] 田云峰，罗阿妮，刘贺平.4 杆张拉整体机器人单步驱动方式分析 [J].制造业自动化，2019，41（7）：93-97.

[36] Yili F U. Design of guiding robot for active catheter based on shape memory alloy [J]. Chinese Journal of Mechanical Engineering，2008，44（9）：76-82.

[37] Seok Sangok，Onal Cagdas Denizel，Cho Kyu-Jin，et al. Meshworm：A peristaltic soft robot with antagonistic nickel titanium coil actuators [J]. IEEE/ASME Transactions on Mechatronics，2013，18（5）：1485-1497.

[38] Lin H T，Leisk G G，Trimmer B. GoQBot：A caterpillar-inspired soft-bodied rolling robot [J]. Bioinspiration & Biomimetics，2011，6（2）：026007.

[39] Laschi C. Cianchetti M，Mazzolai B，et al. Soft robot arm inspired by the octopus [J]. Advanced Robotics，2012，26（7）：709727.

[40] Laschi C，Mazzolai B，Mattoli V，et al. Design of a biomimetic robotic octopus arm [J]. Bioinspiration & Biomimetics，2009，4（1）：015006.

[41] Sugiyama Y，Hirai S. Crawling and jumping by a deformable robot [J]. International Journal of Robotics Research，2006，25（5/6）：603-620.

[42] 李健，郭艳玲，王振龙，等.SMA 丝驱动的仿生尾鳍推进器的实验研究 [J].微特电机，2013，41（7）：10-14.

[43] 李健，王荣臻，吴季，等.形状记忆合金丝驱动的仿生双尾鳍推进器的仿真和实验研究 [J].微特电机，2016，44（8）：22-25.

[44] Mao S，Dong E，Zhang S，et al. Gait study and pattern generation of a starfish-like soft robot with flexible rays actuated by SMAs [J]. Journal of Bionic Engineering，2014，11（3）：400-411.

[45] Du Y，Xu M，Dong E，et al. A novel soft robot with three locomotion modes [C]. IEEE International Conference on Robotics and Biomimetics，Karon Beach，Thailand，December 7-December 10，2011，pp：98-103.

[46] Umedachi T. Vikas V. Trimmer B A. Softworms：the design and control of non-pneumatic，3D-printed，deformable robots [J]. Bioinspiration & Biomimetics，2016，11（2）：025001.

[47] Villoslada A，Flores A，Copaci D，et al. High-displacement flexible shape memory alloy actuator for soft wearable robots [J]. Robotics & Autonomous Systems，2015，73：91-101.

[48] She Yu，Chen Ji，Shi Hongliang，et al. Modeling andvalidation of a novel bending actuator for soft robotics applications [J]. Soft Robotics，2016，3（2）：71-81.

[49] Vaidyanathan R，Chiel H J，Q uinn R D. A hydrostatic robot for marine applications [J]. Robotics and Autonomous Systems，2000，30（1/2）：103-113.

[50] 魏中国，彭红樱，杨大智.形状记忆合金传感驱动器件及其在机器人中的应用 [J].机器人，

1994，16（4）：244-249.

[51] 张兆礼，赵春晖，梅晓丹.现代图像处理技术及 Matlab 实现 [M].北京：人民邮电出版社，2001.

[52] 阮秋琦，阮宁智.数字图像处理 [M].北京：电子工业出版社，2003.

[53] Menciassi A，Gorini S，Pernorio G，et al. A SMA actuated artificial earthworm [C]. IEEE International Conference on Robotics and Automation，New Oeleans，USA，April 26-May 1，2004，pp：3282-3287.

[54] Kim H J，Song S H，Ahn S H. A turtle-like swimming robot using a smart soft composite (SSC) structure [J]. Smart Materials and Structures，2012，22（1）：014007.

[55] Song S H，Kim M S，Rodrigue H，et al. Turtle mimetic soft robot withtwo swimming gaits [J]. Bioinspiration & Biomimetics，2016，11（3）：036010.

[56] Wang Z L，Hang G R，Wang Y W，et al. Embedded SMA wire actuated biomimetic fin：a module for biomimetic underwater propulsion [J]. Smart Materials and Structures，2008，17（2）：025039.

[57] Wang Z，Wang Y，Li J，et al. A micro biomimetic manta ray robot fish actuated by SMA [C]. 2009 IEEE International Conference on Robotics and Biomimetics（ROBIO），Guilin，China，December 19-December 23，2009，pp：1809-1813.

[58] Villanueva A，Smith C，Priya S. A biomimetic robotic jellyfish（Robojelly）actuated by shape memory alloy composite actuators [J]. Bioinspiration & biomimetics，2011，6（3）：036004.

[59] Shi L，Guo S，Asaka K. A novel jellyfish-like biomimetic microrobot [C]. 2010 IEEE/ICME International Conference on Complex Medical Engineering（CME），Gold Goast，Australia，July 13-July 15，2010，pp：277-281.

[60] Trimmer B A，Takesian A E，Sweet B M，et al. Caterpillar locomotion：a new model for soft-bodied climbing and burrowing robots [C]. 7th International Symposium on Technology and the Mine Problem. Monterey，CA，May 2-May 5，2006，pp：1-10.

[61] Bunget G，Seelecke S. Actuator placement for a bio-inspired bonejoint system based on SMA [C]. SPIE Smart Structures and Materials＋Nondestructive Evaluation and Health Monitoring，California，USA，April 6，2009，pp：72880L-1-72880L-12.

[62] Colorado J，Barrientos A，Rossi C，et al. Biomechanics of smart wings in a bat robot：morphing wings using SMA actuators [J]. Bioinspiration & Biomimetics，2012，7（3）：036006.

[63] Hara F，Akazawa H，Kobayashi H. Realistic facial expressions by SMA driven face robot [C]. Proceedings 10th IEEE International Workshop on Robot and Human Interactive Communication，Paris，France，September 18-September 21，2001，pp：504-511.

[64] Tadesse Y，Hong D，Priya S. Twelve degree of freedom baby humanoid head using shape memory alloy actuators [J]. Journal of Mechanisms and Robotics，2011，3（1）：011008.

[65] Felton S，Tolley M，Demaine E，et al. A method for building self-folding machines [J]. Science，2014，345（6197）：644 -646.

[66] Miyashita S，Guitron S P，Ludersdorfer M，et al. An untethered miniature origami robot that selffolds，walks，swims，and degrades [C]. IEEE International Conference on Robotics and Automation（ICRA），WA，USA，May 26-May 30，2015，pp：1050 -4729.

[67] Lin H T，Leisk G G，Trimmer B. GoQBot：a caterpillar-inspired soft-bodied rolling robot [J]. Bioinspiration &Biomimetics，2011，6（2）：026007.

[68] Renda F，Giorelli M，Calisti M，et al. Dynamicmodel of a multibending soft robot arm driven by cables [J]. IEEE Transactions on Robotics，2014，30（5）：1109 -1122.

[69] Masamune K，Ohara F，Matsumiya K，et al. MRI compatible robotfor needle placement therapy with accurate registration [J]. IFMBE Proceedings，2007，14（5）：3056-3059.

[70] 张永德，耿利威，杜海艳，等.核磁共振兼容手术机器人的驱动方式分析 [J].机械设计，2010，27（3）：44-49.

[71] 贺思源，陈维山.用于空间机器人的无轴承超声波直接驱动器 [C].中国第五届机器人学术会议，哈尔滨，中国，1997，pp：93-96.

[72] 应申舜，秦现生，任振国，等.基于人工肌肉的机器人·驱动关节设计与研究 [J].机器人，2008，30（2）：142-146

[73] Roche E T，Horvath M A，Wamala I，et al. Soft robotic sleeve supports heart function [J]. Science Translational Medicine，2017，9（373）：eaar3925.

[74] 李勃，吴月华，许旻，等.基于压电陶瓷驱动的腹腔手术微型机器人 [J].光学精密工程，2001，9（6）：535-538.

[75] 王怡.光驱动微型机器人问世 [N].科技日报，2015-12-11.

[76] 党智敏，王岚，王海燕.新型智能材料：电活性聚合物的研究状况 [J].功能材料，2005，36（7）：981-987.

[77] 闫继宏，石培沛，张新彬，等.软体机械臂仿生机理、驱动及建模控制研究发展综述 [J].机械工程学报，2018，54（15）：1-14.

[78] Pelrine R，Kornbluh R，Pei Q，et al. High-speed electrically actuated elastomers with strain greater than 100% [J]. Science，2000，287（5454）：836-839.

[79] Shahinpoor M，Kim K J. Ionic polymer-metal composites：I. fundamentals [J]. Smart Materials and Structures，2001，10（4）：819-833.

[80] Moghadam A A A，Torabi K，Kaynak A，et al. Control-oriented modeling of a polymeric soft robot [J]. Soft Robotics，2016，3（2）：82-97.

[81] Gu G Y. Zhu J，Zhu L M，et al. A survey on dielectric elastomer actuators for soft robots [J]. Bioins-piration and Biomimetics，2017，12（1）：011003.

[82] Shahinpoor M，Kim K J. Ionic polymer metal composites：IV. Industrial and medical applications [J]. Smart Materials and Structures，2004，14（1）：197-214.

[83] 苏玉东，叶秀芬，郭书祥.基于 IPMC 驱动的自主微型机器鱼 [J].机器人，2010，32（2）：262-270.

[84] Najem J，Sarles S A，Akle B，et al. Biomimeticjellyfish-inspiredunderwater vehicle actuated by ionic polymer metal composite actuators [J]. Smart Materials and Structures，2012，21（9）：299312.

[85] Firouzeh A，Ozmaeian M，Alasty A，et al. An IPMC-made deformable-ring-like robot [J]. Smart Materials and Structures，2012，21（6）：65011-65021.

[86] Brochu P，Pei Q. Advances in dielectric elastomers for actuators and artificial muscles [J]. Macromolecular Rapid Communications，2010，31（1）：10-36.

[87] Hubbard JJ，Fleming M，Palmre V，et al. Monolithic IPMC fins for propulsion and maneuvering in bioinspired underwater robotics [J]. IEEE Journal of Oceanic Engineering，2014，39（3）：540-551.

[88] Shen Q，Wang T，Liang J，et al. Hydrodynamic performance of a biomimetic robotic swimmer actuated by ionic polymer-metal composite. Smart Materials and Structures，2013，22（7）：075035.

[89] Chen Z，Um T I，Bart-Smith H. A novel fabrication of ionic polymer-metal composite membrane actuator capable of 3-dimensional kinematic motions [J]. Sensors and Actuators A：Physical，2011，168（1）：131-139.

[90] Li H，Go G，Ko S Y，et al. Magnetic actuated pH-responsive hydrogel-based soft micro-robot for targeted drug delivery [J]. Smart Materials and Structures，2016，25（2）：027001.

[91] Firouzeh A，Ozmaeian M，Alasty A. An IPMC-made deformablering-like robot [J]. Smart Materials and Structures，2012，21 (6)：065011.

[92] Chang Y C，Kim W J. Aquatic ionic-polymer-metal-composite insectile robot with multi-DOF legs [J]. IEEE/ASME Transactions on Mechatronics，2013，18 (2)：547-555.

[93] Zhu F B，Zhang C L，Qian J，et al. Mechanics of dielectric elastomers：Materials，structures，and devices [J]. Journal of Zhejiang University，Science A：Applied Physics & Engineering，2016，17 (1)：1-21.

[94] 俞洛伊，刘茜，廖发，等. 新型电智能材料电致动聚合物 [J]. 黑龙江纺织，2015，(1)：16-19.

[95] 张明，张亦旸，刘俊亮. 机器人软体材料研究进展 [J]. 科技导报，2017，35 (18)：29-38.

[96] 钟林成，王永泉，陈花玲. 基于介电弹性软体材料的能量收集：现状、趋势与挑战 [J]. 中国科学：技术科学，2016，46 (10)：987-1004.

[97] 李铁风，李国瑞，梁艺鸣，等，软体机器人结构机理与驱动材料研究综述 [J]. 力学学报，2016，48 (4)：756-766.

[98] Li T F，Li G R，Liang Y M，et al. Fast-moving soft electronic fish [J]. Science Advances，2017，3 (4)：e1602045.

[99] Lai W，Bastawros A F，Hong W，et al. Fabrication and analysis of planar dielectric elastomer actuators capable of complex 3D deformation [C]. IEEE International Conference on Robotics and Automation，Minnesota，USA，May 14-May 18，2012，pp：4968-4973.

[100] Nguyen C T，Phung H，Nguyen T D，et al. A small biomimetic quadruped robot driven by multistacked dielectric elastomer actuators [J]. Smart Materials and Structures，2014，23 (6)：065005.

[101] Jung K，Koo J C，Nam J D，et al. Artificial annelid robot driven by soft actuators [J]. Bioinspiration and Biomimetics，2007，2 (2)：s42-s49.

[102] Li T，Keplinger C，Baumgartner R，et al. Giant voltage-induced deformation in dielectric elastomers near the verge of snap-through instability [J]. Journal of the Mechanics and Physics of Solids，2013，61 (2)：611-628.

[103] Li T F，Qu S X，Yang W. Electromechanical and dynamic analyses of tunable dielectric elastomer resonator [J]. International Journal of Solids and Structures，2012，49 (26)：3754-3761.

[104] Li C，Xie Y，Huang X，et al. Novel dielectric elastomer structure of soft robot [C]. SPIE Smart Structures and Materials＋Nondestructive Evaluation and Health Monitoring，California，USA，April 1，2015，pp：943021-1-943021-6.

[105] Kofod G，Wirges W，Paajanen M，et al. Energy minimization for self-organized structure formation and actuation [J]. Applied Physics Letters，2007，90 (8)：081916.

[106] Jung Jaehoon，Nakajima Masahiro，Takeuchi Masaru，et al. Microfluidic device to measure the speed of C. elegans using the resistance change of the flexible electrode [J]. Micromachines，2016，7 (3)：50.

[107] Choi H R，Jung K，Ryew S，et al. Biomimetic soft actuator：design，modeling，control，and applications [J]. IEEE/ASME Transactions on Mechatronics，2005，10 (5)：581-593.

[108] Zhao J W，Niu J Y，McCoul D，et al. A rotary joint for a flapping wing actuated by dielectric elastomers：design and experiment [J]. Meccanica，2015，50 (11)：2815-2824.

[109] Conn A T，Hinitt A D，Wang P. Soft segmented inchworm robot with dielectric elastomer muscles [C]. SPIE Smart Structures and Materials＋Nondestructive Evaluation and Health Monitoring，California，USA，March 8，2014，pp：90562L-1-90562L-10.

[110] Branz F，Antonello A，Carron A，et al. Kinematics and control of redundant robotic arm based on dielectric elastomer actuators [C]. SPIE Smart Structures and Materials ＋ Nondestructive

Evaluation and Health Monitoring, California, USA, April 1, 2015: 943023-1-943023-13.

[111] Shintake J, Rosset S, Schubert B, et al. Versatile soft grippers with intrinsic electroadhesion based on multifunctional polymer actuators [J]. Advanced Materials, 2016, 28 (2): 231-238.

[112] Kempaiah R, Nie Z. From nature to synthetic systems: shape transformation in soft materials [J]. Journal of Materials Chemistry B, 2014, 2 (17): 2357-2368.

[113] Nakamaru S, Maeda S, Hara Y, et al. Development of novel self-oscillating gel actuator for achievement of chemical robot [C]. 2009 IEEE/RSJ International Conference on Intelligent Robots and Systems, MO, USA, October 10-October 15, 2009, pp: 4319-4324.

[114] Morales D, Palleau E, Dickey M D, et al. Electro-actuated hydrogel walkers with dual responsive legs [J]. Soft Matter, 2014, 10 (9): 1337-1348.

[115] Lee H, Xia C, Fang N X. First jump of microgel: actuation speed enhancement by elastic instability [J]. Soft Matter, 2010, 6 (18): 4342-4345.

[116] Li H, Go G, Ko S Y, et al. Magnetic actuated pH-responsive hydrogel-based soft micro-robot for targeted drug delivery [J]. Smart Materials and Structures, 2016, 25 (2): 027001.

[117] Shepherd R F, Stokes A A, Freake J, et al. Using explosions to power a soft robot [J]. Angewandte Chemie International Edition, 2013, 52 (10): 2892-2896.

[118] Bartlett N W, Tolley M T, Overvelde J T B, et al. A 3D-printed, functionally graded soft robot powered by combustion [J]. Science, 2015, 349 (6244): 161-165.

[119] Wehner M, Truby R L, Fitzgerald D J, et al. An integrated design and fabrication strategy for entirely soft, autonomous robots [J]. Nature, 2016, 536 (7617): 451-455.

[120] Mazzolai B, Mattoli V. Robotics: generation soft [J]. Nature, 2016, 536 (7617): 400-401.

[121] Park S J, Gazzola M, Park K S, et al. Phototactic guidance of a tissue-engineered soft-robotic ray [J]. Science, 2016, 353 (6295): 158-162.

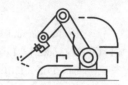

第 4 章

机器人传动机构

近年来，得益于工业机器人市场的快速发展，我国运动控制行业进入快速发展的阶段。而下游需求的进一步释放，也带动了上游的高速发展，包括直线导轨、滚珠丝杠、齿轮齿条、液（气）压缸、齿轮、减速器等传动核心零部件的订单也出现大幅增长的趋势，整个运动控制行业呈现出蓬勃向上的发展态势。

机器人是运动的，各个部位都需要能源和动力，因此设计和选择良好的传动部件是非常重要的。这涉及关节形式的确定、传动方式以及传动部件的定位和消隙等多个方面。

传动部件是构成工业机器人的重要部件。用户要求机器人速度高、加速度（减速度）特性好、运动平稳、精度高、承载能力大。这在很大程度上取决于传动部件设计的合理性和优劣，所以，机器人传动部件的设计是工业机器人设计的关键。本章将介绍机器人传动部件的结构和设计要点，以帮助设计者合理选用。

4.1 机器人传动的基本概念

4.1.1 机器人的传动机构

传动机构是将驱动器输出的动力传送到工作单元的一种装置。

传动机构的作用：

① 调速：工作单元往往和驱动器速度不一致，利用传动机构达到改变输出速度的目的。

② 调转矩：调整驱动器的转矩使其适合工作单元使用。

③ 改变运动形式：驱动器的输出轴一般是等速回转运动，而工作单元要求的运动形式则是多种多样的，如直线运动、螺旋运动等，靠传动机构实现运动形式的改变。

④ 动力和运动的传递和分配：用一台驱动器带动若干个不同速度、不同负载的工作单元。

传动机构的分类：传动机构有机械传动、流体（液体、气体）传动、电气传动三类。

4.1.2 机器人中的机械传动

机械传动在机器人中的应用非常广泛，主要是指利用机械方式传递动力和运动的传动。

在机器人中，良好的机械传动是实现其功能的基本保证。常用的直线传动机构可以直接由气缸或液压缸和活塞产生，也可以采用齿轮、齿条，滚珠丝杠、螺母等传动元件由旋转运动转换得到。一般电动机都能够直接产生旋转运动，但其输出力矩比所要求的力矩小，转速比要求的转速高，因此需要采用齿轮、带传送装置或其他运动传动机构。连杆机构是用铰链、滑道方式将构件相互连接成的机构，用以实现运动变换和传递动力，把较高的转速转换成较低的转速，并获得较大的力矩。运动的传递和转换必须高效率地完成，并且不能有损于机器人系统所需要的特性，包括定位精度、重复定位精度和可靠性等。通过一些旋转传动机构可以实现运动的传递和转换。

因此，机器人的机械传动可大致分为以下三类：

一是靠机件间的摩擦力传递动力的摩擦传动，如带传动、摩擦轮传动、绳传动等。

二是靠主动件与从动件啮合或借助中间件啮合传递动力或运动的啮合传动，如齿轮传动，同步带传动、链传动、螺旋传动等。

三是借助中间部件传递动力或运动的杆类传动，如凸轮传动、连杆传动等。

4.2 齿轮传动

4.2.1 齿轮的种类

齿轮机构是由两个或两个以上齿轮组成的传动机构。它不但可以传递运动角位移和角速度，而且可以传递力和力矩。

齿轮靠均匀分布在轮边上的齿的直接接触来传递力矩。通常，齿轮的角速度比和轴的相对位置都是固定的。因此，轮齿以接触柱面为节面，等间隔地分布在圆周上。根据轴的相对位置和运动方向的不同，齿轮分为多种类型，主要的类型如图 4-1 所示[1]。

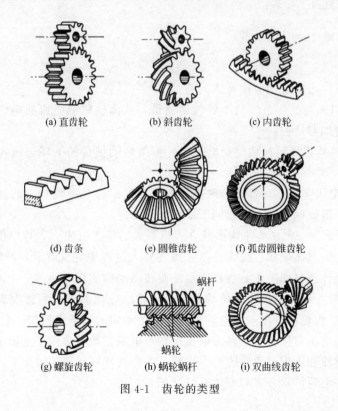

(a) 直齿轮　　　　(b) 斜齿轮　　　　(c) 内齿轮

(d) 齿条　　　　(e) 圆锥齿轮　　　　(f) 弧齿圆锥齿轮

(g) 螺旋齿轮　　　　(h) 蜗轮蜗杆　　　　(i) 双曲线齿轮

图 4-1　齿轮的类型

4.2.2 各种齿轮结构及特点

（1）直齿圆柱齿轮

直齿圆柱齿轮是最常用的齿轮之一。通常，齿轮两齿啮合处的齿面之间存在间隙，称为齿隙（见图4-2）。为弥补齿轮制造误差和齿轮运动中温升引起的热膨胀的影响，要求齿轮传动有适当的齿隙，但正反转的齿轮齿隙应限制在最小范围之内，齿隙可通过减小齿厚或拉大中心距来调整。无齿隙的齿轮啮合叫无齿隙啮合。

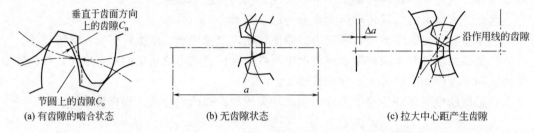

垂直于齿面方向上的齿隙C_n

节圆上的齿隙C_o

(a) 有齿隙的啮合状态　　(b) 无齿隙状态　　(c) 拉大中心距产生齿隙

Δa　沿作用线的齿隙

图 4-2　直齿圆柱齿轮的齿隙

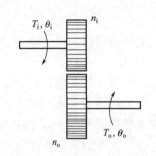

T_i, θ_i　n_i

n_o　T_o, θ_o

图 4-3　直齿圆柱齿轮传动关系

现以具有两个直齿的圆柱齿轮为例，说明其传动转换关系。其中一个齿轮装在输入轴上，另一个齿轮装在输出轴上，如图4-3所示。可以得到齿轮的齿数与其转速成反比，如式(4-1)所示，输出力矩与输入力矩之比等于输出齿数与输入齿数之比如式(4-2)所示。

$$\frac{z_i}{z_0} = \frac{n_0}{n_i} \tag{4-1}$$

$$\frac{T_0}{T_i} = \frac{z_i}{z_0} \tag{4-2}$$

使用直齿圆柱齿轮机构应注意的问题：

① 齿轮的引入会改变系统的等效转动惯量，从而使驱动电机的响应时间减小，这样伺服系统就更加容易控制。

② 输出轴转动惯量转换到驱动电机上，等效转动惯量的下降与输入输出齿轮齿数的平方成正比。

③ 由于齿轮间隙误差，将会导致机器人手臂的定位误差增加，而且，假如不采取一些补救措施，齿隙误差还会引起伺服系统的不稳定。

如图4-4所示为一种仿生手指血管介入机器人的推进机构[2]，可以模拟人体手部在血管介入手术中的具体操作。仿生是指在血管介入过程中完成导管/导丝的中介和咬合运动。因此，设计模型如图4-4（a）所示。旋转运动的实现是通过三个辊轮互相夹紧管道/导轨来实现的。设备中的齿轮传动使三个辊轮以相同的方向和速度旋转，使夹紧的导管/导丝旋转。齿轮传动由一个电机齿轮、三个相同的辊子齿轮和一个传动齿轮组成。电机齿轮由伺服电机直接驱动，再由电机齿轮与电机直接啮合两个上辊子齿轮。最上辊子齿轮由传动齿轮和下辊子齿轮驱动。这样，在保持相同转速的情况下，实现了三辊齿轮的同向旋转。齿轮传动方式如图4-4（b）所示。

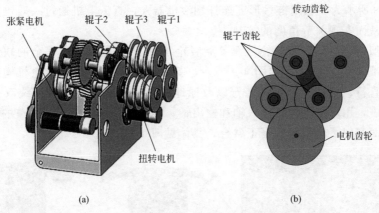

图 4-4　仿生手指血管介入机器人模型及齿轮传动方式

（2）斜齿轮

如图 4-5 所示，斜齿轮的齿带有扭曲。它与直齿轮相比，具有强度高、重叠系数大和噪声小等优点。斜齿轮传动时会产生轴向力，所以应采用止推轴承或成对地布置斜齿轮，见图 4-6。

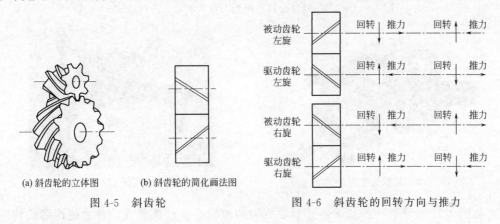

图 4-5　斜齿轮

图 4-6　斜齿轮的回转方向与推力

（3）锥齿轮

锥齿轮用于传递相交轴之间的运动，以两轴相交点为顶点的两圆锥面为啮合面，见图 4-7。在机器人传动中，通常用于改变电机的转动方向或角度。齿向与节圆锥直母线一致的称直齿锥齿轮，齿向在节圆锥切平面内呈曲线的称弧齿锥齿轮。直齿锥齿轮用于节圆圆周速度低于 5m/s 的场合，弧齿锥齿轮用于节圆圆周速度大于 5m/s 或转速高于 1000r/min 的场合，还可用在要求低速平滑回转的场合。

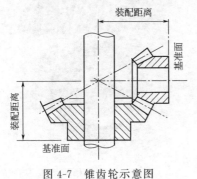

图 4-7　锥齿轮示意图

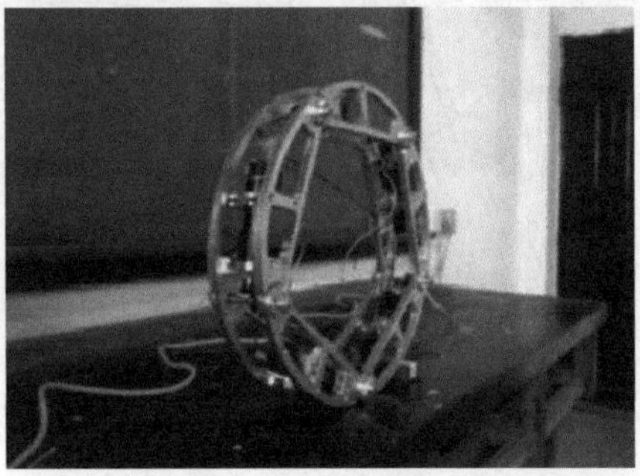

图 4-8　闭链弓形五连杆机器人样机

如图 4-8 所示为一款闭链弓形五连杆翻滚机器人，直流电机通过一对锥齿轮带动关节轴转动，从而实现关节角度的控制[3]。

与之类似的还有一种球齿轮。为了克服轮-足复合机器人结构冗余的缺点，提出了一种新型轮-腿复合机器人，如图 4-9 所示，其最大创新点是对球齿轮机构的应用，该结构可实现直行、斜行、小半径转弯以及原地旋转的功能[4，5]。对传统双十字万向节机构进行改进，用球齿轮代替输入轴和输出轴，实现一种仿生物运动关节的新型球齿轮运动副，从而实现了轮与足的真正融合，具体见图 4-10[6-8]。

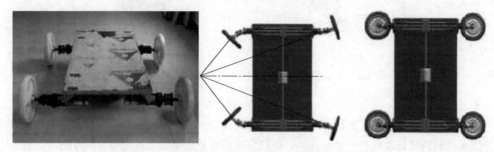

图 4-9　新型轮-腿复合移动机器人及其滚动、步行模式

图 4-10　新型仿生复合关节

图 4-11　TITAN-Ⅻ机器人

如图 4-11 所示为一种基于串并混联机构的四轮足步行机器人，在大腿内部机构部分，如图 4-12 所示，电机与减速器固接成一体，并垂直安装到筋板上，减速器输出轴通过键与圆锥齿轮配合，并在轴端安装压板防止圆锥齿轮产生轴向窜动。与之啮合的另一个圆锥齿轮通过键与车轮轴配合，从而实现电机轴垂直输出转化为水平输出[9]。

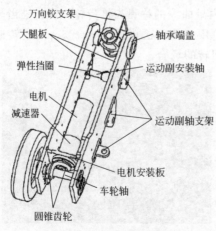

万向铰支架
大腿板
轴承端盖
弹性挡圈
运动副安装轴
电机
减速器
运动副轴支架
电机安装板
车轮轴
圆锥齿轮

图 4-12　大腿内部机构

图 4-13　蜗轮蜗杆机构

（4）蜗轮蜗杆

蜗轮蜗杆传动装置由蜗杆和与蜗杆相啮合的蜗轮组成，如图 4-13 所示。蜗轮蜗杆能以大减速比传递垂直轴之间的运动和动力。鼓形蜗轮可用在大负荷和大重叠系数的场合。

蜗轮蜗杆传动与其他齿轮传动相比具有噪声小、回转轻便和传动比大等优点，缺点是其齿隙比直齿轮和斜齿轮大，齿面之间摩擦大，因而传动效率低。其特点如下：

① 可以得到很大的传动比，结构紧凑；

② 两轮啮合齿面间为线接触，承载能力大；

③ 蜗杆传动相当于螺旋传动，为多齿啮合传动，故传动平稳、噪声很小；

④ 具有自锁性，当蜗杆的导程角小于啮合轮齿间的当量摩擦角时，机构具有自锁性，可实现反向自锁，即只能由蜗杆带动蜗轮，而不能由蜗轮带动蜗杆；

⑤ 传动效率较低，磨损较严重；

⑥ 蜗杆轴向力较大。

如图 4-14 所示为 2008 年研制出的一种新型的自攀爬机器人[10]，机器人的本体框架为三角式，驱动系统采用了电气混合型。通过步进电机驱动蜗杆和蜗轮动作，使上下框架实现任意方向运动，实现机器人在垂直壁面或具有一定曲率范围的球形壁面上进行清洁作业。

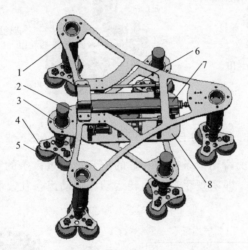

图 4-14　新型的自攀爬机器人三维结构图

1—上框架；2—下框架；3—中间安装板；4—电动缸；5—移动导轨；

6—真空吸盘；7—提升气缸；8—蜗轮蜗杆机构

如图 4-15 所示为一种用于康复训练的踝关节机器人 MKA-Ⅲ[11]，采用串行机制简化设计，实现主动和被动训练。电机 3 通过半齿轮驱动踏板旋转，实现反转外翻；电机 2 通过半蜗轮驱动平台Ⅱ实现背屈和足底屈；电机 1 通过齿轮驱动平台Ⅰ实现内收外展。整个结构可分为四个部分，内收/外收部分［图 4-15（b）］、背屈/掌屈部分［图 4-15（c）］、内翻/外翻部分［图 4-15（d）］和传感单元。

（5）齿轮齿条

在齿轮齿条装置中（如图 4-16），如果齿条固定不动，当齿轮转动时，齿轮轴连同拖板沿齿条方向做直线运动。这样，齿轮的旋转运动就转换成拖板的直线运动。拖板是由导杆或导轨支承的，该装置的回差较大。

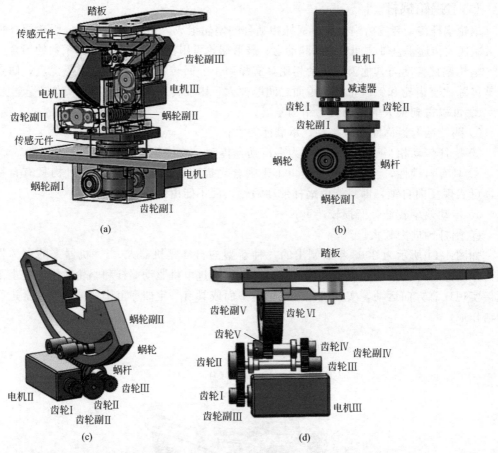

图 4-15 用于康复训练的踝关节机器人 MKA-Ⅲ

除此之外，也可实现齿轮齿条机构和缸的配合，通过齿条的往复移动，带动与手臂连接的齿轮做往复回转，即实现手臂的回转运动。带动齿条往复移动的活塞缸可以由压力油或压缩空气驱动。

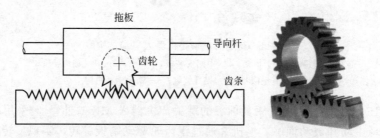

图 4-16 齿轮齿条装置原理图

基于上述各种齿轮的特点，齿轮传动可分为如图 4-17 所示的类型。根据主动轴和被动轴之间的相对位置和转向可选用相应的类型。

如图 4-18 所示为一款窗户除尘机器人[12]，机器人机身采用伸缩机构，其中，1 和 2 为固定机器人下机身伸缩导杆的支座，通过螺钉将伸缩导杆固定于机器人底盘上；3 为机身伸缩电机，是一个带有编码输出的大功率蜗杆减速电机，电机输出轴上装有一个链轮，可通过链条与驱动齿条的齿轮组连接，减速电机内部装有测速码盘，通过输出的编码信号可检测出电机的转速和所转过的角位移，从而推算出机器人移动的速度和位移；4 为驱动齿条的齿轮组，由一个链轮和一个齿轮组成，齿轮与伸缩齿条相啮合，链轮通过链条与机身伸缩电机上的链轮相连，当机身伸缩电机转动时，通过链条和链轮带动齿轮转动，从而让齿条带动上机身上下移动，实现上机身的上下伸缩功能；5 为下机身导杆，共 4 根，底部与机器人底盘固定，作为上机身实现上下伸缩功能的移动导向；6 为固定在上机身支杆上的轴承，通过轴承减少上机身沿下机身支杆导杆移动过程中的摩擦；7 为上机身支杆，共 4 根，可通过轴承沿下机身的导杆实现上下移动，实现机器人机身的上下伸缩功能；8 为下机身外壳固定支架，机器人下机身外壳可通过螺钉固定在此支架上；9 为机身上下伸缩导向齿条，是一条齿型为模数为 1 的齿条，一端与上机身顶部连接，另一端与驱动齿条的齿轮组相啮合，当机身伸缩电机驱动链条和链轮转动时，齿条在齿轮的作用下可带动上机身上下移动，从而实现机器人机身的上下伸缩功能；10 为上机身顶部连接头，用于连接机器人的机臂。

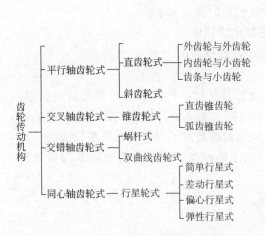

图 4-17　齿轮传动的类型

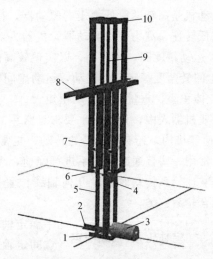

图 4-18　机器人机身伸缩机构示意图

1，2—机器人下机身导杆支座；3—机器人机身伸缩电机；
4—驱动齿条的齿轮组；5—下机身导杆；6—轴承；7—上机身支杆；
8—下机身外壳固定支架；9—伸缩齿条；10—上机身顶部连接头

4.2.3　齿轮传动机构的速比

① 最优速比输出力矩有限的原动机要在短时间内加速负载，要求其齿轮传动机构的速比 u 为最优。可由式（4-3）求出：

$$u = \sqrt{\frac{J_a}{J_m}} \tag{4-3}$$

式中，J_a 为工作臂的惯性矩；J_m 为电机的惯性矩。

② 传动级数及速比的分配要求大速比时应采用多级传动。传动级数和速比的分配是根据齿轮的种类、结构和速比关系来确定的。通常的传动级数和速比关系如图 4-19 所示。

4.2.4　轮系传动

由一对齿轮组成的机构是齿轮传动的最简单形式。一系列相互啮合的齿轮将主动轴和从动轴连接起来，这种由一系列相互啮合齿轮组成的传动系统称为轮系。

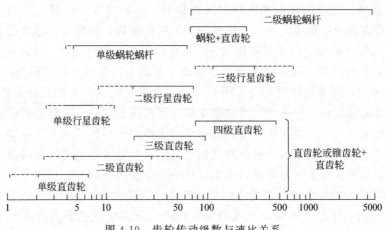

图 4-19　齿轮传动级数与速比关系

电动机是高转速、低力矩的驱动器，在机器人中要采用具有减速功能的轮系传动将其变成低转速、高力矩的驱动器。机器人对减速轮系的要求如下：

① 运动精度高，间隙小，以实现较高的重复定位精度；

② 回转速度稳定，无波动，运动副间摩擦小，效率高；

③ 体积小，重量轻，传动扭矩大。

工业机器人中，比较合乎要求且常用的减速轮系是行星齿轮机构和谐波传动机构、RV减速器机构，还有摆动针轮传动，也常见于机器人关节中。另外，在机器人的某些部分也常用一些普通减速轮系进行降速，现有减速器都是由不同的轮系搭配构成的。本节根据减速轮系传动时各轮几何轴线位置是否固定的特点，可分为定轴轮系和周转轮系、复合轮系三类：

$$
轮系
\begin{cases}
定轴轮系(轴线固定)
\begin{cases}
平面定轴轮系 \\
空间定轴轮系
\end{cases} \\
周转轮系(轴有公转)
\begin{cases}
差动轮系(自由度\ F=2) \\
行星轮系(F=1)
\end{cases} \\
复合轮系:由定轴轮系和周转轮系混合而成或由几个周转轮系组合而成
\end{cases}
$$

（1）定轴轮系传动

如图 4-20 所示，定轴轮系在运转时，所有齿轮几何轴线的位置都固定不动的轮系传动，又称为普通轮系。最简单的定轴轮系为一对齿轮所组成。如图 4-21 所示为一套定轴轮系减速机构简图。对于定轴轮系，又可分为平面定轴轮系和空间定轴轮系，分别如图 4-22 （a）、（b） 所示。

一般轮系传动比的计算应包括两个内容：一是计算传动比的大小；二是确定从动轮的转动方向。

轮系中首末两轮的转速之比，称为该轮系的传动比，用 i 表示，并在其右下角附注两个角标来表示对应的两轮。例如 i_{12} 即表示齿轮 1 与齿轮 2 转速之比，如式（4-4）所示。计算轮系传动比时，既要确定传动比的大小，又要确定首末两构件的转向关系。

$$
i_{12} = \frac{\omega_1}{\omega_2} = \frac{n_1}{n_2} = \frac{z_2}{z_1} \tag{4-4}
$$

图 4-20 定轴轮系三维图

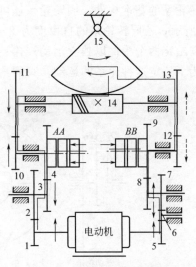

图 4-21 定轴轮系减速装置

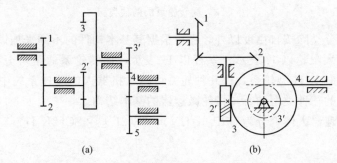

图 4-22 平面定轴轮系与空间定轴轮系

式中 ω、n、z 分别代表齿轮的角速度、转速及齿数，下角 1 和 2 分别指齿轮 1 和齿轮 2。若要计算图 4-22（a）中轮系的传动比 i_{15}，可表示为：

$$i_{15}=\frac{\omega_1}{\omega_5}=\frac{\omega_1}{\omega_2}\times\frac{\omega_{2'}}{\omega_3}\times\frac{\omega_{3'}}{\omega_4}\times\frac{\omega_4}{\omega_5}=\frac{z_2}{z_1}\times\frac{z_3}{z_{2'}}\times\frac{z_4}{z_{3'}}\times\frac{z_5}{z_4}=\frac{z_2 z_3 z_5}{z_1 z_{2'} z_{3'}} \tag{4-5}$$

结论：定轴轮系的传动比等于各级传动比的连乘积，其大小等于各对啮合齿轮中所有从动轮齿数的连乘积与所有主动轮齿数的连乘积之比。

定轮轮系中齿轮 4 同时与齿轮 3′ 和齿轮 5 啮合，其齿数大小不影响轮系传动比的大小，只起到改变转向的作用。

定轴轮系的应用：①获得较大的传动比；②实现相距较远轴间的运动；③实现变速、换向传动；④实现多路传动。

在机器人系统中，通常定轴轮系的传动比 $i > 1$，即实现一定程度的减速，从而达到减速器的功能。

（2）周转轮系传动

周转轮系：运转时，至少有一个齿轮的几何轴线绕另一齿轮的固定轴线转动的轮系传动。其中绕着固定轴线回转的这种齿轮称为中心轮（或太阳轮），绕自身轴线回转又绕着其他齿轮的固定轴线回转的齿轮称为行星轮，支撑行星轮的构件称为系杆（或转臂或行星架）。在周转轮系中，一般都以中心轮或系杆作为运动的输入或输出构件，常称其为周转轮系的基本构件；周转轮系还可按其所具有的自由度数目作进一步的划分；如图 4-23 所示，若周转轮系的自由度为 $F=2$，则称其为差动轮系，为了确定这种轮系的运动，需给定两个构件以独立运动规律；若周转轮系的自由度为 $F=1$，则称其为行星轮系，为了确定这种轮系的运动，只需给定轮系中一个构件以独立运动规律即可。

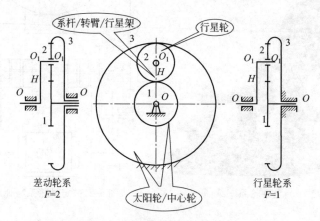

图 4-23　周转轮系的两种类型

周转轮系的分类除按自由度以外，还可根据其基本构件的不同来加以分类，如图所示，设轮系中的太阳轮以 K 表示，系杆以 H 表示，周转轮系通常可分为 K-HV 型轮系，3K 型轮系和 2K-H 型轮系，这几种轮系可用于机器人的减速系统中，下面着重介绍机器人中常用的三种类型的行星齿轮减速器的基本结构。

行星齿轮减速器大体上分为 SCP(K-HV)、3S(3K)、2SC(2K-H) 三类，结构如图 4-24 所示。

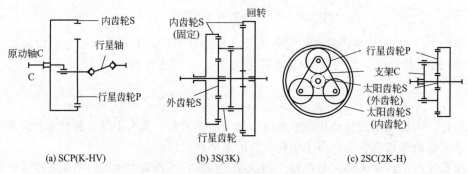

(a) SCP(K-HV)　　　　(b) 3S(3K)　　　　(c) 2SC(2K-H)

图 4-24　行星齿轮减速器三种形式

① SCP（K-HV）式行星齿轮减速器。SCP 由齿轮、行星齿轮和行星齿轮支架组成。行星齿轮的中心和内齿轮中心之间有一定偏距，仅部分齿参加啮合。曲柄轴与输入轴相连，行星齿轮绕内齿轮，边公转边自转。行星齿轮公转一周时，行星齿轮反向自转的转速取决于行星齿轮和内齿轮之间的齿数差。

行星齿轮为输出轴时传动比 i 表示为：

$$i = \frac{Z_S - Z_P}{Z_P} \qquad (4-6)$$

式中，Z_S 为内齿轮（太阳齿轮）的齿数；Z_P 为行星齿轮的齿数。

② 3S 式行星齿轮减速器。3S 式减速器的行星齿轮与两个内齿轮同时啮合，还绕太

阳齿轮（外齿轮）公转。两个内齿轮中，固定一个时另一个齿轮可以转动，并可与输出轴相连接。这种减速器的传动比取决于两个内齿轮的齿数差。

③ 2SC 式行星齿轮减速器。2SC 式由两个太阳齿轮（外齿轮和内齿轮）、行星齿轮和支架组成。内齿轮和外齿轮之间夹着 2～4 个相同的行星齿轮，行星齿轮同时与外齿轮和内齿轮啮合。支架与各行星齿轮的中心相连接，行星齿轮公转时迫使支架绕中心轮轴回转上述行星齿轮机构中，若内齿轮 Z_S 和行星齿轮的齿数 Z_p 之差为 1，可得到最大减速比 $i = 1/Z_p$，但容易产生齿顶的相互干涉，这个问题可由下述方法解决：a. 利用圆弧齿形或钢球；b. 齿数差设计成 2；c. 行星齿轮采用可以弹性变形的薄椭圆状，此时的行星齿轮传动又可称为谐波传动。

（3）复合轮系传动

复合轮系：不是单一的轮系，而是由定轴轮系与周转轮系或周转轮系与周转轮系组成的复合轮系。

复合轮系或者是由定轴部分与周转部分组成，或者是由几部分周转轮系组成，如图 4-25 所示的龙门刨床工作台的变速机构即采用了复合轮系。因此复合轮系传动比求解的思路是：先将复合轮系分解为基本轮系，分别计算各基本轮系的传动比，然后根据组合方式找出各轮系间的关系，联立求解。

根据上述方法，复合轮系分解的关键是将周转轮系分离出来。因为所有周转轮系分离完后复合轮系要么分离完了，要么只剩下定轴轮系了。周转轮系的分离步骤是先找回转轴线不固定的行星轮，找出后确定支撑行星轮的系杆，然后再找出与行星轮啮合的中心轮，至此，一个周转轮系就分离出来了；用上述方法一直寻找，混合轮系中可能有多个周转轮系，而一个基本周转轮系中至多只有三个中心轮，剩余的就是定轴轮系了。

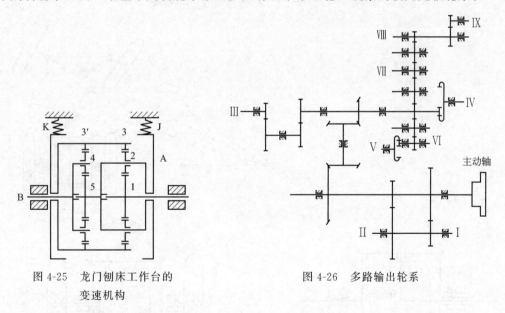

图 4-25　龙门刨床工作台的
　　　　　变速机构

图 4-26　多路输出轮系

（4）轮系传动的作用

① 获得较大的传动比，而且结构紧凑。仅采用一对齿轮 $i < 8$，很难实现大传动比，而采用轮系传动比可达 $i = 10000$。

② 实现分路传动。如图 4-26 所示，运动从主动轴输入后，可由Ⅰ、Ⅱ、Ⅲ、Ⅳ、

Ⅴ、Ⅵ、Ⅶ、Ⅷ、Ⅸ分九路输出。

③ 实现换向传动。如图 4-27 所示为车床走刀丝杠三星轮换向机构。当转动手柄时可改变从动轮的转向，因为转动手柄前有三对齿轮外啮合，转动手柄后只有两对齿轮相啮合，故两种情况下从动轮转向相反。

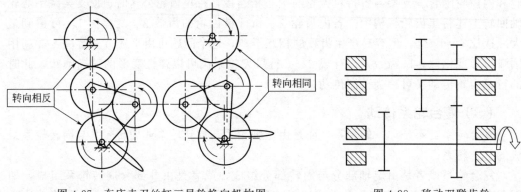

图 4-27　车床走刀丝杠三星轮换向机构图　　　　图 4-28　移动双联齿轮

④ 实现变速传动。如图 4-28 所示移动双联齿轮使不同齿数的齿轮进入啮合可改变输出轴的转速。前例中如图 4-25 所示轮系，当输入轴 1 的转速一定时，分别对 J、K 进行制动，输出轴 B 可得到不同的转速。

⑤ 运动合成与分解。如图 4-29 所示行星轮系中：$z_1 = z_2 = z_3$，$i_{31}^{H} = \dfrac{n_3 - n_H}{n_1 - n_H} = -\dfrac{z_1}{z_3} = -1$，$n_H = (n_1 + n_3)/2$，行星架的转速是轮 1、3 转速的合成。

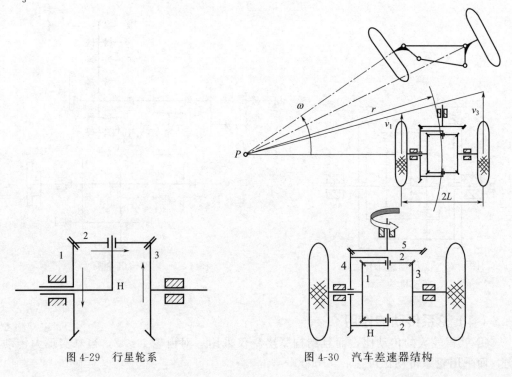

图 4-29　行星轮系　　　　　　图 4-30　汽车差速器结构

如图 4-30 所示汽车差速器中，已知：$z_1=z_3$，$n_H=n_4$，$i_{13}^H=\dfrac{n_1-n_H}{n_3-n_H}=-\dfrac{z_3}{z_1}=-1$。

式中，行星架的转速 n_H 由发动机提供，当汽车走直线时，若不打滑，$n_1=n_3$；汽车转弯时，车体将以 ω 绕 P 点旋转，$n_1/n_3=v_1/v_3=(r-L)/(r+L)$。

其中，r 为转弯半径；$2L$ 为轮距；$v_1=(r-L)\omega$；$v_3=(r+L)\omega$。

该轮系根据转弯半径 r 大小自动分解 n_H 使 n_1、n_3 符合转弯的要求。

⑥ 在尺寸及重量较小时，实现大功率传动。如图 4-31 所示某型号涡轮螺旋桨航空发动机主减外形尺寸仅为 $\phi 430\text{mm}$，采用 4 个行星轮和 6 个中间轮，传递功率达到 2850kW，$i_{1H}=11.45$。

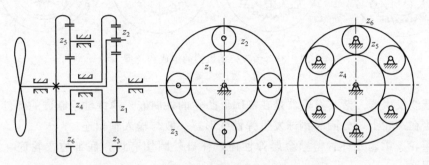

图 4-31　涡轮螺旋桨航空发动机结构简图

（5）其他轮系传动

① 摆线针轮传动。摆线针轮传动是在针摆传动基础上发展起来的一种新型传动方式。20 世纪 80 年代，日本研制出了用于机器人关节的摆线针轮传动减速器，如图 4-32 所示为摆线针轮传动结构图。

它由渐开线圆柱齿轮行星减速机构和摆线针轮行星减速机构两部分组成。渐开线行星轮 6 与曲柄轴 5 连成一体，作为摆线针轮传动部分的输入。

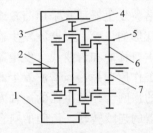

图 4-32　摆线针轮传动结构
1—针齿壳；2—输出轴；3—针齿；4—摆线轮；
5—曲柄轴；6—行星轮；7—中心轮

如果渐开线中心轮 7 顺时针旋转，那么，渐开线行星齿轮在公转的同时还逆时针自转，并通过曲柄轴带动摆线轮做平面运动。此时，摆线轮因受与之啮合的针轮的约束，在其轴线绕针轮轴线公转的同时，还将反方向自转，即顺时针转动。同时，它通过曲柄轴推动行星架输出机构顺时针转动。

摆线针轮传动的特点：

a. 传动比大：单级传动比一般为 9～87，最高可达到 135；双级传动比 99～7569，多级串联时传动比可以更大。

b. 传动效率高：单级传动效率均在 90% 以上，比蜗杆传动高。

c. 结构紧凑：体积小、重量轻，与同样传动比和同样功率的普通齿轮减速器相比，重量可减轻 1/3 以上。高速轴和低速轴在同一轴线上，装拆方便。

d. 运转平稳噪声低，能承受过载和冲击。

e. 可靠，寿命长。

② 谐波齿轮传动。目前工业机器人的旋转关节有 60%~70%都使用谐波齿轮传动。谐波传动在运动学上是一种具有柔性齿圈的行星传动。但是，它在机器人上获得比行星齿轮更广泛的应用。如图 4-33 所示，谐波传动机构由谐波发生器 1、柔轮 2 和刚轮 3 三个基本部分组成。谐波齿轮传动有双波传动和三波传动两大类。

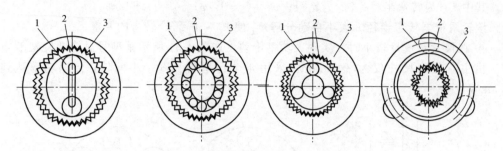

图 4-33　谐波传动机构的组成和类型
1—谐波发生器；2—柔轮；3—刚轮

a.谐波发生器。谐波发生器是在椭圆形凸轮的外周嵌入薄壁轴承制成的部件。轴承内圈固定在凸轮上，外圈靠钢球发生弹性变形，一般与输入轴相连。

b.柔轮。柔轮是杯状薄壁金属弹性体，杯口外圆切有齿，底部称柔轮底，用来与输出轴相连。

c.刚轮。如图 4-34 所示，刚轮内圆有很多齿，齿数比柔轮多两个，一般固定在壳体上。谐波发生器通常采用凸轮或偏心安装的轴承构成。刚轮为刚性齿轮，柔轮为能产生弹性变形的齿轮。当谐波发生器连续旋转时，产生的机械力使柔轮变形的过程形成了一条基本对称的和谐曲线。发生器波数表示发生器转一周时，柔轮某一点变形的循环次数。其工作原理是：当谐波发生器在柔轮内旋转时，迫使柔轮发生变形，同时进入或退出刚轮的齿间。在发生器的短轴方向，刚轮与柔轮的齿间处于啮入或啮出的过程，伴随着发生器的连续转动，齿间的啮合状态依次发生变化，即啮入→啮合→啮出→脱开→啮入的变化过程。这种错齿运动把输入运动变为输出的减速运动。

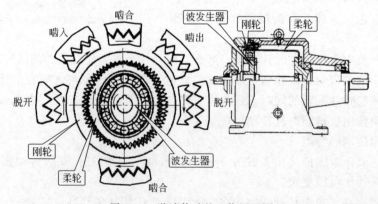

图 4-34　谐波传动的工作原理图

谐波传动速比的计算与行星传动速比计算一样。如果刚轮固定，谐波发生器 ω_1 为输入，柔轮 ω_2 为输出，则速比 $i_{12}=\dfrac{\omega_1}{\omega_2}=-\dfrac{z_r}{z_g-z_r}$。如果柔轮静止，谐波发生器 ω_1 为输入，刚轮 ω_3 为输出，则速比 $i_{13}=\dfrac{\omega_1}{\omega_2}=\dfrac{z_g}{z_g-z_r}$。其中，$z_r$ 为柔轮齿数；z_g 为刚轮齿数。

柔轮与刚轮的轮齿周节相等，齿数不等。一般取双波发生器的齿数差为 2，三波发生器齿数差为 3。双波发生器在柔轮变形时所产生的应力小，容易获得较大的传动比。三波发生器在柔轮变形所需要的径向力大，传动时偏心变小，适用于精密分度。通常推荐谐波传动最小齿数在齿数差为 2 时，$z_{min}=150$；齿数差为 3 时，$z_{min}=225$。

谐波传动的优点是：尺寸小、重量轻、结构简单紧凑；因为误差均布在多个啮合点上，传动精度高；因为预载啮合，传动侧隙非常小；因为多齿啮合，传动具有高阻尼特性，承载能力大，磨损小；传动比大，单级减速 i_{1H} 可达 $50\sim500$，在大传动比下，仍有较高的机械效率。

谐波传动的缺点是：启动力矩较大，柔轮易疲劳损坏问题、发热严重；扭转刚度低；易产生振动，以输入轴速度 2、4、6 倍的频率产生振动；谐波传动与行星传动相比具有较小的传动间隙和较轻的重量，但是刚度比行星减速器差。

【例 4-1】 有一谐波齿轮传动，刚轮齿数为 200，柔轮齿数为 198，刚轮固定，柔轮输出，求该谐波传动的传动比。

解：刚轮固定，柔轮输出，速比为：

$$i_{12}=\frac{\omega_1}{\omega_2}=-\frac{z_2}{z_g-z_2}=-\frac{198}{200-198}=-99$$

负号表示柔轮输出转向与发生器转向相反。

【例 4-2】 有一谐波齿轮传动，刚轮齿数为 200，柔轮齿数为 197，柔轮固定，刚轮输出，求该谐波传动的传动比？

解：柔轮固定，刚轮输出，速比为：

$$i_{13}=\frac{\omega_1}{\omega_3}=-\frac{z_g}{z_g-z_2}=-\frac{200}{200-197}=66.67$$

正号表示刚轮输出转向与发生器转向相同。

谐波传动的速比 $i_{min}=60$，$i_{max}=300$，传动效率高达 $80\%\sim90\%$，如果在柔轮和刚轮之间能够多齿啮合，比如任何时刻有 $10\%\sim30\%$ 的齿同时啮合，那么可以大大提高谐波传动的承载能力。

此外，也有采用液压静压波发生器和电磁波发生器的谐波传动机构，图 4-35 为采用液压静压波发生器的谐波传动示意图。凸轮 1 和柔轮 2 之间不直接接触，在凸轮 1 上的小孔 3 与柔轮内表面有大约 0.1mm 的间隙。高压油从小孔 3 喷出，使柔轮产生变形波，从而产生减速驱动谐波传动，因为油具有很好的冷却作用，能提高传动速度。此外还有利用电磁波原理波发生器的谐波传动机构。

谐波传动机构在机器人中已得到广泛应用。各国送上月球的机器人，德国大众汽车公司研制的 Rohren、Gerotr30 型机器人和法国雷诺公司研制的机器人，都采用了谐波传动机构。

2000 年，德国宇航中心在 DLR-Ⅰ型灵巧手的基础上，基于全数字机电集成化概念设计了 DLR-Ⅱ型灵巧手。该灵巧手采用直流伺服电机驱动方式，在传动方式上采用谐波减速器、齿形带轮和齿轮相互配合的传动方式[13]。还有一种 HIT/DLRⅡ灵巧手，手指是由两个独立的结构单元组成，即基关节单元和指节单元。基关节由 4 个相互啮合

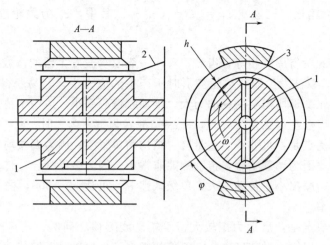

图 4-35　液压静压波发生器谐波传动
1—凸轮；2—柔轮；3—小孔

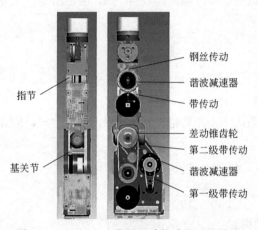

图 4-36　HIT/DLRⅡ灵巧手的手指三维模型

的斜齿轮以差动方式实现翘曲 0°～90°和外展/内收±20°两个方向的运动。指节单元的末端的两个关节采用钢丝传动，从而实现自动耦合的单自由度的设计方法，可实现 90°偏转角，传动比为 1∶1。在指节单元中装有关节力矩传感器和指尖六维力/力矩传感器。HIT/DLRⅡ灵巧手的手指三维模型如图 4-36 所示[14]。

③ RV 减速器。RV 减速器由第一级渐开线圆柱齿轮行星减速机构和第二级摆线针轮行星减速机构两部分组成，为一种封闭差动轮系。RV 减速器具有结构紧、传动比大、振动小、噪声低、能耗低的特点，日益受到国内外的广泛关注。与机器人中常用的谐波齿轮减速器相比；具有高得多的疲劳强度、刚度和寿命，而且回差精度稳定，不像谐波齿轮减速器那样随着使用时间增长运动精度会显著降低，故 RV 减速器在高精度机器人传动中得到了广泛的应用。

a.结构组成。RV 减速器如图 4-37 所示，其主要由如下几个构件组成。

a) 中心轮。中心轮（太阳轮）1 与输入轴连接在起、以传递输入功率，且与行星轮 2 相互啮合。

b) 行星轮。行星轮 2 与曲柄轴 3 相连接，n 个（$n \geqslant 2$，图 4-37 中为 3 个）行星轮均匀地分布在一个圆周上。它起着功率分流的作用，即将输入功率分成 n 路传递给摆线针轮行星机构。

c) 曲柄轴。曲柄轴 3 一端与行星轮 2 相连接，另一端与支承圆盘 8 相连接，两端用圆锥滚子轴承支承。它是摆线轮 4 的旋转轴，既带动摆线轮进行公转，同时又支承摆线轮产生自转。

d) 摆线轮。摆线轮 4 的齿廓通常为短幅外摆线的内侧等距曲线。为了实现径向力

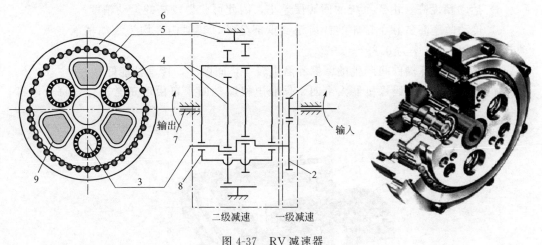

图 4-37　RV 减速器

1—中心轮；2—行星轮；3—曲柄轴；4—摆线轮；5—针齿销；6—针轮壳体；7—输出轴；
8—支承圆盘；9—输出块

的平衡，一般采用两个结构完全相同的摆线轮，通过偏心套安装在曲柄轴的曲柄处，且偏心相位差为 180°。在曲柄轴 3 的带动下，摆线轮 4 与针轮相啮合，既产生公转，又产生自转。

　　e）针齿销。N 个针齿销固定安装在针轮壳体上构成针轮，与摆线轮 4 相啮合而形成摆线针轮行星传动。

　　f）针轮壳体（机架）、针齿销的安装壳体。通常针轮壳体 6 固定，输出轴 7 旋转。如果输出轴固定，则针轮壳体旋转，两者之间由内置轴承支承。

　　g）输出轴。输出轴 7 与支承圆盘 8 相互连接成为一个整体，在支承圆盘 8 上均匀分布多个曲柄轴的轴承孔和输出块 9 的支承孔（图 4-37 中各为 3 个）。在三对曲柄轴支承轴承推动下，通过输出块和支承圆盘把摆线轮上的自转矢量以 1：1 的传动比传递出来。

　　b. 工作原理。驱动电动机的旋转运动由中心轮 1 传递给 n 个行星轮 2，进行第一级减速。行星轮 2 的旋转运动传给曲柄轴 3，使摆线轮 4 产生偏心运动。当针轮固定（与机架连成一体）时，摆线轮 4 一边随曲柄轴 3 产生公转，一边与针轮相啮合。由于针轮固定，摆线轮在与针轮啮合的过程中，产生一个绕输出轴 7 旋转的反向自转运动，这个运动就是 RV 减速器的输出运动。

　　通常摆线轮的齿数比针齿销数少一个且齿距相等。如果曲柄轴旋转，一摆线轮与固定的针轮相啮合，沿与曲柄轴相反的方向转过一个针齿销形成自转。摆线轮的自转运动通过支承圆盘上的输出块带动输出轴运动，实现第二级减速输出。

　　c. RV 减速器的主要特点。RV 减速器具有两级减速装置，曲轴采用了中心圆盘支承结构的封闭式摆线针轮行星传动机构。其主要特点如下。

　　a）传动比大。通过改变第一级减速装置中中心轮和行星轮的齿数，可以方便地获得范围较大的传动比，其常用的传动比范围为 $i = 57 \sim 192$。

　　b）承载能力大。由于采用了 n 个均匀分布的行星轮和曲柄轴，可以进行功率分流，而且采用了具有圆盘支承装置的输出机构，故其承载能力大。

　　c）刚度大。由于采用了圆盘支承装置，改善了曲柄轴的支承情况，从而使得其传动轴的扭转刚度增大。

d) 运动精度高。由于系统的回转误差小，因此可获得较高的运动精度。

e) 传动效率高。除了针轮的针齿销支承部分外，其他构件均为滚动轴承支承，传动效率高，传动效率为 0.85~0.92。

f) 回差小。各构件间产生的摩擦和磨损较小，间隙小，传动性能好。

如图 4-38 所示，码垛机器人由四个伺服电机驱动四个自由度正常工作，每个电机配备了一个 RV 减速器[15]。

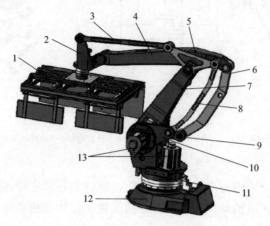

图 4-38　码垛机器人基本结构

1—纸箱抓取器；2—手腕体；3—小臂副杆；4—小臂；5—三角架；6—大臂副杆；7—大臂；

8—水平保持连杆；9—前臂；10—支架；11—转座；12—底座；13—驱动电机

4.3　丝杠传动

4.3.1　普通丝杠传动

普通丝杠传动是由一个旋转的精密丝杠驱动一个螺母沿丝杠轴向移动，摩擦力较大，效率低，惯性大，精度低，回差大，容易产生爬行现象，因此在机器人上采用较少。机械学中的爬行现象，是指在滑动摩擦副中，从动件在匀速驱动和一定摩擦条件下产生的周期性时停时走或时慢时快的运动现象[16]。

哈尔滨理工大学设计了一款前列腺放射性粒子植入机器人，图 4-39 是其设计的电动放射性粒子植入器，主要由穿刺针、实心针、针驱动装置、传动装置、粒子供给装置等组成，该植入器的实心针、穿刺针进针采用双丝杆螺母驱动，这种布局减小了整体结构的轴线尺寸，微型直流电机通过齿轮组实现穿刺针的旋转驱动[17]。

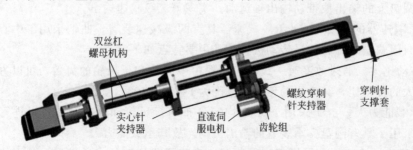

图 4-39　电动放射性粒子植入器

4.3.2 滚珠丝杠传动

在工业机器人中经常采用滚珠丝杠，这是因为滚珠丝杠的摩擦力很小且运动响应速度快。

滚珠丝杠和螺母之间装了很多钢球，丝杠或螺母运动时钢球不断循环，运动得以传递。传动过程中所受的摩擦力是滚动摩擦，可极大地减小摩擦力，因此传动效率高，消除了低速运动时的爬行现象，在装配时施加一定的预紧力，可消除回差。因此，即使丝杠的导程角很小，也能得到 90% 以上的传动效率。

滚珠丝杠可以把直线运动转换成回转运动，也可以把回转运动转换成直线运动。滚珠丝杠按钢球的循环方式分为钢球管外循环式、靠螺母内部 S 状槽实现钢球循环的内循环式和靠螺母上部导引板实现钢球循环的导引板式，如图 4-40 所示。图 4-41 为滚珠丝杠三维模型。由丝杠转速和导程得到的直线进给速度：

$$v = 60ln \tag{4-7}$$

式中，v 为直线运动速度，m/s；l 为丝杠的导程，m；n 为丝杠的转速，r/min。

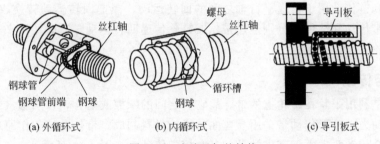

(a) 外循环式   (b) 内循环式   (c) 导引板式

图 4-40　滚珠丝杠的结构

特点：制造精度高；微进给、控制位置精度高；无侧隙、刚性高；进给速度快；质量大。

图 4-41　滚珠丝杠

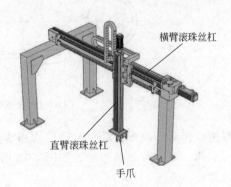

图 4-42　桁架式机器人

如图 4-42 所示为桁架式机器人，其机械手主要由 3 个大部件和 4 个电机组成：①手部，采用丝杠螺母结构，通过电机带动实现手爪的张合；②腕部，采用一个步进电机带动蜗轮蜗杆实现手部回转 90°～180°；③臂部，采用滚珠丝杠，电机带动丝杠使螺母在横臂上移动来实现手臂平动，带动丝杠螺母使丝杠在直臂上移动实现手臂升降。

4.3.3 行星轮式丝杠

行星轮式丝杠是以高载荷和高刚性为目的，多用于精密机床的高速进给，从高速性和高可靠性来看，也可用在大型机器人的传动，其原理如图 4-43 所示。螺母与丝杠轴之间有与丝杠轴啮合的行星轮，装有 7、8 套行星轮的系杆可在螺母内自由回转，行星轮的中部有与丝杠轴啮合的螺纹，其两侧有与内齿轮啮合的齿。将螺母固定，驱动丝杠轴，行星轮便边自转边相对于内齿轮公转，并使丝杠轴沿轴向移动。行星轮式丝杠具有承载

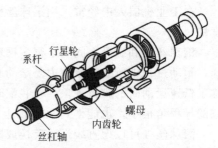

图 4-43 行星轮式丝杠

能力大、刚度高和回转精度高等优点，由于采用了小螺距，因而丝杠定位精度也高。

4.4 带传动和链传动

带传动和链传动用于传递平行轴之间的回转运动，或把回转运动转换成直线运动。机器人中的带传动和链传动分别通过带轮或链轮传递回转运动，有时还用来驱动平行轴之间的小齿轮。

4.4.1 带传动

带传动是利用张紧在带轮上的带，靠它们之间的摩擦或啮合，在两轴（或多轴）间传递运动或动力。环形传动带采用易弯曲的挠性材料制成。带传动按工作原理可分为摩擦传动和啮合传动两大类，其中常见的是摩擦带传动，如图 4-44 所示[18]。

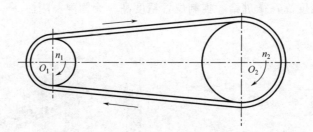

图 4-44 摩擦带传动示意图

摩擦带传动可以分为摩擦型带传动和啮合型带传动，其中摩擦型带传动又可以分为平带、V 带、多楔带、圆形带，如图 4-45 所示；啮合型带传动最常用的为同步齿形带、摩擦带传动。

  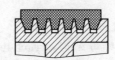

(a) 平带传动　　　　　　(b) V 带传动　　　　　　(c) 多楔带传动　　　　(d) 圆形带传动

图 4-45 摩擦型带传动类型

平带传动［图 4-45（a）］靠带的环形内表面与带轮外表面压紧产生摩擦力工作。平带传动结构简单，带的挠性好，带轮容易制造，大多用于传动中心距较大的场合。

V 带传动［图 4-45（b）］靠带的两侧面与轮槽侧面压紧产生摩擦力工作。与平带传动比较，当带对带轮的压力相同时，V 带传动的摩擦力大，故能传递较大功率，结构也较紧凑，且 V 带无接头，传动较平稳，因此 V 带传动应用最广。

多楔带［图 4-45（c），又称复合 V 带］传动靠带和带轮间的楔面之间产生的摩擦力工作。兼有平带和 V 带的优点，适用于要求结构紧凑且传递功率较大的场合，特别适用要求 V 带根数较多或轮轴线垂直于地面的传动。

圆形带传动［图 4-45（d）］靠带与轮槽压紧产生摩擦力工作，常用于低速小功率传动。

啮合带传动工作时，带上的齿或齿孔与轮上的齿相互啮合，以传递运动和动力，可分为同步齿形带传动和齿孔带传动。同步齿形带传动常用于数控机床、纺织机械、烟草机械等，齿孔带传动应用于照相机、放映机等，其胶带上开有孔，构成了齿孔带，如图 4-46 所示[18]。

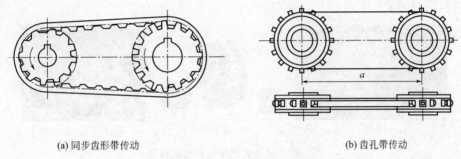

(a) 同步齿形带传动   (b) 齿孔带传动

图 4-46　同步齿形带和齿孔带传动

如图 4-47 所示，齿形带的传动面上有与带轮啮合的梯形齿，图中 p 为同步带节距，S 为齿根厚，h_1 为齿高，h_{FS} 为同步带高度，2β 为齿形角，T_γ 和 T_α 分别为齿根和齿顶的圆角半径。齿形带传动时无滑动，初始张力小，被动轴的轴承不易过载。因无滑动，它除了用作动力传动外还适用于定位。齿形带采用氯丁橡胶做基材，并在中间加入玻璃纤维等伸缩刚性大的材料，齿面上覆盖耐磨性好的尼龙布。用于传递轻载荷的齿形带是用聚氨基甲酸酯制造的。齿的节距用包络带轮的圆节距 p 来表示，表示方法有模数法和英寸法。各种节距的齿形带有不同规格的宽度和长度。设主动轮 n_a 和被动轮的转速 n_b，齿数为 z_a 和 z_b。齿形带传动的传动比为：

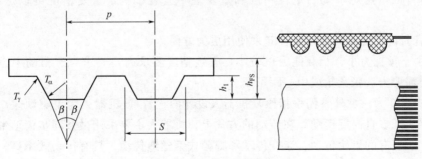

图 4-47　同步齿形带结构

$$i = \frac{z_a}{z_b} = \frac{n_b}{n_a} \tag{4-8}$$

设圆节距为 p，齿形带的平均速度为：

$$v = z_a p n_a = z_b p n_b \tag{4-9}$$

齿形带的传动功率为：

$$P = Fv$$

式中，P 为传动功率，单位为 W；F 为紧边张力，单位为 N；v 为带速度，单位为 m/s。

图 4-48 为同步齿形带及带轮实物图。同步带传动的优点：结构简单，传动时无滑动，传动效率最高可达 99.5%，传动比准确，传动平稳；速比范围大，最高线速度可达 80m/s；初始拉力小；轴与轴承不易过载；制造成本低。但是，这种传动机构的制造及安装要求严格，对带的材料要求也较高，因而相比于摩擦型带传动而言，其成本相对较高，齿形带传动属于低惯性传动，适合于电动机和高速比减速器之间使用。带上面安上滑座可完成与齿轮齿条机构同样的功能。由于它惯性小，且有一定的刚度，因此适合于高速运动的轻型滑座。

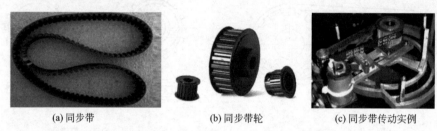

(a) 同步带　　　　　　　　(b) 同步带轮　　　　　(c) 同步带传动实例

图 4-48　同步齿形带及带轮实物图

特点：

① 同步带相当于柔软的齿轮，柔性好，价格便宜、加工也容易。

② 带与带轮间无相对滑动，传动比恒定、准确。

③ 传动平稳，具有缓冲、减振能力，噪声低。

④ 传递速度快、中心距大、传动比大。

⑤ 同步带还被用于输入轴和输出轴方向不一致的情况，只要同步带足够长，使带的扭角误差不太大，则同步带仍能够正常工作。

⑥ 在伺服系统中，如果输出轴的位置采用码盘测量，则输入传动的同步带可以放在伺服环外面，这对系统的定位精度和重复性不会有影响，重复精度可以达到 1mm 以内。

⑦ 有时齿轮链和同步带结合起来使用更为方便。

⑧ 由于预拉力小，承载能力也较小，安装精度要求高，要求有严格的中心距，距离过长时需要安装张紧轮或中心距可调。

如图 4-49 为一款外骨骼手指康复机器人设计图[19]，该机器人为欠驱动式，即指一个驱动器实现多自由度运动。在传动的方式上，机器人主要采用微型同步齿形带传动方式，相比于现有的齿轮传动、连杆传动和腱鞘式钢丝绳传动，具有传动效率高、结构安装方便、不存在运动死点等优势。机器人主要的同步带齿轮传动比为 2∶1 和 3∶4，用于近端指间关节的微型齿轮的传动比为 3∶5，这样设计不仅可以保证机器人运动的同步性，而且可增加机器人的柔顺性。

哈尔滨理工大学设计的 SCARA 排牙机器人如图 4-50 所示。由于大臂和伺服电机是通过键传递它们之间的运动的，所承受的压力和转矩都是最大的，所以在电机输出轴和大臂的连接处加入滚动轴承，变滑动摩擦为滚动摩擦，大大提高了机器人系统的精度。小臂的运动由安装在大臂左端的伺服电机驱动电机轴上的同步齿形带轮，并通过齿形带将力矩传递到大臂右端，再由一根带轴带动小臂运动。通过同步齿形带和带轮的动力传递方式能够大大减小小臂右端的载荷，减少累积误差的出现[20]。

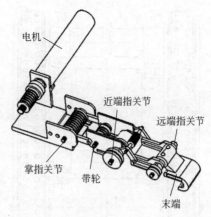

图 4-49　外骨骼手指康复机器人设计图

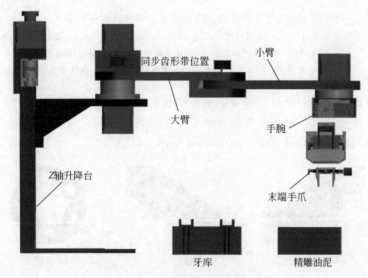

图 4-50　SCARA 排牙机器人系统

如图 4-51 所示为一种基于同步齿形带的磁吸附履带式爬壁机器人[21]。在机构支架的前后端，主动同步带轮与减速器的输出轴相连，减速器的输入轴与驱动电机及测速码盘相接，从动同步带轮的轴承座可在张紧装置的滑槽中滑动，以张紧同步齿形带，两套履带式运行机构左右对称。

4.4.2　链传动

链传动是通过链条将具有特殊齿形的主动链轮的运动和动力传递到具有特殊齿形的从动链轮的一种传动方式。链传动具有高的载荷/质量比。

特点：

① 传递功率大，过载能力强；

② 所需的张紧力小，对轴的压力小；

③ 平均传动比准确；

④ 传动平稳性差，易磨损，磨损易跳齿；

⑤ 质量大。

链条长度以链节数来表示。链节数最好取为偶数，以便链条连成环形时正好是好外

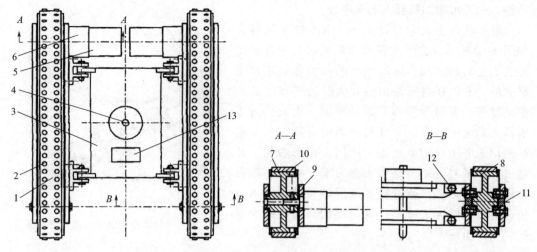

图 4-51　基于同步齿形带的磁吸附履带式爬壁机器人

1—两套履带式运行机构；2—磁吸附构件；3—铰接机架；4—执行机构；5—驱动电机及测速码盘；

6—减速器；7—主动同步带轮；8—从动同步带轮；9—运行机构支架；

10—同步齿形带；11—张紧装置；12—四角用铰轴；13—电气控制装置

链板与内链板相接，接头处可用弹簧夹或开口销锁紧。若链节数为奇数时，则需采用过渡链节。在链条受拉时，过渡链节还要承受附加的弯曲载荷，通常应避免采用。常用的链条有单排链和双排链两种类型，如图 4-52 所示。

(a) 单排链　　　　　　　　　(b) 双排链　　　　　　　　　(c) 链轮

图 4-52　不同链条种类

　　滚子链传动属于比较完善的传动机构，由于无弹性滑动和打滑现象，效率高，因此得到了广泛的应用。但是，高速运动时滚子与链轮之间的碰撞，产生较大的噪声和振动，只有在低速时才能得到满意的效果，即适合于低惯性载荷的关节传动。链轮齿数少，摩擦力会增加，要得到平稳运动，链轮的齿数应大于 17，并尽量采用奇数个齿。

　　如图 4-53 所示为一种管外防腐机器人，主要由行走机构、周向运动系统和执行器等组成。机器人本体采用分体式结构，上下两部分（分别称为管道机器人的上机体和下机体）通过快速操作手柄实现机器人的快速安装和拆卸。快速操作手柄采用偏心夹紧机构实现快速夹紧。行走机构主要由 3 组行走轮系（共 6 个行走轮）组成，3 组轮系沿周向均布，其中位于上面的 2 组行走轮系为主动轮系，前后行走轮之间通过链轮和链条传递动力，构成链-轮式双驱动轮系。而下面 1 组行走轮系为从动轮系。主动轮系主要由行走轮、U 型支撑架、径向调节机构、连接机架、链轮、链条和张紧轮组成，如图 4-54 所示。径向调节机构能通过调节行走机构 U 型支撑架的倾角来调节行走轮相对管道的距离，以适应管径的变化，并使机器人具有一定的越障行走能力。张紧轮主要用于链条的张紧，径向调节机构和张紧轮调节杆上都安装有弹簧，具有一定的自适应调节功能。

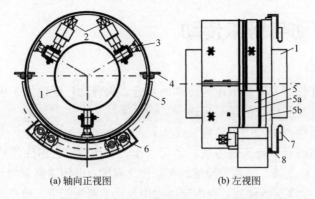

(a) 轴向正视图   (b) 左视图

图 4-53　管外防腐机器人总体结构

1—管道；2—驱动电机；3—行走机构；4—快速操作手柄；5—3 号链轮（5a—链齿；5b—链齿）；

6—周向运动系统；7—喷枪；8—机器人通用接口

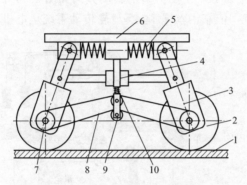

图 4-54　管外防腐机器人行走机构

1—管道；2—行走轮；3—U 型支撑架；4—径向调节机构；5,10—弹簧；

6—连接机架；7—链轮；8—链条；9—张紧轮

　　如图 4-55（a）所示为采用单杆活塞气缸驱动链条链轮传动机构实现机身回转运动的原理图。此外，也有用双杆活塞气缸驱动链条链轮回转的，如图 4-55（b）所示。

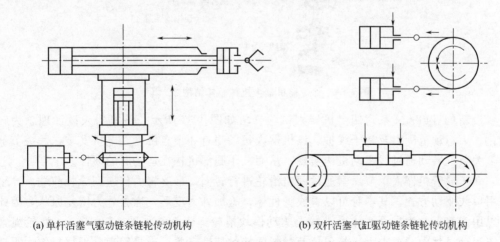

(a) 单杆活塞气驱动链条链轮传动机构   (b) 双杆活塞气缸驱动链条链轮传动机构

图 4-55　利用链条链轮传动机构实现机身回转运动

4.5 绳传动与钢带传动

4.5.1 绳传动

绳传动常用在机器人采用远距离传动的场合。绳传动广泛应用于机器人的手爪开合传动上，特别适合有限行程的运动传递。

绳传动的主要优点是：①钢丝绳强度大；②各方向上的柔性好，当机器人形位连续变化时，绳传动能够容易地实现传动；③尺寸小；④预载后可消除传动间隙。

绳传动的主要缺点是：①不加预载时存在传动间隙；②因为绳索的蠕变和索夹的松弛而使传动不稳定；③多层缠绕后，在内层绳索中及支承损耗能量，效率低；④易积尘垢。

图 4-56 是一种基于人体上肢协同运动特征的外骨骼机器人[23]，该机器人的驱动器（电机）独立固定在机架上，依靠钢丝绳将运动和力传递到机器人关节上，钢丝绳通过绳套和滑轮固定于机架上。五个主动关节的转动方向如图 4-56 中所示，肩部内/外旋和屈/伸关节为主驱动关节，依靠钢丝绳-绳套-滑轮传动系统从电机获得动力。

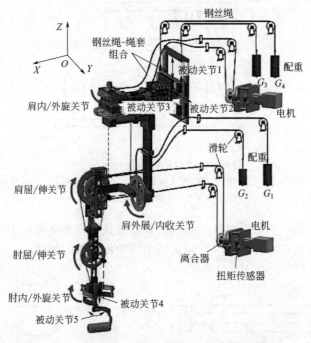

图 4-56　外骨骼机器人机械总体结构 3D 模型

最新的 TITAN 系列四足机器人试验样机如图 4-57 所示，该机器人设计理念为轻量化、大运动范围以及易于维护。该机器人每条腿有 3 个自由度，电机安装在髋关节部位，关节的转动通过线驱动机构实现，从而减小腿部机构在运动时的惯性。

介入导管机器人单根绳索通过两组滑轮进行转向，最终将力传递到导管前端。导管采用单线驱动方式，其本身可以看成弹性体，施加外力变形，撤去外力恢复原状，因此可以用弹簧等效为导管本体，机器人驱动模块滑轮绳索系统如图 4-58 所示。滑轮绳索系统运动过程中摩擦力大小与包角及材料的接触特性有关，当采用高分子材料作为驱动绳索时，考虑到黏弹性变形，绳索受到的摩擦力较小，系统传动效率可到达 90%，保证了力控制的精度[25]。

图 4-57　TITAN 机器人[24]

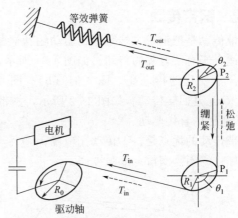

图 4-58　机器人驱动模块滑轮绳索系统

虚线—该状态下力的方向；P_1，P_2—两个滑轮；R_0—驱动轴半径；R_1，θ_1—滑轮 P_1 的半径和夹角；R_2，θ_2—滑轮 P_2 为半径和夹角

　　绳传动机器人将关节驱动电机安装在机器人机身内部，通过钢丝绳将动力传到机器人腿部各个关节，从而减轻机器人腿部的质量和惯量。但绳传动系统一般是利用钢丝绳与滑轮之间的摩擦力进行传动，这种传动方式的传递效率较低，传动过程中钢丝绳与滑轮存在打滑等现象。因此，采用一种绳传动系统与"十"字型髋关节结构，简化腿部的机械结构，减轻腿部的质量，提高传动系统的稳定性，提高机器人的运动性能[26]。

　　绳传动四足爬行机器人的整体结构如图 4-59 所示，它由机身和 4 条模块化的腿构成，4 条腿对称分布在机身两侧，每条腿有 3 个主动关节，通过钢丝绳系统传动，实现腿部关节的正反转运动。如图 4-60 为 ADAMS 软件中的钢丝绳模型。

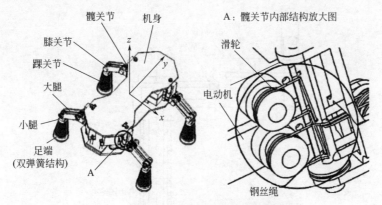

图 4-59　绳传动四足爬行机器人的整体结构

图 4-60　ADAMS 中钢丝绳模型

4.5.2 钢带传动

钢带传动是把钢带末端紧固在驱动轮和被驱动轮上，因此摩擦力不是传动的重要因素。它适合于有限行程的传动。如图 4-61 所示，图 4-61（a）适合于等传动比，图 4-61（c）适合于变化的传动比。图 4-61（b）、图 4-61（d）是直线传动，而图 4-61（a）、图 4-61（c）是回转传动。如图 4-62 所示，钢带传动已成功应用在 Adept 机器人上，进行 1∶1 速比的直接驱动。

钢带传动的优点是：①传动比精确；②传动件质量小，惯量小；③传动参数稳定；④柔性好；⑤不需润滑；⑥强度高。

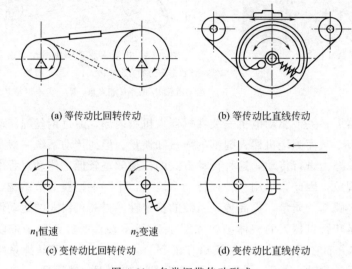

(a) 等传动比回转传动　　　　　(b) 等传动比直线传动

(c) 变传动比回转传动　　　　　(d) 变传动比直线传动

n_1恒速　　　　n_2变速

图 4-61　各类钢带传动形式

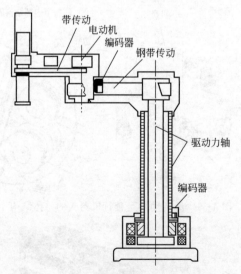

带传动
电动机
编码器
钢带传动

驱动力轴

编码器

图 4-62　采用钢带传动的 Adept 机器人

4.6　连杆传动

连杆传动在机器传动中很常见，如内燃机、鹤式吊、火车轮、急回冲床、牛头刨床、翻箱机、椭圆仪、机械手爪、开窗、车门、折叠伞、折叠床等都有应用，在机器人系统中，重复完成简单动作的搬运机器人（固定程序机器人）中广泛采用杆、连杆与凸轮机构。例如，从某位置抓取物体放在另一位置上的作业。如图4-63所示为两种常见的连杆结构。

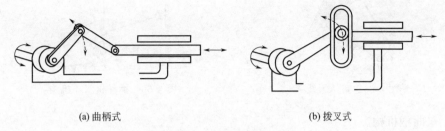

(a) 曲柄式   (b) 拨叉式

图 4-63　两种常见连杆机构

4.6.1　连杆机构及其传动特点

连杆机构的特征：有一做平面运动的构件，称为连杆。

连杆机构的特点：

① 采用低副。面接触、承载大、便于润滑、不易磨损、形状简单、易加工。

② 改变杆的相对长度，从动件运动规律不同。

③ 连杆曲线丰富，可满足不同要求。

④ 构件呈"杆"状、传递路线长。搬运机器人中连杆机构的特点是用简单的机构可得到较大的位移。

连杆机构的缺点：

① 构件和运动副多，累积误差大、运动精度低、效率低。

② 产生动载荷（惯性力），不适合高速。

③ 难以实现精确的轨迹。

连杆机构通常可分为空间连杆机构和平面连杆机构两大类，且常以构件数目命名，如四杆机构、多杆机构，以下主要以四杆机构为例进行讲解。

4.6.2　平面四杆机构的类型和应用

（1）平面四杆机构的基本形式

平面四杆机构基本形式为铰链四杆机构，其他四杆机构都是由它演变得到的。

平面四杆机构基本组成如图4-64所示，以下为有关四杆机构的名词释义：

曲柄，做整周定轴回转的构件；连杆，做平面运动的构件；摇杆，做定轴摆动的构件；连架杆，与机架相连的构件；周转副，能做360°相对回转的运动副；摆转副，只能做有限角度摆动的运动副。

三种基本形式如下。

① 曲柄摇杆机构。

特征：曲柄＋摇杆。

作用：将曲柄的整周回转转变为摇杆的往复摆动，如图4-65所示的雷达天线。

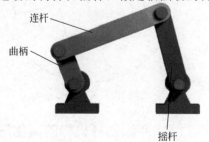

图 4-64　平面四杆机构基本组成

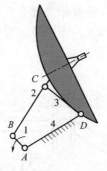

图 4-65　雷达天线

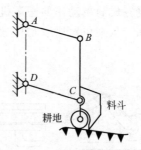

图 4-66　播种机料斗机构

② 双曲柄机构。

特征：两个曲柄。

作用：将等速回转转变为等速或变速回转，如惯性筛等。

特例：平行四边形机构，两连架杆等长且平行，连杆做平动，如图 4-66 和图 4-67 所示的播种机料斗机构和火车轮，但在使用时为避免在共线位置出现运动不确定，一般采用两组机构错开排列。

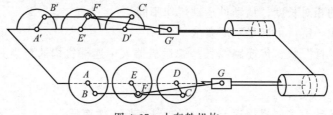

图 4-67　火车轮机构

③ 双摇杆机构。

特征：两个摇杆。

应用举例：风扇摇头机构，见图 4-68。

特例：等腰梯形机构，如可应用在汽车转向机构，见图 4-69。

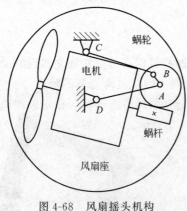

图 4-68　风扇摇头机构

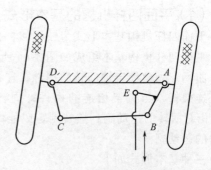

图 4-69　汽车转向机构

（2）平面四杆机构的演化形式

① 改变构件的形状和运动尺寸。图 4-70 为通过改变构件的形状和运动尺寸实现平面四杆机构的演化。

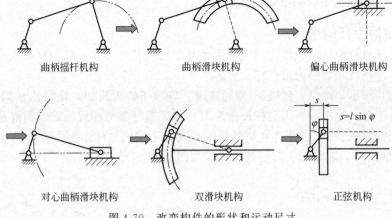

| 曲柄摇杆机构 | 曲柄滑块机构 | 偏心曲柄滑块机构 |

$s=l\sin\varphi$

| 对心曲柄滑块机构 | 双滑块机构 | 正弦机构 |

图 4-70　改变构件的形状和运动尺寸

② 改变运动副的尺寸（改变连接曲柄和连杆的轴销直径）。图 4-71 为通过改变运动副的尺寸实现平面四杆机构的演化。

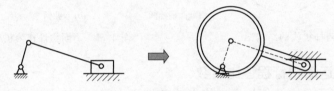

图 4-71　改变运动副的尺寸

③ 选不同的构件为机架。图 4-72～图 4-74 为通过改变机架实现平面四杆机构的演化。

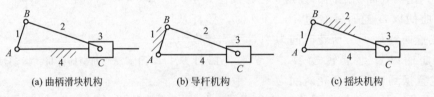

| (a) 曲柄滑块机构 | (b) 导杆机构 | (c) 摇块机构 |

图 4-72　选不同的构件为机架

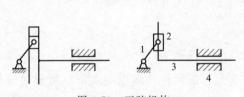

图 4-73　正弦机构

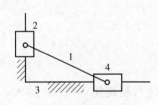

图 4-74　椭圆仪机构

这种通过选择不同构件作为机架以获得不同机构的方法称为机构的倒置。选择双滑块机构中的不同构件作为机架可得不同的机构。

④ 运动副元素的逆换。如图 4-75 所示，将低副两运动副元素的包容关系进行逆换，不影响两构件之间的相对运动。

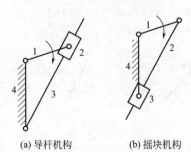

| (a) 导杆机构 | (b) 摇块机构 |

图 4-75　运动副元素的逆换

4.6.3 平面四杆机构的基础知识

（1）曲柄存在的条件

① 最长杆与最短杆的长度之和应不大于其他两杆长度之和，称为杆长条件。

② 连架杆或机架之一为最短杆。

如图 4-76 所示，此时，铰链 A 为周转副。若取 BC 为机架，则结论相同，可知铰链 B 也是周转副。可知，当满足杆长条件时，其最短杆参与构成的转动副都是周转副。

当满足杆长条件时，说明存在周转副，当选择不同的构件作为机架时，可得不同的机构。如曲柄摇杆、双曲柄、双摇杆机构，如图 4-77 所示。

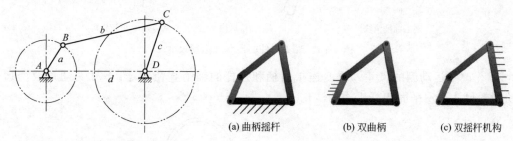

图 4-76 平面四杆机构的结构图

(a) 曲柄摇杆　　(b) 双曲柄　　(c) 双摇杆机构

图 4-77 不同构件作为机架

（2）急回运动和行程速比系数

如图 4-78 所示，在曲柄摇杆机构中，当曲柄与连杆两次共线时，摇杆位于两个极限位置，简称极位。这两处曲柄之间的夹角 θ 称为极位夹角。

当曲柄以 ω 逆时针转过 $180° + \theta$ 时，摇杆从 C_1D 位置摆到 C_2D。所花时间为 t_1，平均速度为 v_1，当曲柄以 ω 继续转过 $180° - \theta$ 时，摇杆从 C_2D 位置摆到 C_1D，所花时间为 t_2，平均速度为

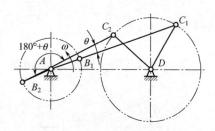

图 4-78 曲柄摇杆机构运动过程

v_2，经分析、计算得知：因曲柄转角不同，故摇杆来回摆动的时间不一样，平均速度也不等，且存在 $t_1 > t_2$，$v_2 > v_1$。摇杆的这种特性称为急回运动，用式（4-10）表示急回程度：

$$K = \frac{v_1}{v_2} = \frac{t_1}{t_2} = \frac{180° + \theta}{180° - \theta} \tag{4-10}$$

K 为行程速比系数，θ 越大，K 值越大，急回性质越明显。所以可通过分析机构中是否存在 θ 以及 θ 的大小来判断机构是否有急回运动或运动的程度。如在机器人手爪应用中，空行程节省运动时间。

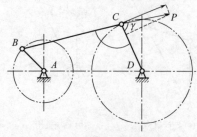

图 4-79 四杆机构的传动示意图

（3）四杆机构的传动角

由图 4-79 可知，切向分力 $P_t = P\sin\gamma$，法向分力 $P_n = P\cos\gamma$，若 $\gamma \uparrow \rightarrow P_t \uparrow$，$\gamma$ 越大，对传动越有利。因此可用 γ 的大小来表示机构传动力性能的好坏，称 γ 为传动角。为了保证机构良好的传力性能，设计时要求：$\gamma_{\min} \geqslant 50°$。

当 $\angle BCD$ 最小或最大时，都有可能出现 $\gamma_{\min}$，

此位置一定是主动件与机架共线两处之一。

机构的传动角一般在运动链最终一个从动件上度量。

（4）四杆机构的死点

摇杆为主动件，且连杆与曲柄两次共线时，有 $\gamma = 0$，此时机构不能运动，称此位置为"死点"。

避免措施：①两组机构错开排列，如火车轮机构（图4-67）；②靠飞轮的惯性（如内燃机、缝纫机等）；③也可以利用死点进行工作，如飞机起落架、钻夹具等。

（5）铰链四杆机构的运动连续性

运动连续性是指连杆机构能否连续实现给定的各个位置，如图4-80（a）所示。

可行域：摇杆的运动范围。

不可行域：摇杆不能达到的区域。

设计时不能要求从一个可行域跳过不可行域进入另一个可行域，此为错位不连续，如图4-80（b）所示。

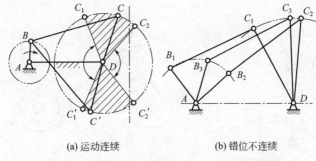

(a) 运动连续　　　　　　(b) 错位不连续

图4-80　铰链四杆机构的运动连续性示意图

足式机器人奔跑时，足端受到剧烈的冲击。自然界中哺乳动物通过韧带等方式缓冲，BigDog机器人在足端上方增加减振弹簧以减小冲击，该设计只有利于减小作用在平行于减振弹簧方向上的冲击力，对其他方向的冲击力毫无缓冲作用。同时由于减振弹簧的质量相对较大，增加了腿部末端的转动惯量。将从动杆改进为减振弹簧，研制出一款全新的足式机器人腿部结构——弹性连杆线驱动机器腿（linkage cable-drive spring leg，LCS-leg），如图4-81所示为其三维模型和受力分析图[27]。

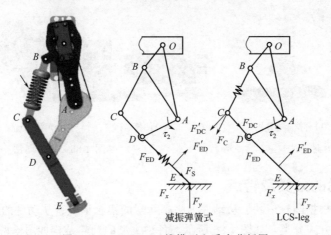

减振弹簧式　　　　　　LCS-leg

图4-81　LCS-leg三维模型和受力分析图

4.7 凸轮传动

4.7.1 凸轮的基本结构

凸轮机构由凸轮 1、从动件 2 和机架 3 组成（图 4-82）。凸轮是主动件，从动件的运动规律由凸轮轮廓决定。凸轮是一个具有曲线轮廓或回槽的构件。它能控制从动件运动规律，因此凸轮通常作主动件并做等速转动，当凸轮运动时，借助它的曲线轮廓（或凹槽），可使从动件做预期的运动。

凸轮机构是机械工程中结构简单且容易实现各种复杂运动规律的一种高副机构。凸轮机构常用于低速、轻载的自动机或自动机的控制机构凸轮机构具有设计灵活、可靠性高和形式多样等特点，广泛应用于自动化及半自动化机械中，尤其在机器人中也常常应用。总体来说，凸轮包含外凸轮和内凸轮两大类，如图 4-83 所示。外凸轮机构是最常见的机构，它借助于弹簧可得到较好的高速性能。内凸轮驱动时要求有一定的间隙，其高速性能劣于前者。

一般凸轮机构的命名原则：布置形式＋运动形式＋推杆形状＋凸轮形状。

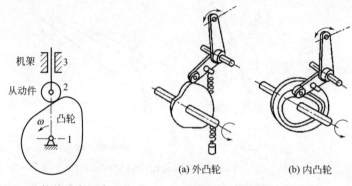

图 4-82　凸轮的基本组成 　　　(a) 外凸轮　　　(b) 内凸轮

图 4-83　外凸轮与内凸轮

凸轮传动中，从动件与凸轮应始终保持接触，这种作用称为锁合。所以在凸轮机构中，要使从动件在工作行程和回程中始终与凸轮锁合在一起，通常采用两种方法：力封闭法和形封闭法，如图 4-84 和图 4-85 所示。

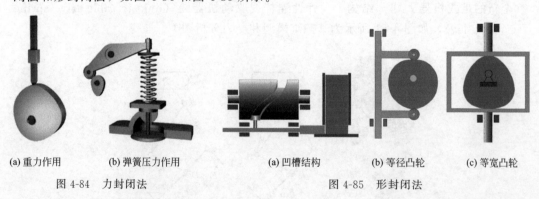

(a) 重力作用　　(b) 弹簧压力作用　　　(a) 凹槽结构　　(b) 等径凸轮　　(c) 等宽凸轮

图 4-84　力封闭法 　　　　　图 4-85　形封闭法

4.7.2 凸轮的分类及特点

凸轮结构可根据凸轮形状、从动件上高副元素的集合形状、从动件的运动和凸轮与从动件的维持接触方式分类，如图 4-86 所示，各种类型的凸轮结构如图 4-87～图 4-89 所示。

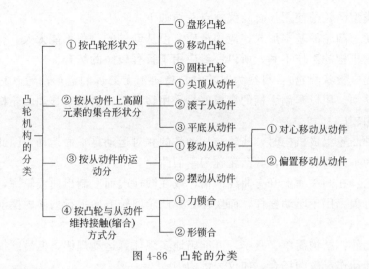

图 4-86 凸轮的分类

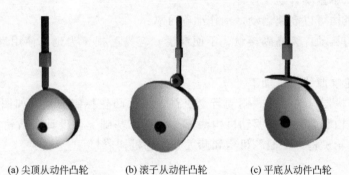

(a) 盘形凸轮   (b) 移动凸轮   (c) 圆柱凸轮

图 4-87 凸轮形状不同类型

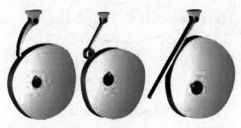

(a) 尖顶从动件凸轮   (b) 滚子从动件凸轮   (c) 平底从动件凸轮

图 4-88 从动件上高副元素的集合形状的不同类型

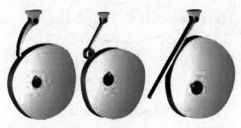

图 4-89 摆动从动件凸轮

各类种类型凸轮的使用场合及优缺点总结如下。

盘形凸轮：凸轮的基本形式，应用最广。但从动件的行程不能太大，否则凸轮变化过大，对凸轮机构的工作不利，所以一般应用于行程较短的场合。

移动凸轮（板状凸轮）：可视为回转中心趋向于无穷远的盘形凸轮，它相对于机架做直线往复移动。用以车制手柄的靠模就是采用移动凸轮机构，移动凸轮机构在靠模仿形机械中应用较广。

上述两种凸轮组成机构时，凸轮与从动件的相对运动是平面运动，因此，上述两种凸轮机构称为平面凸轮机构，其凸轮称为平面凸轮。

圆柱凸轮：在圆柱面上开有曲线回槽，或在圆柱端面上制出曲线轮廓，可使从动件得到较大的行程。用于驱动摆杆，而摆杆在与凸轮回转方向平行的面内摆动，属于空间凸轮机构。

尖顶从动件：结构简单、紧凑，可准确地实现任意运动规律，但易磨损，适用于低速、传力小和动作灵敏的场合，如仪表机构中。

滚子从动件：摩擦阻力小，不易磨损，承载能力较大，但运动规律有局限性，不宜用于高速，故可用于传递较大的动力。

平底从动件：结构紧凑，润滑性能好，摩擦阻力小，适用于高速，但不能与内回的轮廓接触，因此运动规律受到一定限制。

曲面从动件：介于滚子和平底之间。

总体来看，凸轮机构结构简单、紧凑，设计容易且能实现任意复杂的运动规律。但因凸轮与从动件之间是点、线接触，易于磨损，故只用于受力不大的场合，凸轮机构的特点如下。

① 便于准确地实现给定的运动规律。

② 结构简单紧凑，易于设计。

③ 凸轮机构可以高速启动，动作准确可靠。

④ 凸轮与从动件为高副接触，不便润滑，容易磨损，为延长使用寿命，传递动力不宜过大。

⑤ 凸轮轮廓曲线不易加工。

一种四足机器人纯机械式驱动行走机构，采用凸轮控制驱动，如图 4-90 所示。该机构包括腿机构和凸轮控制驱动机构两部分。在此基础上，设计了凸轮控制驱动机构，包括髋关节凸轮机构、主凸轮机构和膝关节凸轮机构[28]。

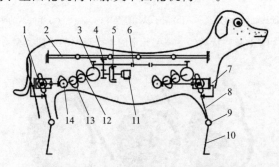

图 4-90　四足机器人总体机械结构简图

1—后腿髋关节；2—脊柱；3—螺旋齿轮；4—二级减速齿轮；5—谐波齿轮减速器；6—联轴器；7—前腿髋关节；
8—大腿；9—膝关节；10—小腿；11—伺服电机；12—膝关节凸轮；13—髋关节凸轮；14—主凸轮

4.8 传动机构的定位与消隙

4.8.1 传动件的定位

工业机器人的定位技术是完成工业生产任务的前提，控制机器人的各个关节使之到达指定位置，是机器人进行运动控制的基础技术。机器人必须确定它在工作环境中的位置，也就是定位。

工业机器人定位方法与一般机器人定位方法的主体思想大致相同，不同之处在于根据作业环境和任务有相应的变化。

工业机器人的重复定位精度要求较高，设计时应根据具体要求选择适当的定位方法。目前常用的定位方法有电气开关定位、机械挡块定位和伺服定位。

（1）机器人的定位精度

机器人精度的定义：是指定位精度和重复定位精度。精度的高低一般有三个衡量指标：分辨率、位姿准确度和位姿重复度。

分辨率是机器人各关节运动能够实现的最小移动距离或最小转动角度，它有控制分辨率（control resolution）和空间分辨率（spatial resolution）之分。

机器人位姿准确度（pose accuracy）是指机器人多次执行同一位姿指令，其末端执行器在指定坐标系中实到位姿与指令位姿之间的偏差。位姿准确度可分为位置准确度（positioning accuracy）和姿态准确度（orientation accuracy）。

（2）定位精度的影响因素

机器人的定位精度由定位传感器的精度决定。影响工业机器人定位精度的误差来源大致分为三个方面：硬件误差、软件误差和不确定性误差，如图 4-91 所示。

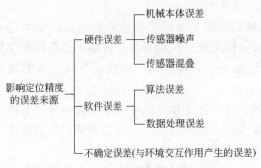

图 4-91 影响定位精度的误差来源

综上所述，定位精度的影响要素主要有：机械零件加工精度、定位传感器分辨率、定位算法的选择、原始数据处理误差和不确定性误差。

① 电气开关定位。电气开关定位是利用电气开关（有触点或无触点）作行程检测元件，当机械手运行到定位点时，行程开关发信号切断动力源或接通制动器，从而使机械手获得定位。

液压驱动的机械手需定位时，机械手运行至定位点时，行程开关发出信号，电控系统使电磁换向阀关闭油路而实现定位。

电动机驱动的机械手需要定位时，机械手运行至定位点，行程开关进行制动而定位。

使用电气开关定位的机械手，其结构简单、工作可靠、维修方便，但由于受惯性力、油温波动和电控系统误差等因素的影响，重复定位精度比较低，一般为±（3～5）mm。

② 机械挡块定位。机械挡块定位是在行程终点设置机械挡块，当机械手减速运动到终点时，紧靠挡块而定位，若定位前缓冲较好，定位时驱动压力未撤除，在驱动压力

下将运动件压在机械挡块上，或驱动压力将活塞压靠在缸盖上就能达到较高的定位精度，最高可达±0.02mm。若定位时关闭驱动油路、去掉驱动压力，机械手运动件不能紧靠在机械挡块上，定位精度就会降低，其降低程度与定位前的缓冲效果和机械手的结构刚性等因素有关。如图 4-92 所示为利用插销定位的结构。

如图 4-93 所示，当从电动调节器来的电流信号，输入到力矩马达组件的线圈 1 时，在力矩马达的气隙中产生一个磁场，它与永久磁铁产生的磁场共同作用，使衔铁 2 产生一个向左的力，抵消中位弹簧 3 的拉力，主杠杆（衔铁）2 绕支点 15 转动，挡板 13 靠近喷嘴 14，喷嘴背压经放大器 6 放大后，送入薄膜执行机构气室 8，使阀杆向下移动，并带动反馈杆 9 绕支点 4 转动，连接在同一轴上的反馈凸轮 5 做逆时针方向转动，通过滚轮 10 使副杠杆 6 绕支点 7 转动，并将反馈弹簧 11 拉伸，弹簧 11 对主杠杆 2 的拉力与力矩马达作用在主杠杆上的力矩相等，杠杆系统达到平衡状态。此时，一定的信号电流就与一定的阀门位置相对应。弹簧 12 作调整零位使用，进气口 16 为气体输入接口。以上作用方式为正作用，若要改变作用方式，只要将凸轮翻转即可。

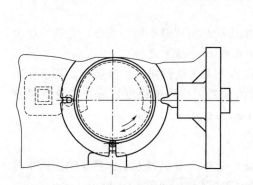

图 4-92　利用插销定位的结构

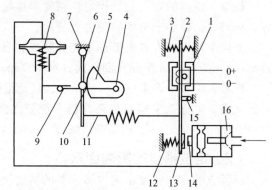

图 4-93　电气阀门定位器工作原理图

③ 伺服定位系统。电气开关定位与机械挡块定位这两种定位方法只适用于两点或多点定位，而在任意点定位时，要使用伺服定位系统。伺服系统可以输入指令控制位移的变化，从而获得良好的运动特性。它不仅适用于点位控制，而且也适用于连续轨迹控制。

开环伺服定位系统没有行程检测及反馈，是一种直接用脉冲频率变化和脉冲数控制机器人速度和位移的定位方式。这种定位方式抗干扰能力差，定位精度低。如果需要较高的定位精度（±0.02mm），则一定要降低机器人关节轴的平均速度。

闭环伺服定位系统具有反馈环节，其抗干扰能力强，反应速度快，容易实现任意点定位。如图 4-94 所示是齿条齿轮反馈式电-液闭环伺服系统方框图。齿轮齿条将位移量反馈到电位器上，达到给定脉冲时，马达及电位器触头停止运转，机械手获得准确定位。

4.8.2　传动件的消隙

传动的间隙影响了机器人的重复定位精度和平稳性。对机器人控制系统来说，传动间隙会导致显著的非线性变化、振动和不稳定，但是传动间隙是不可避免的，其产生的主要原因有：由于制造及装配误差所产生的间隙；为适应热膨胀而特意留出的间隙。消除传动间隙即传动消隙一般包含机械消隙、驱动消隙和装配消隙。

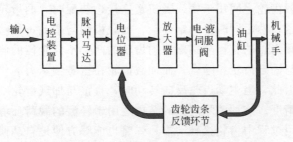

图 4-94　齿条齿轮反馈式电-液闭环伺服系统方框图

消除传动间隙的主要途径有：提高制造和装配精度；设计可调整传动间隙的机构；设置弹性补偿零件。

传动消隙按照传动类别可以分为直齿轮传动消隙、斜齿轮传动消隙、蜗轮蜗杆传动消隙、滚珠螺旋传动消隙和双电机传动消隙等。以上消隙方法的基本原理均是通过不同的结构形式来消除啮合传动的侧隙（如图 4-95 中的 j_n）或滚珠与滚道的间隙，保证传动链在传递物理要素时能够达到较高的技术指标，以满足精密机械系统总体的性能要求。

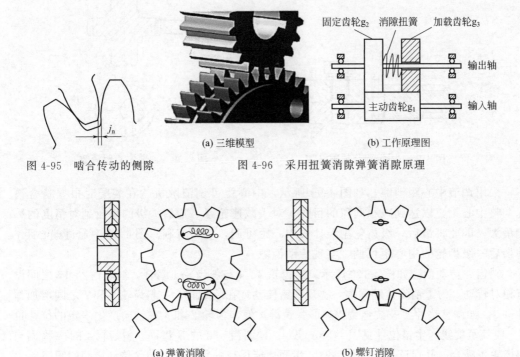

图 4-95　啮合传动的侧隙　　　　图 4-96　采用扭簧消隙弹簧消隙原理

图 4-97　消隙齿轮结构

在直齿轮传动或齿轮与齿条的传动结构中，为了保证传动精度，常采用通过扭簧（或弹簧）力、固定双片齿轮、调节中心距和利用接触游丝等结构形式来实现精密传动。这些消隙结构和措施形式不同，但本质原理是相同的，均是通过错开齿、改变中心距和保持齿面在正反转传动时接触来消除传动间隙，达到精密传动使用要求。

在直齿传动中，采用扭簧消隙弹簧加载双片齿轮的三维模型及工作原理如图 4-96 所示。g_2 为主动齿轮，又称固定齿轮，g_3 为空套在从动轴上的浮动齿轮，又称加载齿轮。固定齿轮和加载齿轮之间用卡簧或者扭簧连接，装配时，两齿轮相对转动一定角度的齿数后，扭簧预紧，然后同时将固定齿轮、加载齿轮与主动齿轮啮合。由于扭簧被预紧，固定齿轮、加载齿轮的轮齿分别跟主动齿轮的两个不同轮齿的侧面接触。当主动齿轮往一侧转动时，与固定齿轮相啮合，而加载齿轮在扭簧预紧力的作用下紧贴着主动齿轮的非工作侧面，因此，当主动齿轮反向转动时，直接与加载齿轮啮合，达到了消隙的效果，提高了传动精度。该种消除间隙的结构适用于轻型的载荷环境，弹簧能够适应传递变化，即使在使用过程中齿轮接触磨损，弹簧也能够方便地自动调整，并保持错齿和消除间隙的效果。另外在齿轮消隙时也常采用弹簧和螺钉消隙结构，如图 4-97 所示。

图 4-98 是固定双片消隙结构，齿轮 2 和 3 的特征参数完全相同，齿轮 2 和 3 的双齿错齿与齿轮 1 啮合装配调试好后，通过螺钉 4 使齿轮 2 和 3 紧固在一起，实现齿轮 2 和 3 的错齿，分别与齿轮 1 的上下啮合面贴紧。使在齿轮传递能力和运动时，正反方向无间隙，达到精密传动的使用要求。固定双片消隙结构的优点是能够承载和传递较大的力矩和能量，但不能适应传动变化，自动调节，如果传递的齿轮间磨损或螺钉松动等情况出现后，传递的精度就不能很好地保证。

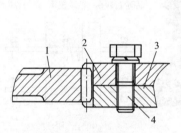

图 4-98　固定双片消隙结构

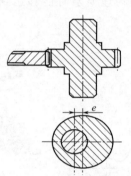

图 4-99　调节中心距消隙

采用调节中心距消隙，如图 4-99 所示，中心距可调消隙机构在装配时根据啮合情况调整中心距，以达到减小间隙的目的。对于减速轮系，最后一级的齿轮副对精度的影响最大，因此将最后一级齿轮副设计成中心距可调，最为有利。图 4-99 中通过偏心距 e 使最后一级齿轮的中心距可调，实现传动消隙。

斜齿轮传动消隙如图 4-100 所示。斜齿轮 2、4 与斜齿轮 1 啮合，斜齿轮 2 和 4 之间没有相对转动，为了消除传动间隙，实现精密传动，在装配时，在斜齿轮 2 和 4 之间增加弹性件 3，如调整垫片、波纹弹簧或蝶形弹簧等，使斜齿轮 2 和 4 在轴向产生一定的位移量 Δ，使其螺旋线产生错位［见图 4-100（b）］。使斜齿轮 2 的 B 齿面、斜齿轮 4 的 A 齿面与斜齿轮 1 啮合，并保证在正反传动时，齿面均能保持贴紧，实现消除传动之间的间隙。

在蜗轮蜗杆传动中，为了消除传动间隙，常用的结构有双蜗杆消隙结构、剖分蜗轮消隙结构和浮动加载蜗杆消隙结构。双蜗杆消隙结构原理见图 4-101，与蜗轮相啮合的蜗杆由两部分组成，蜗杆轴以及空套在其上的空心蜗杆，二者通过胀紧套连接为一体，调整间隙时，只要将胀紧套的螺钉松开，使蜗杆轴相对于空心蜗杆转一定的角度，使蜗杆轴的右齿面及空心杆的左齿面分别与蜗轮的左右齿面接触，重新拧紧胀紧套上的螺钉即可完成间隙的调整。剖分蜗轮消隙结构见图 4-102，通过扭簧作用，产生一定的扭转角，使被剖分开的上半蜗轮牙与蜗杆螺牙前部接触，下半蜗轮牙与蜗杆螺牙后部接触，达到在蜗杆正反转时均无传动间隙，这种结构不能传递较大的扭矩。

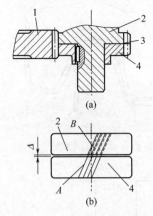

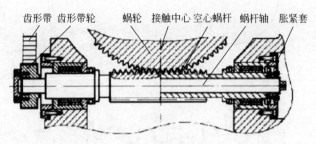

图 4-100　斜齿轮传动消隙

图 4-101　双蜗杆消隙结构

滚珠螺旋传动的螺纹消隙结构如图 4-103 所示。通过螺母 3 外伸端螺纹与圆螺母 2 锁紧，旋转圆螺母 2 即可消除轴向间隙。键 4 是防止滚珠螺旋传动中螺母 1 和 3 在周向的相对旋转。这种消隙结构紧凑、可靠、可调节，承载能力强。

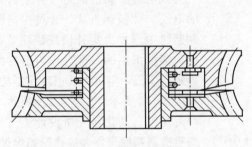

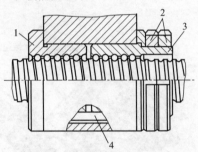

图 4-102　剖分蜗轮消隙结构

图 4-103　滚珠螺旋传动的螺纹消隙结构

另外还有其他的一些消隙结构，图 4-104 为柔性齿轮消隙，图 4-105 为双谐波传动消隙方法，图 4-106 为偏心结构消隙，图 4-107 为齿廓弹性覆层消隙。

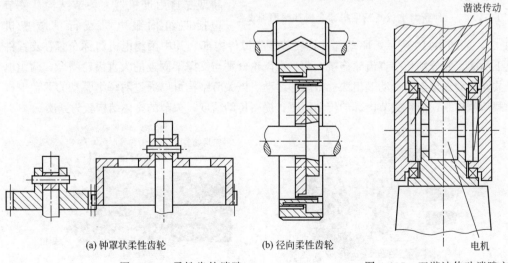

(a) 钟罩状柔性齿轮　　(b) 径向柔性齿轮

图 4-104　柔性齿轮消隙

图 4-105　双谐波传动消隙方法

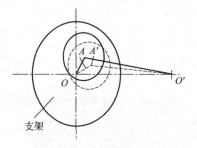

图 4-106 偏心结构消隙

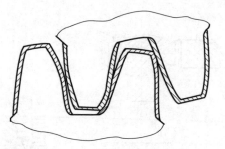

图 4-107 齿廓弹性覆层消隙

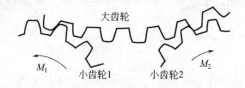

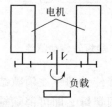

图 4-108 双电机驱动消隙示意图

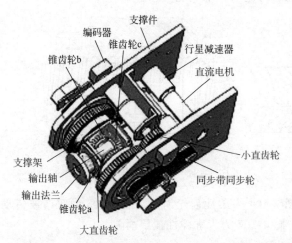

图 4-109 一种新型重载高精度机器人搅拌摩擦焊设备

双电机驱动消隙是一种较为先进的电气消隙控制方式，通过在伺服控制回路中增加力矩补偿控制环节，将电机额定扭矩的一部分作为消隙偏置力矩，实现双电机主从消隙控制功能，如图 4-108 所示。如图 4-109 所示，中科院沈阳自动化研究所设计了一种新型重载高精度机器人搅拌摩擦焊设备，其中 A/B 轴双摆头的摆轴均采用双电机驱动且具备电气消隙能力[29]。

东北大学房立金教授等人设计的新型二自由度机器人关节结构。关节包括四组伺服电机及行星减速机构[30]，如图 4-110 所示，驱动部件均安装于支撑件内部，其中两组电机对称布置在支撑件上下两端，并分别与小直齿轮连接，两小直齿轮分别与支撑架固连的大直齿轮啮合，两组电机共同驱动支撑架并带动输出法兰做俯仰运动。该关节结构可以通过对每组驱动的两台电机加载消隙控制，消除关节内部的传动间隙，提高传动精度，关节的整体结构较为紧凑。

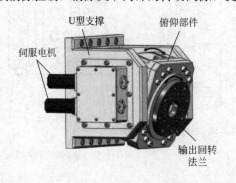

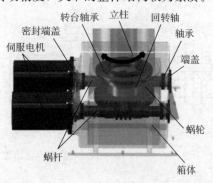

图 4-110 双电机驱动消隙示意图

工业机器人在传动消隙方面也有体现，比如在经典的 PUMA-262 机器人中[31]，为保证较高的传动精度，其各对齿轮都设计有消除齿轮间隙的调整机构。结构形式如图 4-111 所示。其调整方法为：首先松开锁紧螺钉，将专用扳手插入调整孔转动偏心衬套，以调整齿轮啮合的中心距，消除传动间隙，最后拧紧锁紧螺钉。PUMA-262 在转轴的连接上，采用了一种结构新颖、工艺简单的弹性万向联轴器，这种联轴器由金属整体加工而成。其两端为夹紧轴的结构，有两个螺钉，一个用来顶紧轴防止轴相对转动，一个用来锁紧，防止轴的轴向松动，联轴器中段为刻右螺旋槽的弹簧式结构，使其在轴向、周向都有较大的柔性，能朝任意方向弯曲，能补偿两轴不同轴的偏斜以及对轴向起到缓和冲击、衰减振动的作用[32]。

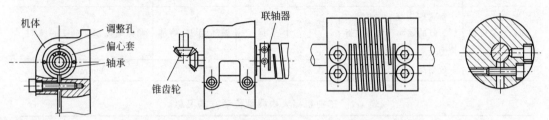

图 4-111　PUMA-262 机器人内部中心距可调消隙示意图

对以上所提到的传动方式进行总结，如表 4-1、表 4-2 所示。

表 4-1　工业机器人中的传动方式汇总

传动方式	特点	运动形式	传动距离	应用部位	典型实例
圆柱齿轮	用于手臂第一转动轴，提供大扭矩	转-转	近	臂部	Unimate PUMA560
谐波齿轮	很大传动比，价格高，重量大	转-转	近	臂部、腕部	ASEA
锥齿轮	转动轴方向垂直相交	转-转	近	臂部、腕部	Unimate
齿轮齿条装置	精度高、价格低	转-移 移-转	远	腕部、手爪、臂部	Unimate2000
蜗轮蜗杆	大传动比，重量大，有发热问题	转-转	近	臂部、腕部	FANUC MI
行星齿轮	大传动比，价格高，重量大	转-转	近	臂部、腕部	Unimate PUMA560
凸轮传动	设计灵活、可靠性高和形式多样	转-移 转-转	近	臂部、腕部、移动部分	凸轮控制驱动式的行走机构
链传动	无间隙，重量大	转-转 移-移 移-转	远	移动部分腕部	ASEA IR66
同步齿形带	有间隙和振动，重量轻	转-转 移-移 移-转	远	腕部	KNKA
绳传动	柔软性好、预载后可消除传动间隙、不稳定、效率低	转-转 转-移 移-转	远	手爪、关节	外骨骼机器人

传动方式	特点	运动形式	传动距离	应用部位	典型实例
钢带传动	远距离传动很好,有轴向伸长问题	转-转 转-移 移-转	远	腕部、手爪	S. Hirsoe
丝杠螺母	传动比大,摩擦与润滑问题	转-移	远	腕部、手爪	精工 PT300H
滚珠丝杠螺母	很大的传动比,精度高,可靠性高,昂贵	转-移	远	臂部、腕部	Motoman L10
四杆传动	远距离传动很好	转-转	远	腕部、手爪、臂部	Unimate2000
曲柄滑块机构	特殊应用场合,如将油(气)缸的运动转化为手指摆动	转-移 移-转	远	腕部、手爪、臂部	哈默纳科 CSF-50-160-2UH
液压气压	效率高,寿命长	移-移	远	腕部、手爪	Unimate

表 4-2　工业机器人中典型传动方式汇总

提出单位/作者	应用的工业领域	传动部位	采用的传动方式及特点
浙江工业大学/梁利华	焊接	焊接机械臂的大臂和小臂	采用精密行星减速器加推力圆锥滚子轴承结构。能承受轴向压力与径向扭矩,符合大小臂的高刚性及高的抗倾覆力矩的要求,有利于缩短传动链,简化结构设计
合肥工业大学/周际	双臂辅助机器人	机器人小臂	采用了伺服电机与减速器和推力圆柱滚子轴承,增加了结构的紧凑性
		机器人腕部	同步带和滚珠丝杠配合使用,并且将丝杆螺母和花键螺母安装在滚珠丝杆两端来实现转动和直线升降运动
		机器人大臂	据此选择日本帝人 RV 减速器 RV-6E 型号,体积小、传动比大、运动精度高等特点,适合在高速、高精度、重载的环境中使用
华中科技大学/任正军	点焊及 RB50 搬运机器人	机器人 5、6 轴	五轴输入端齿轮带一级减速,减速后通过空心传动轴,到输出端后经过一对锥齿轮换向,经过同步齿形带将运动传递到减速器输入轴,五轴运动部分与谐波减速器输出端固连。六轴减速全部依靠谐波减速器,经过同步齿形带将运动传递到谐波减速器输入轴,谐波减速器输出部分与锥齿轮固连,经过锥齿轮换向
东北大学/刘柯	装配机器人	腕部手转运动	中心轴的另一端固连锥齿轮带动空间轴回转,又经固连在空间轴一端的锥齿轮带动支撑轴转动驱动圆柱齿轮传动,使得轴旋转,带动手部法兰盘做手爪回转运动
		腕部腕摆运动	电动机经过传动轴带动圆柱直齿轮转动,驱动中间套带动锥齿轮,传递运动到与腕部壳体固接的锥齿轮,带动手腕壳体做摆动运动
		腕部腕转运动	电动机经圆柱直齿轮传递运动到轴,再经圆柱直齿轮传动,外套筒旋转,使得与壳体固接的直齿轮带动整个手腕壳体做旋转运动

4.9 应用实例

4.9.1 仿生螃蟹机器人的传动设计

仿生螃蟹机器人是针对在复杂路况下进行搜救与探测等方面设计的，该机器人传动灵活、动力传递效率高、维修方便，有很好的路况适应能力。

仿生螃蟹机器人，由足运动主体、钳螯、连接结构和控制系统 4 部分组成，整体结构如图 4-112 所示。

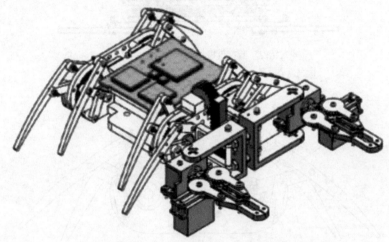

图 4-112　仿生螃蟹的整体结构

足运动主体是仿生螃蟹机器人的载体平台，主要由对称安装的 2 套齿轮曲柄连杆四足运动机构和支撑板组成，由行走步进电机驱动实现横向行走、转向等基本动作。

钳螯主要由 2 个不完全齿轮双摇杆机构组成，由摆动舵机驱动实现钳螯左右 45°内摆动，由抓取舵机驱动 2 个不完全齿轮双摇杆机构，实现对物品的抓取动作。

连接结构将 2 只钳螯安装在足运动主体上，并由升降步进电机驱动齿轮齿条机构，实现钳螯整体的升降。

控制系统搭载在足运动主体上，步进电机驱动模块和舵机驱动模块通过接收红外控制信号，控制步进电机和舵机的旋转角度和速度，实现相应结构的驱动[33]。

（1）足运动主体的设计

仿生机器人的主要特点是其驱动方式不同于常规的关节型机器人。如图 4-113 所示仿生螃蟹机器人的足运动主体结构为中心对称结构，现以左足主体驱动系统为例分析如下：在底板前部和后部的对称位置各安装一套四足运动机构，每套四足运动机构由行走步进电机、行走主动齿轮、2 个传动齿轮、4 个步足结构、2 个支撑板组成。2 个支撑板安装在底板的端部，行走步进电机安装在底板上，顶板安装在行走步进电机的上方。行走主动齿轮安装在 2 个支撑板之间的中间，且与行走步进电机的输出轴相连，2 个传动齿轮对称分布在行走主动齿轮的左右两侧，且与行走主动齿轮做啮合传动。在每个传动齿轮的前后两侧各安装 1 个步足结构。每个步足结构由足、第一连杆、第二连杆和第三连杆组成，如图 4-114、图 4-115 所示。第一连杆的一端安装在支撑板的中上部，另一端与足的上端部相连接，第二连杆的一端与传动齿轮的端面相连接，另一端与足的中上部相连接，第三连杆的一端安装在支撑板的中下部，另一端与第二连杆的中部相连接。

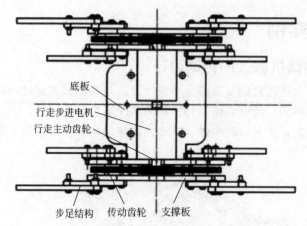

图 4-113 足运动主体结构俯视图（隐藏顶板）

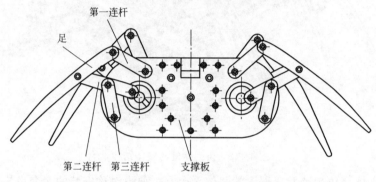

图 4-114 足运动主体结构正视图

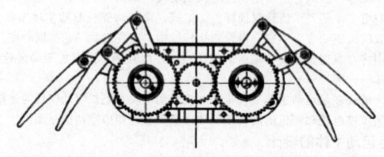

图 4-115 足运动主体视图正视图（隐藏支撑板）

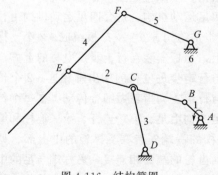

图 4-116 结构简图

其运动简图如图 4-116 所示，其中传动齿轮 1、第二连杆 2、第三连杆 3、足 4、第一连杆 5、支撑板 6 构成齿轮曲柄摇杆机构。行走主动齿轮与 2 个对称分布的传动齿轮 1 啮合，行走主动齿轮旋转带动齿轮曲柄摇杆机构，使第二连杆 2 牵引足 4 行走，同时足 4 的一端通过第一连杆 5 牵引在机架支撑板 6 上，从而保证足 4 完成周期性规律的行走、转向动作。

（2）钳螯设计

图 4-117 所示为钳螯的整体结构模型，在齿条的左右两侧对称位置各安装一个钳螯主体。每个钳螯主体都是由固定架、电机架、摆动舵机、2 个连接卡、托盘、抓取舵机、2 个钥匙型齿杆、2 个爪杆和 2 个连杆组成的。固定架与齿条的后部相连接，电机架安装在固定架的外端部，摆动舵机安装在电机架上，摆动舵机的输出轴与固定架相连接。2 个连接卡分别对称安装在托盘的上侧和下侧，连接卡的一侧与电机架相连接，连接卡的另一侧与托盘相连接，抓取舵机安装在托盘上。2 个钥匙型齿杆也安装在托盘上，在每个钥匙型齿杆的前端各安装一个爪杆，每个爪杆的中部与连杆的一端相连接，连杆的另一端与托盘相连接，钥匙型齿杆的圆盘部设有半圈齿，2 个钥匙型齿杆的半圈齿对称设置且啮合连接。靠近抓取舵机一侧的钥匙型齿杆与抓取舵机的输出轴相连接，爪杆的外端部上设有螯齿，2 个爪杆的螯齿对称设置。钳螯上摆动舵机的主轴穿过电机架与固定架连接，摆动舵机相对于固定架可做往复 45°旋转运动。托盘与抓取舵机采用螺栓连接固定，抓取舵机主轴穿过托盘孔与钥匙型齿杆连接。2 个钥匙型齿杆 7、2 个爪杆 8、2 个连杆 9 与托盘 10 共同构成左右对称型双摇杆机构，其运动简图如图 4-118 所示。两个钥匙型齿杆 7 在半圈齿部位啮合传动，形成旋转方向相反的运动，分别驱动钳螯左右两部分的双摇杆机构，实现左右两个爪杆 8 的同步反向运动，实现钳螯的夹紧、松开动作。

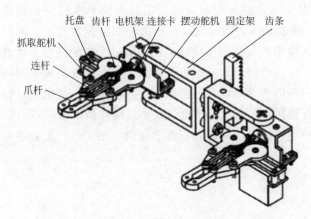

图 4-117　钳螯整体结构模型

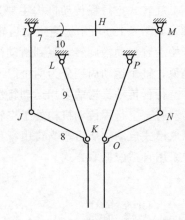

图 4-118　齿轮曲柄摇杆机构运动简图

（3）钳螯与足运动主体的连接结构

钳螯与足运动主体的连接结构由升降步进电机、升降主动齿轮、导杆架和导杆组成，如图 4-119 所示。升降步进电机和升降主动齿轮都安装在靠近钳螯一端的 2 个支撑板的上部，在支撑板的外部靠近钳螯一侧左右对称位置各安装 1 个导杆架，导杆架的另一侧延伸到相应侧固定架的内部，在每个导杆架的外端安装 1 个导杆，所述导杆同时竖直穿过相应侧的导杆架和固定架。

4.9.2　自适应机械手的传动设计

一种可切换的并联抓取、耦合自适应机械手（SPCS-IS-hand），它集成了三种基本抓取模式，即并联抓取模式、耦合抓取模式和自适应抓取模式。在机器人手部

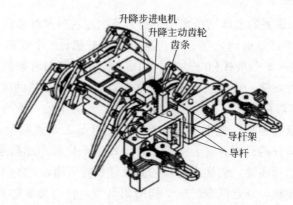

图 4-119　钳螯与足运动主体的连接模型

机构设计中，采用了空转传动机构（IS机构），为机器人手抓取运动引入了两个阶段。SPCS-IS手通过开关装置实现抓取运动第一阶段的平行抓取和耦合抓取的转换，然后在弹簧和限位装置的作用下，对第二阶段的抓取进行自适应抓取。整个装置只有一台电机，采用齿轮传动完成动力传递。由于融合了多种抓取方式，SPCS手具有更强的功能和更广的应用范围，特别是其自适应性使其能够实现对不同尺寸和形状物体的包络。

旋转式空行程传动机构主要采用带凸点的齿轮和带滑动槽的齿轮来实现空行程传动，如图 4-120 所示。当主动齿轮开始转动时，齿轮上的凸块由于固定在齿轮上，同时开始沿着滑动槽旋转，直到滑动槽的整个怠速行程完成时，驱动另一个齿轮旋转。也就是说，整个运动周期分为两个阶段：空行程阶段和有效行程阶段。SPCS-IS机械手利用了空行程传动机构的多相运动特性，可以方便地实现各种抓取方式的集成。当电机开始转动时，空行程传动机构处于空转行程阶段，SPCS-IS机器人手以耦合抓取模式或并联抓取模式启动。然后，当自由行程传动机构移动到有效行程阶段时，SPCS-IS机械手抓取采用自适应抓取方式。

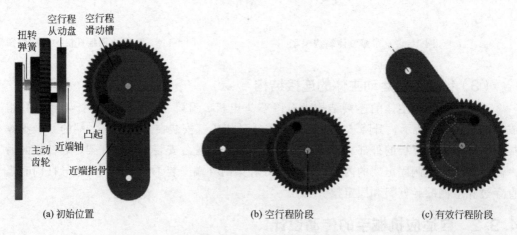

　(a) 初始位置　　　　　　　　　　(b) 空行程阶段　　　　　　　　　　(c) 有效行程阶段

图 4-120　旋转式空行程传动机构

其内部包括两个传动链如图 4-121 所示：平行抓取齿轮组和耦合齿轮。两种传动链都依靠轮系的传动原理来实现各自的功能。当 SPCS-IS 机器人手以并联抓取方式工作时，切换装置将切换到左侧，平行抓取齿轮组的底部齿轮将受到弹簧的限制。SPCS-IS 机器人手以并行抓取方式执行。当 SPCS-IS 机械手采用耦合抓取方式工作时，切换装置将向右切换。

如图 4-122(a) 所示，电机提供的动力由蜗轮蜗杆机构传递给空行程传动机构。空行程传动机构的主动齿轮通过扭簧与近节指骨连接，空行程从动盘与 SPCS 机构连接。SPCS 机构包括实现等速同向传动的并联抓取传动齿轮组、实现等速反向传动的耦合传动齿轮组、切换装置和弹簧。

切换装置内部结构如图 4-122(b) 所示，它由一个外壳、一个滑块、两个限位槽、两个滑轨和一个拨片按钮组成。当拨动按钮，滑块在壳体内移动时，可实现平行抓取和耦合抓取的切换。开关装置的下端由弹簧通过钢丝绳拉动[34]。

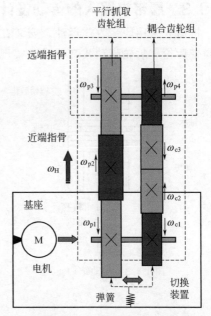

图 4-121　SPCS 机构原理图

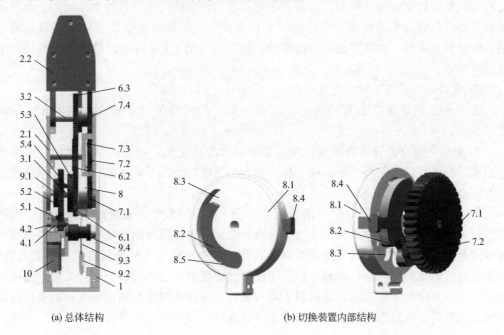

(a) 总体结构　　　　　　　　　(b) 切换装置内部结构

图 4-122　SPCS-IS 机械机构

1—基架；2.1—近节指骨；2.2—远节指骨；3.1—近轴；3.2—远轴；4.1—蜗杆；4.2—蜗轮；
5.1—主动齿轮；5.2—从动齿轮；5.3—空行程从动盘；5.4—凸块；6.1～6.3—平行抓取传动齿轮组 1～3 挡；
7.1～7.4—耦合抓取传动齿轮组 4～7 挡；8—开关装置；8.1—滑轨外壳；8.2—滑块；8.3—限位槽；
8.4—拨片按钮；8.5—滑轨；9.1—扭簧；9.2—张紧弹簧；9.3—束绳；9.4—线轴；10—电机

4.9.3 履带机器人的传动设计

机器人采用履带方式运动，安装在运动单元上的电机接减速箱，通过锥齿轮啮合驱动履带后轮，后轮带动履带平动，实现直线运动功能，传动结构布局如图 4-123 所示。

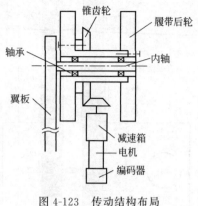

图 4-123 传动结构布局

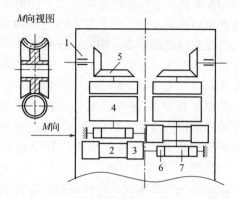

图 4-124 翼板旋转的传动结构布局

1—输出轴；2—电机；3—减速器；4—离合器；
5—锥齿轮；6—蜗杆；7—蜗轮

在平台主体部分，为方便架设多种侦察仪器和布置各类控制卡板，将驱动两侧履带运转的传动结构移出中间主体，布置在机器人两侧翼板当中；主体内部仅用来布置驱动左右两侧翼板转动的传动结构。其传动过程：首先由主体内部电机提供驱动力，经减速器后带动蜗杆驱动蜗轮转动，蜗轮连接电磁离合器，最后通过锥齿轮连接到翼板输出轴，驱动翼板旋转。两侧翼板旋转的传动结构布局如图 4-124 所示。机器人中间段传动设计及特点：

① 两对电机采用对称、交错式排布，节省了主体内部空间。

② 采用锥齿轮啮合主要用来改变传动方向，同时避免了牙嵌式电磁离合的轴向窜动。

③ 蜗轮、蜗杆起到两级减速作用，具有较大的减速比，并具有自锁功能，给两侧运动单元提供足够的保持力矩，在主体内部电机掉电的情况下，两侧运动单元保持原姿态而不会出现反转现象。

④ 牙嵌式电磁离合器适用于低速运动场合，具有体积小、重量轻、保持力矩大的特点，当离合器在主体单元传动中处于分离状态，可以实现两侧运动单元相对主体在 Y 轴方向自由转动，这样三段式结构机器人就具备了复杂路况下的分段自适应运动功能，如果机器人遇到碎石路面、崎岖地形的情况，通过控制电磁离合处于结合状态，由内部电机主动控制两侧运动单元，使机器人具有较强的路面通过性，通过离合器的使用可以同时达到机器人的路面自适应指标和非正常路况所要求的通过性指标。

参考文献

[1] 郭彤颖，安东.机器人系统设计与应用 [M].北京：化学工业出版社，2016.

[2] 罗彪，蓸彤，和丽，等.血管介入手术机器人的推进机构设计及精度研究 [J].高技术通讯，2010，20（12）：1281-1285.

[3] 王玉金.闭链弓形五连杆机器人翻滚运动生成研究 [D].武汉：华中科技大学，2018.

[4] 张立杰.新型复合式仿生轮-腿机构运动学及动力学研究 [D].长沙：国防科学技术大学，2008.

[5] 张湘，张立杰，潘存云，等.基于球齿轮的新型轮腿复合式移动平台设计研究 [J].国防科技大学学报，2008，30（4）：98-102.

[6] 潘存云，温熙森.球齿轮行星传动结构型式与驱动机构分析 [J].国防科技大学学报，2004，26（3）：93-98.

[7] 潘存云，温熙森.基于渐开线球齿轮的机器人柔性手腕结构与运动分析 [J].机械工程学报，2005，41（7）：141-146.

[8] 潘存云，温熙森.渐开线环形齿球齿轮传动原理与运动分析 [J].机械工程学报，2005，41（5）：1-9.

[9] 牛建业.基于串并混联机构的四轮足步行机器人研究 [D].秦皇岛：燕山大学，2018.

[10] 李绍军.自攀爬机器人结构设计研究 [D].重庆：重庆大学，2008.

[11] Wang C，Lu Z，Duan L，et al. Mechanism design of an ankle robot MKA-Ⅲ for rehabilitation training [C]. IEEE International Conference on Cyber Technology in Automation，Control，and Intelligent Systems（CYBER），Chengdu，China，June 19-June 22，2016，pp：284-289.

[12] 梁飘.窗户除尘机器人设计与集成 [D].南宁：广西大学，2018.

[13] 谢宗武，高晓辉，金明河，等.HIT/DLR 灵巧手全数字化传感器系统 [J].电子器件，2003，26（4）：383-386.

[14] 汪为庆.HIT/DLRII 灵巧手单手指的驱动控制系统研究 [D].哈尔滨：哈尔滨工业大学，2006.

[15] 陈继文，陈清朋，胡秀龙，等.码垛机器人小臂结构轻量化设计 [J].组合机床与自动化加工技术，2019（5）：19-22.

[16] 蒋刚，龚迪琛，蔡勇，等.工业机器人 [M].成都：西南交通大学出版社，2011.

[17] 梁艺.前列腺放射性粒子植入机器人关键技术研究 [D].哈尔滨：哈尔滨理工大学，2017.

[18] 于慧力.机械设计 [M].2 版.北京：科学出版社，2007.

[19] 张帆，郭书祥，魏巍.欠驱动式外骨骼手指康复机器人的设计和仿真 [J].天津理工大学学报，2015，31（2）：30-34.

[20] 张伟亮.SCARA 型排牙机器人结构设计与仿真分析 [D].哈尔滨：哈尔滨理工大学，2013.

[21] 马培荪.基于同步齿形带的磁吸附履带式爬壁机器人.中国，CN1709654A [P].2005-12-21.

[22] 王成军，马履中.一种管外防腐机器人的设计与分析 [J].中国机械工程，2010，21（11）：1265-1270.

[23] 柳锴.基于人体上肢协同运动特征的外骨骼机器人设计方法研究 [D].武汉：华中科技大学，2018.

[24] Kitano S，Hirose S，Endo G，et al. Development of Lightweight Sprawling-Type Quadruped Robot TITAN-ⅩⅢ and its Dynamic Walking [C]. International Conference on Intelligent Robots and Systems：New Horizon（IROS），Tokyo，Japan，November 3-November 8，2013，pp：6025-6030.

[25] 殷杰，齐飞，鞠峰，等.介入手术机器人滑轮绳索系统传动特性的研究 [J].机电工程，2018，35（6）：560-565.

[26] 杨佳欣，张昊，尹铭泽，等.绳传动四足爬行机器人的结构设计与仿真分析 [J].机械制造与自动化，2019（3）：108-111.

[27] 任灏宇.弹性连杆机构式四足机器人设计与运动控制研究 [D].重庆：重庆大学，2017.

[28] 桑春蕾，孙群，林宝龙.基于凸轮控制驱动式的四足机器人行走机构设计与理论分析 [J].机械设计与制造，2010（3）：168-170.

[29] 余驰.机械精密传动消隙结构分析与研究 [J].机械研究与应用，2016，29（1）：8-11，14.

[30] 房立金，孙龙飞，许继谦.提高机器人结构刚度及关节精度的方法 [J].航空制造技术，2018，61（4）：34-40，59.

［31］ 孙杏初，钱锡康.PUMA-262型机器人结构与传动分析［J］.机器人，1990，12（5）：51-56，34.

［32］ 杨政.消隙齿轮系统精密装配关键参数及其动力学性能影响研究［D］.长沙：国防科学技术大学，2014.

［33］ 秦慧斌，郑智贞，刘玉龙，等.基于齿轮传动的结构仿生螃蟹机器人设计［J］.机械传动，2015，39（7）：79-82.

［34］ S. Liu，W. Zhang. Switchable Parallel Grasping，Coupled and Self-adaptive Robot Hand with Idle-Stroke Transmission Mechanism［C］. 2019 IEEE International Conference on Robotics and Biomimetics（ROBIO），Dali，China，December 1，2019，pp：1362-1367.

第5章 机器人机身与臂部机构

5.1 机器人机身与臂部定义

机身是直接连接、支承和传动手臂及行走机构的部件。它是由臂部运动（升降、平移、回转和俯仰）机构及有关的导向装置、支承件等组成。由于机器人的运动形式、使用条件、负载能力各不相同，所采用的驱动装置、传动机构、导向装置也不同，致使机身结构有很大差异。手臂部件（简称臂部）是机器人的执行部件，它的作用是支承腕部和手部，并带动它们在空间运动。

5.2 机身与臂部机构设计的关键问题

机器人臂部由动力关节和连接杆件等构成，臂部有时也包括肘关节和肩关节，是机器人执行机构中最重要的部件。它的作用是支承手部和腕部，并改变手部在空间的位置。对臂部机构的要求包括：臂部承载能力大、刚性好且自重轻；臂部运动速度适当，惯性小，动作灵活；臂部位置精度高；通用性强，适应多种作业；工艺性好，便于维修调整。

5.2.1 刚度因素

机器人设计中，刚度是比强度更重要的问题，要使刚度最大，应恰当地选择杆件剖面形状和尺寸，提高支承刚度和接触刚度，合理地安排作用在臂杆上的力和力矩，尽量减少杆件的弯曲变形[1]。

刚度是指机身或臂部在外力作用下抵抗变形的能力。它是用外力和在外力作用方向上的变形量（位移）之比来度量的。变形越小，则刚度越大。为提高刚度，应注意以下几点：

① 根据受力情况，合理选择截面形状和轮廓尺寸。机身和臂部通常既受弯曲力（不仅一个方向的弯曲），也受扭转力，应选用抗弯和抗扭刚度较大的截面形状。封闭的空心截面（圆环形和箱形）与实心截面相比，不仅在两个互相垂直的方向上抗弯刚度（J_x，J）较大，而且抗扭刚度也较实心和开口截面大。若适当减小壁厚，加大轮廓尺寸，则刚度较大。采用封闭形空心截面的结构作为臂杆，不仅有利于提高结构刚度，而

且空心内部还可以布置安装驱动装置、传动机构及管线等，使整体结构紧凑，外形整齐。

② 提高支承刚度和接触刚度。机身与臂杆的变形量不仅与其结构刚度有关，而且与支承刚度及支承物和机身、臂杆间的接触刚度有很大关系。

要提高支承刚度。一方面要从支座的结构形状底板的连接形式等方面考虑；另一方面，要特别注意提高配合面间的接触刚度，即保证配合表面的加工精度和表面粗糙度，如果采用滚动导轨或滚动轴承，装配时应考虑施加预紧力，以提高接触刚度。

③ 合理布置作用力的位置和方向。设计臂杆时，要尽量附加弯矩，减小臂杆的弯曲变形。关于合理布置作用力的问题，在结构设计时，应结合具体受力情况加以全面考虑。例如，可设法使各作用力引起的变形相互抵消。

臂部的承载能力及刚性直接影响到臂部抓取工件的能力及动作的平稳性、运动速度和定位精度。如承载能力小，则会引起臂部的振动或损坏；刚性差则会在平面内出现弯曲变形或扭转变形，直至动作无法进行。为此，臂部一般采用刚性较好的导向杆来加大臂部的刚度，臂部支承、连接件的刚性也有一定的要求，以保证能承受所需的驱动力[2]。

5.2.2　精度因素

机器人的精度最终集中反映在手部的位置精度上。显然，它与臂和机身的位置精度密切相关。影响机身和臂部位置精度的因素除刚度外，还有各主要运动部件的制造和装配精度、手部或腕部在臂上的定位和连接方式以及臂部和机身运动的导向装置和定位方式等。就导向装置而言，其导向精度、刚度和耐磨性等对机器人的精度和其他工作性能影响很大，在设计时必须注意。

精度是位置量相对于其参照系的绝对度量，指机器人手部实际到达位置与所需到达的理想位置之间的差距。重复精度是在相同的运动位置命令下，机器人连续若干次运动轨迹之间的误差度量。如果机器人重复执行某位置给定指令，它每次走过的距离并不相同，而是在平均值附近变化，该平均值代表精度，而变化的幅度代表重复精度。分辨率指机器人每根轴能够实现的最小移动距离或最小转动角度。精度和分辨率不一定相关。一台设备的运动精度是指命令设定的运动位置与该设备执行此命令后能够达到的运动位置之间的差距，分辨率则反映了实际需要的运动位置和命令所能够设定的位置之间的差距。

图 5-1 给出了分辨率、精度和重复精度的关系。工业机器人的精度、重复精度和分辨率要求是根据其使用要求确定的[3]。机械臂部要获得较高的位置精度，除采用先进的控制方法外，在结构上还注意以下几个问题：①机械臂部的刚度、偏移力矩、惯性力及缓冲效果均对臂部的位置精度产生直接影响；②需要加设定位装置及行程检测机构；③合理选择机械臂部的坐标形式。此外还需要确定运动速度控制和驱动方式、定位和缓冲等因素。

5.2.3　平稳性因素

目前，机器人系统稳定性分为两个方面，一是机器人的运动倾覆稳定性，主要反映的是机器人在复杂的非结构环境中运动和工作的可靠性，能否完成预期任务；二是机器人控制系统稳定性，主要指设计的反馈控制律能否使机器人渐近跟踪期望的运动轨迹，

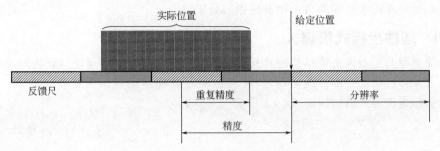

图 5-1　分辨率、精度和重复精度关系

而且所得到的反馈控制律能否保证整个闭环系统的平衡状态是渐近稳定的。机器人的运动稳定性是机器人运动特性的一个重要指标，主要是指机器人在运动过程中能够维持机体稳定而不发生倾覆现象。目前，虽然对机器人的运动稳定性研究理论较多，但从研究机器人的运动状态来看，主要分为两个方面，即静态稳定性理论和动态稳定性理论[4]。

机身和臂部质量大，负荷重，速度高，易引起冲击和振动，必要时应用缓冲装置吸收能量。从减少能量的产生方面应注意：

① 臂部和机身的运动部件应力求紧凑、重量轻，以减少惯性力，采用铝合金或非金属材料。

② 必须注意运动部件各部分的质量在转轴或支承的分布情况，即重心的布置。

臂部通常要经历由静止状态到正常运动速度，然后减速到停止不动的运动过程。当臂部自重轻，其启动和停止的平稳性就好。对此，臂部运动速度应根据生产节拍的要求决定，不宜盲目追求高速度。臂部的结构应紧凑小巧，这样臂部运动便轻快、灵活。为了臂部运动轻快、平稳，通常在运动臂上加装滚动轴承或采用滚珠导轨。对于悬臂式机械臂部，还要考虑零件在臂部上的布置。要计算手臂移动零件时，还应考虑其重量对回转、升降、支承中心等部位的偏移力矩。

5.2.4　其他因素

① 传动系统应力求简短，以提高传动精度和效率。

② 各驱动装置、传动件、管线系统及各个运动的测量、控制元件等布置要合理紧凑，操作维护要方便。

③ 对于在特殊条件下工作的机器人，设计时要有针对性地采取措施，如防热辐射、防腐、防尘、防爆。

5.3　机身结构基本形式与特点

机身是机器人的基础部分，起支承作用。机器人机械结构有三大部分：机身、臂部（包括手腕）、手部。机身，又称为立柱，是支承臂部的部件，并能实现臂部的升降、回转或俯仰运动。机器人必须有一个便于安装的基础件，这就是机器人的机座。机座往往与机身做成一体[5]。

机器人机身按照坐标类型分类，可分为球面坐标式机器人、关节坐标式机器人、直角坐标式机器人、圆柱坐标式机器人。机身结构一般由机器人总体设计确定。圆柱坐标型机器人的回转与升降这两个自由度归属于机身；球（极）坐标型机器人的回转与俯仰这两个自由度归属于机身；关节坐标型机器人的腰部回转自由度归属于机身；直角坐标型机器人的升降或水平移动自由度有时也归属于机身[6]。

5.3.1　圆柱坐标式机器人

这种类型的机器人主体结构通常具有三个自由度：一个回转运动（腰转）及两个直线移动（升降运动及臂部伸缩运动）。腰转运动及升降运动通常由机身来实现。图 5-2 为圆柱坐标式机器人的结构形式。

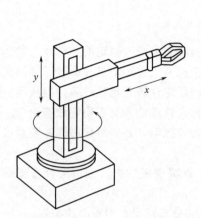

图 5-2　圆柱坐标式机器人的结构形式

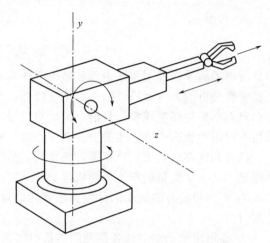

图 5-3　球面坐标式机器人的结构形式

5.3.2　球面坐标式机器人

这种类型的机器人主体结构通常具有三个自由度：绕垂直轴线的回转运动（回转运动）、绕水平轴线的回转运动（俯仰运动）及臂部的伸缩运动。通常把回转及俯仰运动归属于机身。图 5-3 为球面坐标式机器人的结构形式[7]。

5.3.3　关节坐标式机器人

这种类型的机器人主体结构的三个自由度均为回转运动，构成机器人的回转运动、俯仰运动和偏转运动。通常仅把回转运动归结为机身。图 5-4 为关节坐标式机器人的结构形式。

5.3.4　直角坐标式机器人

这种类型的机器人主体结构具有三个自由度且都是直线运动。通常把升降运动或水平移动的自由度归为机身部分。图 5-5 为直角坐标式机器人的结构形式。

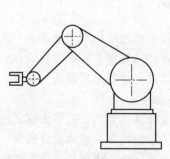

图 5-4　关节坐标式机器人的结构形式

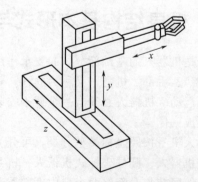

图 5-5　直角坐标式机器人的结构形式

从关节形式、结构刚度、工作空间、占地空间、灵活性、锁紧程度等方面对各类型机身形式做了比较，关节构型中移动关节用 P 表示，回转关节用 R 表示，如表 5-1 所示。

表 5-1　各类型机身形式比较

构型形式	直角坐标式 PPP	关节坐标式 RRR	球面坐标式 RRP	圆柱坐标式 RPP
机构简图				
结构刚度	高	一般	较高	高
工作空间	大	大	大	较大
占地空间	大	小	较大	较大
灵活性	较差	较好	较差	较差
锁紧程度	不易	较易	不易	不易

5.4　臂部结构基本形式与特点

工业机器人的臂部由大臂、小臂（或多臂）组成，一般具有两个自由度，可以是伸缩、回转、俯仰或升降。臂部总重量较大，受力一般较复杂。在运动时，直接承受腕部、手部和工件（或工具）的静、动载荷，尤其在高速运动时，将产生较大的惯性力（或惯性力矩），引起冲击，影响定位的准确性。臂部是工业机器人的主要执行部件，其作用是支承手部和腕部，并改变手部的空间位置。臂部运动部分零件的重量直接影响臂部结构的刚度和强度，工业机器人的臂部一般与控制系统和驱动系统一起安装在机身（即机座）上，机身可以是固定式的，也可以是移动式的。

5.4.1　臂部典型机构

工业机器人的臂部结构一般包括臂部的伸缩、回转、俯仰或升降等运动结构以及与其有关的构件，如传动机构、驱动装置。导向定位装置、支承连接件和位置检测元件等，此外还有与腕部（或手部）连接的有关构件及配管线等[8]。

（1）臂部伸缩结构

当行程小时，采用油（气）缸直接驱动；当行程较大时，可采用油（气）缸驱动齿条传动的倍增机构或步进电机及伺服电机驱动，也可用丝杠螺母或滚珠丝杠传动。为了增加臂部的刚性，防止臂部在伸缩运动时绕轴线转动或产生变形。臂部伸缩机构需设置导向装置，或设计方形、花键等形式的臂杆。

常用的导向装置有单导向杆和双导向杆等，可根据臂部的结构、抓重等因素选取。

图 5-6 所示为采用四根导向柱的臂部伸缩机构。臂部的垂直伸缩运动由油缸 3 驱动，其特点是行程长，抓重大。工件形状不规则时，为了防止产生较大的偏重力矩，可用四根导向柱，这种结构多用于箱体加工线上。

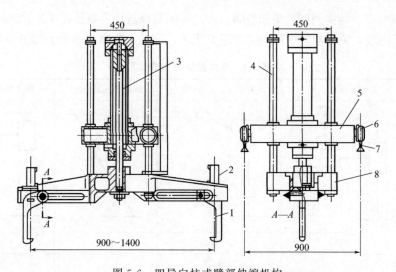

图 5-6　四导向柱式臂部伸缩机构

1—手部；2—夹紧缸；3—油缸；4—导向柱；5—运行架；6—行走车轮；7—轨道；8—支座

臂部伸缩结构实例——自动投本机械臂：

自动投本机械臂包含伸缩臂和升降臂，由驱动部分、传动部分和连接件构成，具有两个自由度来实现伸缩与升降功能。臂部主要承受夹持器、腕部和书芯的静载荷和动载荷，两臂重量在整机中占比较大，受力复杂。臂部产生的惯性力较大，产生的冲击容易引起整机的稳定性，从而影响定位抓取的准确度。臂部起到支承夹持器和腕部的作用，主要实现抓取书芯的位置调节。因此，需要合理设计才能保证整机的稳定性和准确度。

根据自动投本机械臂选用的坐标方式、自由度和受力情况等因素，对臂部的结构设计做出基本要求：结构要紧凑；转动惯量不宜过大；定位要准确；尺寸要满足工作的行程安排；结构布局要合理等。臂部的结构要满足刚度和强度要求，臂部的刚度或强度达不到要求，会出现结构的横向扭转形变和径向的弯曲形变，这将导致整机存在安全隐患，如定位失准、速度不稳定等状况。因此要合理选择升降臂和收缩臂的材料和截面形状。运动要灵活，导向性和平稳性要好，臂部做竖直和水平方向的直线运动，为避免移动过程中发生卡死和相对转动现象，要充分保证臂部的导向性。要从臂部结构的选择、行程、关节距离和载荷情况等因素出发，合理选用导向装置。平稳性也是判断机械臂性能的重要依据，是保证定位精度的前提条件，如采取缓冲装备，减小对结构的冲击力，导轨套长度不宜过短等都是保护机构稳定性的方式。

伸缩臂的主要功能是夹取书芯进行的伸出和回缩，升降臂的主要功能是夹取书芯进行的上升和下降，两臂功能的实现都要满足行程的规定。收缩臂的运动是水平直线运动，采用滚珠丝杠和光轴，由于滚珠丝杠的重量偏大，收缩臂设计成双层结构，由大臂和小臂两部分构成，小臂固定在螺母上，驱动电机和传动杆件都安放在大臂上，以减小小臂伸缩时的偏重力矩，防止单个机械装置形成的负重太大，影响收缩臂的刚度和强度要求。升降臂是竖直直线运动，采用滚珠丝杠结构连接，螺母连接收缩臂，底部安装在旋转基座上。如图 5-7 伸缩臂大臂结构和图 5-8 升降臂的结构所示。

（2）臂部俯仰结构

通常采用摆动油（气）缸驱动、铰链连杆机构传动实现臂部的俯仰，如图 5-9 所示。

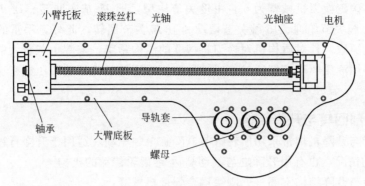

图 5-7　伸缩臂大臂结构

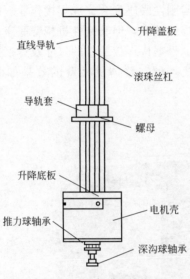

图 5-8　升降臂的结构

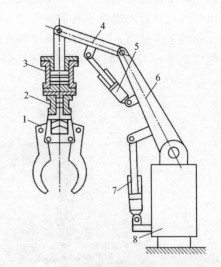

图 5-9　摆动气缸驱动连杆俯仰臂部机构
1—手部；2—夹紧缸；3—升降缸；4—小臂；
5,7—摆动气缸；6—大臂；8—立柱

臂部俯仰结构实例——换刀机械臂：

换刀机械臂整体结构如图 5-10 所示。通过对现有人工进仓换刀方案进行分析，结合盾构机的结构环境，确定换刀机械臂的作业流程：盾构机停机，确定需要更换刀具的具体位置；机械臂带动末端手爪抓取需要更换的磨损刀具；将抓取的刀具带回舱体内；携带新的刀具运动到刀盘相应位置并进行安装；继续下一刀具的更换任务；完成换刀任务后，机械臂缩回舱体内，关闭舱门，刀盘旋转，盾构机继续工作。

通过综合考虑换刀机械臂的作业要求

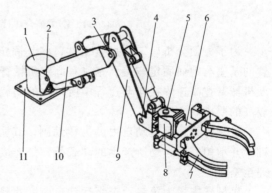

图 5-10　换刀机械臂整体结构
1—关节 J1；2—关节 J2；3—关节 J3；4—关节 J4；
5—关节 J5；6—关节 J6；7—手爪；8—腕；
9—小臂；10—大臂；11—基座

和环境限制，确定换刀机械臂为 6 自由度关节构型，即 J1 基座回转、J2 大臂俯仰、J3 小臂俯仰、J4 腕关节俯仰、J5 腕关节摆动和 J6 腕关节回转，此外，手爪的开合自由度能实现对刀具抓取。针对盾构机对换刀机械臂的结构紧凑、末端负载较大的需求，机械臂各关节均采用液压驱动，即通过直线液压缸、液压马达与摆动液压缸来实现关节的俯仰和摆动。

（3）臂部回转与升降结构

臂部回转与升降机构常采用回转缸与升降缸单独驱动，适用于升降行程短而回转角度小于 360°的情况，也有用升降缸与气动马达-锥齿轮传动的机构[9]。

臂部回转与升降结构实例——刚柔耦合焊接机械臂：

刚柔耦合焊接机械臂整体通过底部四自由度底座形成圆柱坐标系，确保前端柔性关节可到达焊接待定区域，随后再由前端柔性关节与刚性底座配合完成焊接作业。柔性关节在焊接作业过程中确保了其避障性能并保证了焊接精度，但其刚性机械臂底座是完成焊接作业的基本保障，所以对其提出较高的要求。根据待焊接工件的尺寸及焊接要求设计了刚性底座，其运动自由度为 4 的 RPPR 型机械臂，整体机械臂的效果如图 5-11 所示。

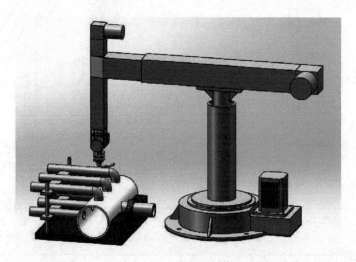

图 5-11　刚柔耦合焊接机械臂总体效果图

为了方便分析确定待焊接工件，将其固定于图 5-11 中的焊接夹具上，并保证机械臂的基座与地面固定连接。基座是固定机械臂的关节组件，承载着机械臂整体的重量以及机械臂在高速焊接作业过程中所产生的动载荷，所以对其润滑以及强度、刚度等有着较高的要求。

机械臂第一级运动自由度为转动副，其实现机械臂绕 Z 轴的转动是后端运动的基础，并承担后面运动所产生的动载荷，是连接基座与机械臂的关键桥梁，将动静载荷传递至基座。

机械臂中段为第二、三级运动自由度的载体，为两个移动副自由度，是实现前端执行器工作半径及高度调节的关键环节，其承载压力小于第一关节，但考虑到第一关节、基座所承受的动静载荷以及提高运动稳定性的需要，这里适当减小此关节的质量以缩小其运动所产生的动载荷和惯性力。

机械臂第四段为腕部关节，实现焊枪的俯仰运动和焊枪角度的大幅度调节，焊接作业小载荷的特点决定了此关节所需承载的静载荷较小，动载荷所占总载荷的比例较大并且波动较为剧烈，此关节需采用强度与刚度都较高的轻质材料；此腕部关节连接柔性关节与刚性机械臂，在臂部与基座配合确定了腕部的位置后，需要根据待焊接工件的焊接轨迹特点确定腕部关节的空间角度，由于末端焊枪直接与两层柔性关节连接，柔性关节的特点为运动灵活，但其运动范围较小，所以这里采用绕 X/Y 轴转动的运动自由度即可以满足工作需要。采用腕部的转动运动，大幅度地调节焊接角度位姿，再由柔性关节精细焊接，实现焊接的自动化、高精度化、高效化。

柔性关节是为实现异径交叉管道焊接作业的关键关节，通过腕部关节确定了整个关节的空间位姿后，需要柔性关节带动焊枪以完成焊接作业。为满足焊接的精度及工作效率等要求，其与传统驱动关节有着较大的区别，特点如下：

① 在焊接作业中，实现焊接轨迹运动的时候需要回避其他管道，避免运动轨迹干涉。

② 焊接作业时可以承担较小的载荷，满足移动的载荷要求。

③ 具有较高的工作重复性，重复定位精度较高。

5.4.2　机器人臂部材料选择

机器人结构的动力学特性是材料选择的出发点。

① 强度高。高强度材料不仅能满足机器人臂的强度条件，而且有望减少臂杆的截面尺寸，减轻重量。

② 弹性模量大。构件刚度与材料的弹性模量 E 有关。弹性模量越大，变形量越小，刚度越大。

③ 重量轻。机器人手臂构件中产生的变形在很大程度上是由惯性力引起的，与构件的质量有关。为了提高构件刚度，应选用弹性模量 E 大且密度 ρ 低的材料。

④ 阻尼大。机器人臂经过运动后，要求能平稳地停下来。可是在终止运动的瞬时构件会产生惯性力和惯性力矩，构件自身又具有弹性，因而会产生残余振动。从提高定位精度和传动平稳性来考虑，应采用大阻尼材料或采取增加构件阻尼的措施来吸收能量。

⑤ 材料经济性。材料价格是机器人成本价格的重要组成部分。

综合而言，应该优先选择强度大而密度小的材料制作臂部。

在对制作机器人的材料选择问题上，设计人员通常主要考虑 3 个方面：使用要求、工艺要求和经济要求[10]。下面对机械臂常用材料进行简单介绍。

① 碳素结构钢和合金结构钢。这类材料强度好，弹性模量 E 大，抗变形能力强，是应用最广泛的材料。

② 铝、铝合金及其他轻合金材料。这类材料重量轻，弹性模量 E 并不大，但是材料密度小，故 E/ρ 之比仍可与钢材相比。稀贵铝合金，例如锂质量百分比为 3.2% 的铝锂合金，弹性模量增加了 14%，E/ρ 比增加了 16%。

③ 纤维增强合金。这种纤维增强金属材料具有非常高的 E/ρ 比，而且没有无机复合材料的缺点，但价格昂贵。

④ 陶瓷。陶瓷材料具有良好的品质，但是脆性大，不易加工成具有长孔的连杆，与金属零件连接的接合部需特殊设计。

⑤ 纤维增强复合材料。这类材料具有极好的 E/ρ 比，而且具有大阻尼的优点，但

存在易老化、蠕变、高温热膨胀以及与金属件连接困难等问题。

⑥ 黏弹性大阻尼材料。增大机器人连杆件的阻尼是改善机器人动态特性的有效方法。目前最适合机器人采用的一种方法是用黏弹性大阻尼材料对原构件进行约束层阻尼处理。原吉林工业大学和西安交通大学进行了黏弹性大阻尼材料在柔性机械臂振动控制中应用的试验，结果表明，机械臂的重复定位精度在阻尼处理前为±0.30mm，处理后为±0.16mm；残余振动时间在阻尼处理前后分别为 0.9s 和 0.5s。

表 5-2 列出了制作机器人时经常要用到的原材料及这些原材料的主要特征。"实用性"是指获得这些原材料的难易程度，虽然一些原材料非常优异，但获得它们却比较困难。"强度等级"某种程度上依赖于实际购买的是何种材料，它们的变化可能会很大。"切割"是指精确地切割这种原材料并且将其边缘平滑化的难易程度。"稳定性"是衡量原材料随时间和温度的改变及其尺寸变化的程度。"振动"是指原材料所能承受机器人振动的能力。

表 5-2 机器人臂部常用材料比较

原材料	实用性	成本	强度等级	切割	稳定性	振动
碳素结构钢和合金结构钢	优	高	优	优	优	优
铝、铝合金及其他轻合金材料	优	中	良	良	良	优
纤维增强合金	良	超高	优	优	优	优
陶瓷	良	中	差	良	优	良
纤维增强复合材料	良	高	良	差	良	优
黏弹性大阻尼材料	优	中	优	优	优	优

5.5 机器人平稳性与臂杆平衡方法

5.5.1 配重平衡

配重平衡机构原理如图 5-12 所示。

图 5-12 中，m 为机器人臂部的质量；l 为机器人臂部质量中心与关节回转中心之间的距离；γ 为力臂与水平面夹角；M 为配重质量；l' 为配重质量中心至关节回转中心的距离。

如果 m 与 M 两个质心与关节回转中心在同一直线上，不平衡力配重平衡力矩

$$C' = Mgl'\cos\gamma$$

则静力平衡条件是

$$C' = C$$

式中，C 为不平衡力矩。即

$$Ml' = ml$$

这种平衡装置结构简单，平衡效果好，易于调整，工作可靠，但增加了机器人臂部的惯量与关节轴的载荷。一般在机器人臂部的不平衡力矩 C 比较小的情况下采用这种平衡机构。图 5-13 为垂直关节机器人臂部配重平衡结构实例[11]。

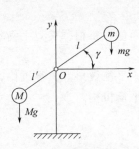

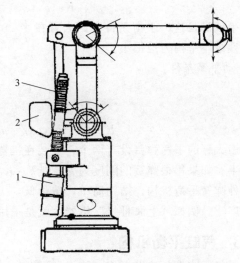

图 5-12 配重平衡机构原理   图 5-13 垂直关节机器人臂部平衡结构

1—电机；2—配重；3—丝杠

5.5.2 弹簧力平衡

弹簧平衡机构及其工作原理如图 5-14 所示。设：K 为弹簧刚度，R 为弹簧自由长度（$R < l' - e$），求臂的不平衡力矩。

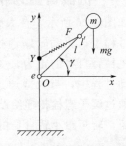

图 5-14 弹簧平衡机构原理图

图 5-14 中，m 为机器人臂部不平衡质量；l' 为弹簧在力臂上安装点至关节轴心 O 的距离；e 为弹簧在关节轴座上方安装点 Y 相对关节轴中心 O 的偏心距离；r 为机器人臂部与水平面的夹角；l 为机器人臂部质量中心至关节轴心 O 的距离。

$$c = C_1 - C_2 \tag{5-1}$$

式中，C_1 为臂的静不平衡力矩：

$$C_1 = mgl\cos\gamma \tag{5-2}$$

C_2 为臂的惯性力矩：

$$C_2 = I\varepsilon \tag{5-3}$$

式中，I 为臂对于关节轴的转动惯量；ε 为臂运动的平均加速度。

弹簧的平衡力矩

$$C' = kl'e\left(1 - \frac{R}{\sqrt{e^2 + l'^2 - 2el'\sin\gamma}}\right)\cos\gamma \tag{5-4}$$

① 静平衡条件。即

$$Kl'e\left(1 - \frac{R}{\sqrt{e^2 + l'^2 - 2el'\sin\gamma}}\right)\cos\gamma = mgl\cos\gamma \tag{5-5}$$

因为 $e \ll l'$，所以，可近似认为

$$\sqrt{e^2 + l'^2 - 2el'\sin\gamma} \approx l' \tag{5-6}$$

这样，静平衡条件式可简化为

$$Ke(l'-R)=mgl \tag{5-7}$$

如果能满足这一平衡条件，则大臂在 $\gamma=0°\sim90°$ 及 $90°\sim180°$ 时，基本上都能保持平衡，残余不平衡力矩很小。

② 动平衡条件：

$$C'=C_1+C_2 \tag{5-8}$$

即

$$Ke(l'-R)\cos\gamma=mgl\cos\gamma+I\varepsilon \tag{5-9}$$

一般大臂的平衡弹簧设有两个，安装在机器人臂的两侧，每根弹簧只平衡不平衡力矩的一半。如果每根弹簧的刚度为 k，则 $k=K/2$。

这种弹簧平衡机构，结构简单，造价低，工作可靠，平衡效果好，易维修，因此应用十分广泛。例如"上海Ⅲ号"机器人就是采用的弹簧平衡机构。

5.5.3　气缸平衡机构

利用气压或液压产生平衡力矩，承载能力强，多用于重载搬运和点焊机器人上，如图 5-15 所示[12]。

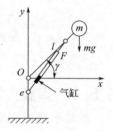

图 5-15　气缸平衡

5.5.4　机械臂重力平衡机构实例

如图 5-16 所示，在大臂和驱动臂座间安装弹簧，在大臂垂直摆动过程中，驱动臂座通过弹簧施加给大臂一个弹性力，从而平衡掉机械臂自身的重力，关节采用凸轮-板簧式结构，小臂相对大臂转动过程中，与大臂通过螺钉装配的板簧发生变形，产生的弹性力通过滚子螺栓传递给凸轮，所述凸轮与小臂固连，板簧的弹性力最终传递给小臂一个转矩，转矩跟小臂自身的重力矩相平衡，实现其重力平衡[13]。

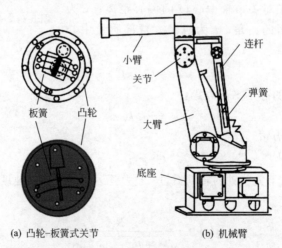

(a) 凸轮-板簧式关节　　　　　　(b) 机械臂

图 5-16　重力平衡机械臂

借助 ADAMS 仿真软件对重力平衡机构设计的合理性进行验证，将 SolidWorks 中建立的三维模型导入 ADAMS 之前，需要对模型进行简化，去除不必要的零部件、倒角、圆角以及孔洞，保留关键分析部件，简化后并导入 ADAMS 中，设定仿真参数，进行动力学仿真分析，并在后处理模块中得到电机输出力矩与时间之间的关系曲线。

5.6 典型臂部机构设计实例

5.6.1 采摘机械臂的结构设计

采摘机械臂在采摘枸杞过程中的任务有 3 个：①机械臂携带梳理式采摘器从预设位置接近枝条采摘位置，使得采摘器凹槽包裹住枝条；②使采摘器沿着枝条方向执行采摘作业；③采摘作业结束后，采摘器下降，使凹槽脱离枝条，机械臂回到预设位置。

在作业过程中，采摘机械臂是从侧面伸入，如同人的臂部作业方式，枸杞树冠近似半球形状，为了避免机械臂本体与枝条碰撞，对枸杞果实和枝条造成伤害，影响后续生长，选用 4 自由度确定位置的方法来实现避障要求。而在采摘器对枸杞进行采摘时，基坐标系和工具坐标系的建立如图 5-17 所示。为使机械臂可以平滑地沿着枝条方向前进，即 x' 与 x 轴同向，需要绕 z 轴旋转的自由度；挂果枝条的生长没有规律，枝条错综复杂，而为了能拉扯到理想空间进行采摘，拉扯的方向具有随机性，因此当 z' 轴与 z 轴不平行时，需要绕 y 轴旋转的自由度来满足轴平行的要求 z' 轴可由 x' 轴与 y' 轴的方向通过右手定则确定；假设枸杞果实在重力的作用下沿着枝条垂直分布，无需绕 x 方向的转动，但因为重力的原因，如果工作面倾斜过大，采摘器采摘后的枸杞会被旋转毛刷带动出来，导致果实掉落。综上所述，枸杞采摘机器人的采摘机械臂需要 4 个自由度来确定位置，需要 2 个自由度调整姿态，并且保证采摘器工作面倾斜在 45° 范围内，如图 5-18 所示。

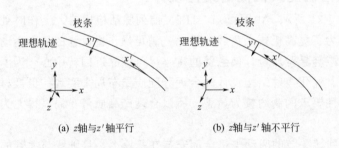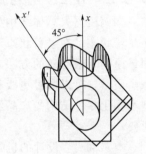

| (a) z 轴与 z' 轴平行 | (b) z 轴与 z' 轴不平行 |

图 5-17 末端姿态要求　　　　　　　图 5-18 采摘器最大倾斜角度

为了能在最少自由度条件下满足上述要求，该实例[14]从模拟人体臂部角度出发，设计采摘机械臂肩部为球关节，具有 3 个自由度；肘部为旋转关节，具有 1 个自由度；腕部为正交关节，具有 2 个自由度。根据已知的所需工作空间和安装位置、自由度分配，采用与夹持机械臂同样的方法来确定机械臂的尺寸，其中肩部 3 个关节轴线相交点距离肘关节轴线距离为 837.5mm，肘关节轴线与腕部正交关节轴线垂直，公垂线为 620mm，为了获得较大的关节范围，偏距为 102mm，腕点到采摘机工作点距离为 200mm。图 5-19 是采摘机械臂的结构示意图。

双机械臂总体参数如表 5-3 所示。图 5-20 为双机械臂在载体小车安装的结构示意图。

图 5-19 采摘机械臂结构示意图

表 5-3　双机械臂的结构参数

机械臂	自由度	大臂长度/mm	小臂长度/mm	小臂轴线到夹持 作用点距离/mm	质量/kg
夹持机械臂	4	697	570	320	20.06
采摘机械臂	6	837.5	620	150	28.76

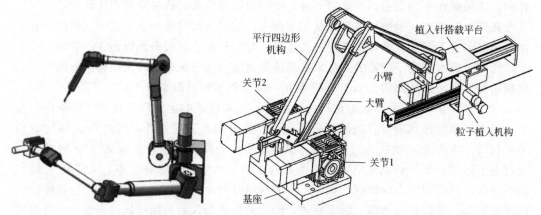

图 5-20　采摘机器人双机械臂结构　　　图 5-21　1P2R 前列腺活检机器人结构

5.6.2　1P2R 前列腺活检机器人机械臂结构设计

本例机器人总体结构如图 5-21 所示，由图可知，1P2R 前列腺活检机器人工作时处于悬臂状态。在悬臂状态下，为了提高机器人负载自重比，满足操作机设计的最小运动惯量原则，最有效的方法就是减轻悬臂质量，使悬臂的重心尽可能靠近回转中心。为了减少质量，可以通过更换材料、优化零件结构设计和合理分配质量布局来实现。更换材料和优化零件结构受产品经济性要求的制约较为显著，所以合理产品质量布局显得尤为重要。

本实例[15] 设计的机器人回转关节的驱动电机全部安装在基座上，且轴线与大臂的回转轴线重合。通过平行四边形机构将小臂驱动电机的动力及运动传递给小臂以实现对小臂的驱动。这种并联布局将小臂关节驱动电机的质量转移到基座上，降低了悬臂的质量，减小了绕大臂驱动关节的转动惯量，提高了机器人的响应快速性和负载自重比。这种并联驱动方式较串联驱动方式的另一优点是从结构上实现了大、小臂的运动解耦，降低了机器人运动学分析和控制难度。

在前列腺活检过程中，活检针安装在机器人的活检针平台上。为了实现在穿刺过程中活检针轴线始终水平，利用平行四边形机构的运动特性，将两组平行四边形机构串联，其中一组的一条边与机座连接，另一组的一条边与活检针平台连接，两组平行四边形连接的公共轴轴线与大、小臂的连接关节轴线重合。为了避免悬臂重力矩对机器人的性能产生影响，有必要进行悬臂式结构的力矩平衡问题研究。

由于在悬臂式前列腺粒子植入机器人工作时，植入针搭载平台始终保持水平，依靠大臂与小臂的联动来到达预期目标位姿，所以机器人总体重心总是随着大臂与小臂的摆动而移动。

在对小臂进行自重平衡分析时，大臂为固定状态，即小臂相当于绕固定铰链运动，如图 5-22 所示。为便于分析，忽略小臂连杆和小臂曲柄的质量。

小臂重力矩为：
$$T_1 = G_1 L_1 \cos\theta_1 \qquad (5-10)$$

式中，G_1 为小臂重力；L_1 为小臂质心到大小臂连接关节处距离；θ_1 为小臂曲柄与水平方向夹角。

采用十字交叉双弹簧平衡机构来实现小臂重力矩的平衡，十字交叉双弹簧平衡机构对小臂产生的平衡力力矩为：

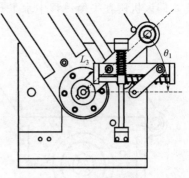

图 5-22 小臂平衡机构

$$T_P = K_1 \phi_1 L_3 \sin\theta_1 + K_2 \phi_2 L_3 \cos\theta_1 \qquad (5-11)$$

式中，L_3 为平衡力作用点到小臂曲柄回转中心的距离；K_1 和 K_2 分别为小臂水平和竖直弹簧刚度系数；$\phi_1 = \Delta L_- + L_3(1-\cos\theta_1)$，$\phi_2 = \Delta L_\perp + L_3 \sin\theta_1$，$\Delta L_-$ 为水平弹簧 $\theta = 0°$ 时初始变量，$\Delta L_\perp$ 为竖直弹簧 $\theta = 0°$ 时初始变量。

令式(5-10) 和式(5-11) 相等得到：
$$G_1 L_1 = K_1 \phi_1 L_3 \tan\theta_1 + K_2 \phi_2 L_3 \qquad (5-12)$$

令 $K_1 = K_2 = K_3$，则式(5-12) 为
$$G_1 L_1 = K_3 \Delta L_- L_3 \tan\theta_1 + K_3 L_3^2 \tan\theta_1 + K_3 \Delta L_\perp L_3 \qquad (5-13)$$

令 $\Delta L_- = -L_3$ 得：
$$G_1 L_1 / L_3 = K_3 \Delta L_\perp \qquad (5-14)$$

由以上推论可知，若要小臂平衡力矩与角度变量无关，则需要满足以下三个条件：

① 两根弹簧的刚度系数要相同；

② 竖直弹簧安装时的预紧力为 $G_1 L_1 / L_3$，其对小臂回转中心的力矩与小臂重力矩等大反向；

③ 水平弹簧安装时的初始变量为 ΔL_- 且满足 $\Delta L_- = -L_3$。

因此，通过选择弹簧刚度系数相同的弹簧；保证竖直弹簧安装时的预紧力为 $G_1 L_1 / L_3$，且预紧力对小臂回转中心的力矩与小臂重力矩等大反向；此外水平弹簧安装时的初始变量为 ΔL_- 且其满足 $\Delta L_- = -L_3$。满足上述三个条件则小臂平衡力矩与角度变量无关，十字交叉双弹簧机构可以实现小臂重力矩的完全平衡。

（1）大臂重力矩平衡结构分析

小臂已通过十字交叉双弹簧平衡机构实现了绕关节 2（见图 5-21）的重力矩平衡，则大臂的重力矩分析如图 5-23 所示，其悬臂重力矩为：
$$T = GL \cos\theta \qquad (5-15)$$

式中，G 为大臂与小臂重力和；L 为悬臂总质心到关节 1 轴线距离；θ 为大臂与水平方向的夹角。

由式(5-15) 可知，如果要平衡该力矩，需要输入一个按余弦规律变化的反向力矩。如果采用配重平衡法，若配重物重量不变，则配重的作用点到大臂回转关节 1 轴线的距离需要根据大臂转角的变化，精确地以余切规律跟随，显然这种可移动配重方式不可取。本例设计了一种单弹簧平衡机构，如图 5-24 所示。这种平衡机构将弹力的大小与弹簧形变量成正比的特点与余弦输出机构相结合，实现平衡力以大臂转角的余弦规律变

化，即该机构在平衡过程中水平布置的弹簧形变规律为余弦，其平衡力表达式为：

$$F = KL_2\cos\theta \tag{5-16}$$

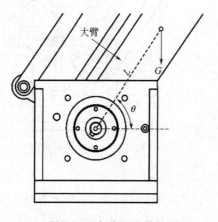

图 5-23 大臂配重平衡

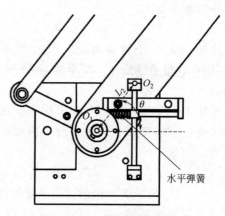

图 5-24 水平单弹簧平衡机构

式中，K 为弹簧刚度系数；L_2 为平衡力在大臂上作用点到关节 1 轴线的距离。

由于其力臂为 $L_2\sin\theta$，则该弹簧产生的平衡力矩为：

$$T = KL_2^2\sin\theta\cos\theta \tag{5-17}$$

令式（5-15）和式（5-17）相等，则

$$KL_2^2\sin\theta = GL \tag{5-18}$$

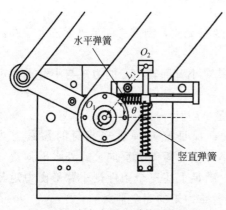

图 5-25 十字交叉双弹簧平衡机构

由式（5-18）可知，该方法只是改变了函数变化规律，没有消除平衡中的变量，但在对该平衡机构进行运动分析时发现，滑块与导轨长度方向上任意点的距离变化规律为 $L_2(1-\sin\theta)$，从而可引入一个函数值与式（5-18）互为相反数的正弦函数，故在导轨断面与滑块之间增加一根刚度系数与水平弹簧相同的平衡弹簧，如图 5-25 所示。本例设计的十字交叉双弹簧平衡机构为两根弹簧安装在一套十字滑块机构内，弹簧的一端与机架相连，另一端与十字滑块相连，且其中心线与导轨的中心线重合。增加弹簧后其平衡方程为：

$$GL\cos\theta = KL_2^2\sin\theta\cos\theta + KL_2^2(1-\sin\theta)\cos\theta \tag{5-19}$$

展开式（5-19）后可得：

$$KL_2^2 = GL \tag{5-20}$$

由式（5-20）可知，此十字交叉双弹簧平衡机构可以消除角度变量，实现大臂重力矩的平衡，只需要选择合适刚度的弹簧即可。

（2）悬臂式前列腺粒子植入机器人重力矩平衡仿真

1）小臂重力矩平衡仿真

将大臂竖直固定在机架上、小臂轴线初始位置与大臂轴线夹角为 33° 时的位姿作为小臂平衡时的初始位置。电机运动规律设定为 $y = 30\sin(\pi x - \pi/2) + 30$。运动零部件总

重力为 $G_1=16.15\text{N}$，$L_1=144.58\text{mm}$，$L_3=40\text{mm}$。在上述条件下电机输出转矩曲线如图 5-26 所示。引入十字交叉双弹簧平衡机构后电机输出转矩曲线如图 5-27 所示，其平衡弹簧参数为 $K_3=1.2\text{N/mm}$，水平弹簧初始形变量 $\Delta L_-=40\text{mm}$。竖直弹簧初始形变量为 $\Delta L_{\perp}=40\text{mm}$。由图 5-26、图 5-27 可知引入十字交叉双弹簧平衡机构后电机输出转矩峰值降低了 78.48%。

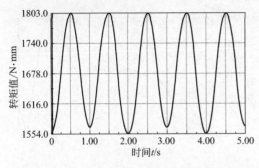

图 5-26　无平衡机构时小臂驱动电机输出转矩　　图 5-27　有平衡机构时小臂驱动电机输出转矩

2）大臂重力矩平衡仿真

将小臂的重力等效到大小臂联合的关节处，仿真参数为 $G=52.11\text{N}$，$L=166\text{mm}$，$\theta\in(\pi/6, \pi/2)$，$L_2=90\text{mm}$。将参数代入式（5-20）得到弹簧刚度为 $K\approx1.04\text{N/mm}$。在 SolidWorks/Motion 中输入相应参数并设定大臂运动规律，进行 Motion 分析，分析结果如图 5-28、图 5-29 所示。

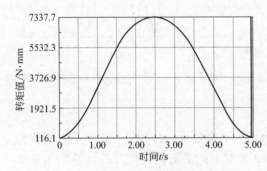

图 5-28　无平衡机构时大臂驱动电机输出转矩　　图 5-29　有平衡机构时大臂驱动电机输出转矩

采用十字交叉双弹簧平衡机构后，极大地减小了悬臂自重对电机输出力矩的影响，平衡后的最大输出转矩约为平衡前的 5.7%，而平衡后的输出转矩幅值波动仅为平衡前的 0.8%。

3）机器人联动重力矩平衡仿真

机器人联动时，大臂初始位置参数为：初始位置为长度方向与水平方向垂直，顺时针为正方向，平衡弹簧均无初始形变量，即 $\Delta L=0$，$K=4N/mm$，$L=40\text{mm}$。小臂初始位置参数为：小臂轴线初始位置与大臂轴线夹角为 33°，逆时针为正方向，$\Delta L_-=40\text{mm}$，$\Delta L_{\perp}=40\text{mm}$，$K_1=K_2=1.2N/mm$，$L_1=40\text{mm}$。

由平衡前后电机输出转矩仿真结果可看出大臂平衡后电机输出转矩峰值（图 5-30）为平衡前输出转矩峰值（图 5-31）的 20%，小臂平衡后电机输出转矩峰值（图 5-32）为平衡前输出转矩峰值（图 5-33）的 26%，十字交叉双弹簧平衡机构对悬臂重力矩平衡效果显著。但是由图 5-30 和图 5-32 可知,联动时大、小臂各自的运动会互相产生附加作用。小臂运动对大臂驱动电机会产生附加力矩,附加力矩与小臂自重是否平衡无关。小臂运动过程中,大臂附加力矩与小臂的运动规律有关,小臂加速度越大、大臂关节产生的附加力矩越大,反之亦然。因此十字交叉双弹簧平衡机构只对悬臂重力产生的负载起作用,而对由于运动零部件运动时自身运动惯量产生的动载荷无平衡效果。

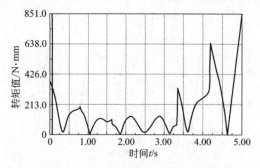

图 5-30　联动有平衡机构时大臂驱动电机输出转矩

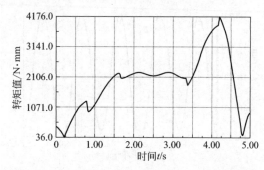

图 5-31　联动无平衡机构时大臂驱动电机输出转矩

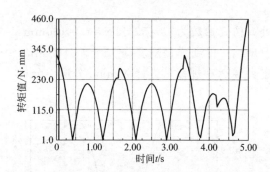

图 5-32　联动有平衡机构时小臂驱动电机输出转矩

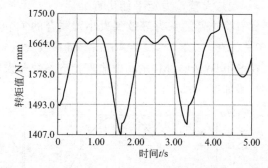

图 5-33　联动无平衡机构时小臂驱动电机输出转矩

(3) 负载平衡实验

为了验证十字交叉双弹簧机构对悬臂重力矩的平衡效果,分别进行了末端水平负载 1kg、竖直负载 1kg 和水平竖直复合负载各 1kg 情况下的平衡试验。图 5-34 所示为悬臂式前列腺粒子植入机器人试验系统。试验结果如图 5-35～图 5-37 所示。

图 5-34　悬臂式前列腺粒子植入机器人试验系统

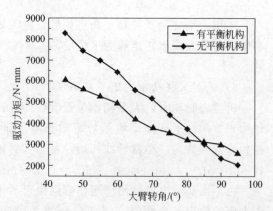

图 5-35　竖直负载 1kg 时大臂转角与驱动力矩的关系

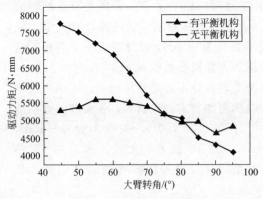

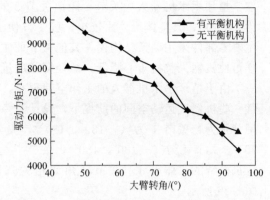

图 5-36　水平负载 1kg 时大臂转角与驱动力矩的关系　　图 5-37　复合负载时大臂转角与驱动力矩的关系

由试验结果可知，十字交叉双弹簧平衡机构使得大臂从 45°运动到 90°这个过程中所需力矩均降低了 2000N·mm 左右，最多甚至降低了接近 3000N·mm，所加力矩幅值波动也大大减小。其中，加载力矩的降低说明关节力平衡系统平衡了悬臂的重力矩，幅值波动的减小说明关节力平衡系统提高了整体结构的稳定性，所以设计的关节力平衡系统达到了目的。

5.6.3　六自由度植牙手术机器人机械臂结构设计

本例[16]将植牙手术机器人分为机械臂和末端钻孔系统两大部分，整个机械臂具有 5 个自由度，都是转动关节，主要组成包括底座、驱动臂座、大臂、中臂、小臂、夹具、伺服电机、谐波减速机，如图 5-38 所示。其中关节 1 由驱动臂座和底座连接而成，关节 2 是由大臂和驱动臂座配合连接，关节 3 由中臂和大臂配合连接，关节 4 由小臂和中臂配合连接，关节 5 由夹具和小臂配合连接，在每个关节处均安装有伺服电机和谐波减速机，关节内部主要设置有关节轴承和关节轴等零部件。

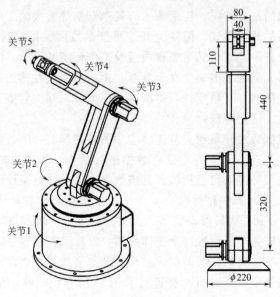

图 5-38　机械臂的基本结构图

植牙手术机器人中关节 2 距离关节 3 的距离为 330mm，关节 3 距离关节 5 的距离为 440mm，其整体尺寸比较小，可以方便机器人更好地移动换位。另外，除关节 1 处主要零部件采用碳素结构钢，其他关节处主要零部件采用 6061 铝材经机加工获得，这样可使机器人整机重心降低，减轻臂部质量，机器人整机质量在 62kg 左右。

由于植牙手术机器人的工作空间很小，各关节转角并不需要整周运动，本例中在牺牲一些机器人运动空间的前提下，设计了一种结构更加紧凑的机器人，各关节的运动范围分别为：关节 1 为（-180°，180°），关节 2 为（-180°，0°），关节 3 为（-180°，45°），关节 4 为（-180°，180°），关节 5 为（0°，180°），关节 6 为（-45°，45°）。结合机械臂的主体尺寸、关节转角和相关几何关系，可以得到机械臂的运动空间，如图 5-39 所示。

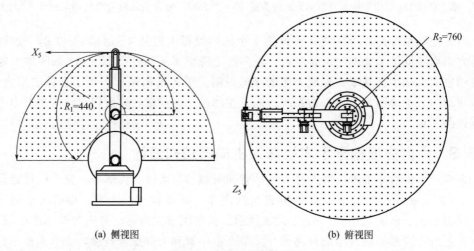

(a) 侧视图   (b) 俯视图

图 5-39　机械臂工作空间

5.6.4　一种凿岩机器人机械臂结构设计

现阶段，在我国的高速铁路、桥梁施工、隧道开凿等重大施工项目中，凿岩机器人钻爆法施工是最主要的开凿方式。但隧道开挖难度系数大、耗时耗资多、作业条件差，传统的爆破法作业设备已经难以满足工程质量及工作环境的要求。因此，提高钻爆法的施工效率和凿岩机器人的施工准确度尤为重要。凿岩机器人在施工过程中对机械臂末端位置姿态的确定直接影响施工精度，获得准确的机械臂末端位置姿态信息可以改善作业环境、降低凿岩成本、优化爆破效果。

凿岩机器人的机械臂由一系列关节连接起来的连杆构成，通过机械臂上各个关节发生姿态变化进行运动，对各关节姿态变化数据进行采集，获得机械臂末端位置姿态信息。基于中铁集团某型号凿岩台车机械臂完成数据采集总体方案设计，凿岩机器人机械臂机械结构如图 5-40 所示。机械臂共有 8 个关节，包括 6 个旋转子关节和 2 个移动子关节。6 个旋转关节分别是大臂摆动关节、大臂俯仰关节、后推进梁俯仰关节、推进梁摆动关节、推进梁旋转关节、前推进梁俯仰关节，2 个移动关节分别是大臂伸缩关节和推进梁伸缩关节。在机械臂的各个关节位置均安装一套数据采集单元，对关节姿态变化数据进行采集，根据采集数据对机械臂进行 D-H 运动方程求解，获得机械臂末端位置相对于根部位置的姿态信息[17]。

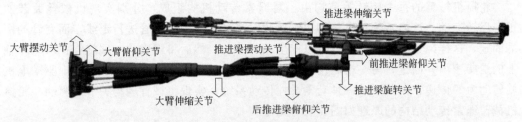

图 5-40　凿岩机器人机械臂机械结构图

5.6.5　助老助残轮椅用绳传动机械臂结构设计

基于绳（绳索）传动的轮椅机械臂是由 3 个运动关节组成的多自由度机械手[18]，机械臂的结构形式属于串联开链式机构，其中第一个关节是由直线导轨和滑块组成的上、下移动关节。该基于绳索传动的机械臂和轮椅移动平台结合的轮椅机械手整体结构模型如图 5-41 所示。由图可知，轮椅机械臂由 1 个前轮驱动的电动轮椅移动平台和 1 个多关节机械臂组装而成。机械臂安装在轮椅移动平台左侧驱动轮的正上方，由 1 个上下移动关节、2 个水平转动关节和 1 个具有夹持功能的末端效应器组成。该轮椅机械臂使用直线导轨式上、下移动关节替代机械臂中的俯仰转动关节的结构形式，主要是考虑到该轮椅机械臂部的关节采用软绳传递电机动力的驱动形式来达到驱动运动的效果，从而使驱动电机与机械臂的臂体分离，而上、下俯仰转动关节必定会使传动绳索因臂体重力而长期处于受拉力的状态，导致传动软绳受力的一侧随时存在被拉断的危险，从而会降低绳驱动机械臂结构的可靠性和应用的稳定性。

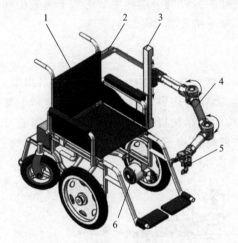

图 5-41　绳传动轮椅机械臂的结构模型
1—电动轮椅移动平台；2—机械臂绳传动机构；
3—直线导轨；4—轮椅机械臂；5—机械臂末端效应器；
6—轮椅的驱动电机

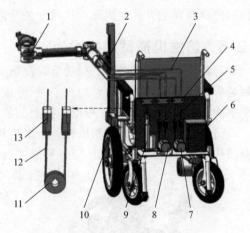

图 5-42　机械臂关节的绳驱动原理
1—从动螺旋绳轮；2—滑块；3—中空的走绳软套管；
4—套管固定结构；5—旋转关节的传动钢丝软绳；
6—机械臂控制箱；7—第 1 个旋转关节的驱动电机；
8—第 2 个旋转关节的驱动电机；9—直流电动伸缩杆；
10—移动关节驱动电机；11—主动同步带轮；
12—同步带；13—带绳连接装置

在旋转关节上的绳索传动机构中，轮椅机械臂的传动方式为由固定的中空套管和可与套管产生相对运动的内部钢丝软绳组成的套索式柔性传动方式。该传动方式能够实现远距离传输动力，并且具有传动效率高、柔顺、灵活以及不需要其他中间机构等特点。

轮椅机械臂的每个旋转关节均由一对绳索传动机构组成，分别实现机械臂关节的正、反转运动。该绳索传动机构利用钢丝软绳穿过柔性中空套管进行走线，而套管的两端固定，这样绳索与套管之间就可以产生相对运动，然后将绳索的一端旋绕在从动轮轴上的螺旋槽内并固定，另一端利用连接装置与主动轮的同步带连接，进而实现驱动电机旋转动力的传递，由此形成一种套索柔性传动系统，实现机械臂运动关节的驱动。轮椅机械臂绳索传动结构的原理如图 5-42 所示。

轮椅机械臂中绳索传动机构的主动轮是同步带轮，从动轮是机械臂旋转关节的螺旋绳轮，并且螺旋绳轮与机械臂的臂体是一体式结构。同步带轮利用键槽与驱动电机相连，同步带固定在带轮上，并且两端通过带绳连接装置分别与一对钢丝软绳对称连接，钢丝软绳再穿过中空软套管完成走线。然后分别反方向旋绕在机械臂关节的螺旋绳轮两端的螺旋槽内，而走线的软套管两端分别由套管固定结构固定，套管的其他中间位置则不需要涉及过多的固定。带绳连接结构除了具有连接同步带和传动绳索的作用之外，还起到对绳索预紧的作用，使传动绳索一直保持张紧状态来保证传动精度，螺旋绳轮上的螺旋槽的作用是保证传动软绳的运动方向和传动精度。

当机械臂关节的驱动电机带动同步带轮向一个方向转动时，同步带由带绳连接结构带动钢丝软绳在套管内移动，从而牵动机械臂关节处的从动螺旋绳轮朝着相应的方向旋转。当驱动电机向另一个方向转动时，从动螺旋绳轮向相反方向旋转，最终达到驱动机械臂关节转动的目的。基于绳传动轮椅机械臂的每个关节均由一个驱动电机单独驱动，直线导轨的结构和该机械臂移动关节的负载特性使得轮椅机械臂移动关节处的驱动电机安装在直线导轨的最底端进行直接驱动，而机械臂的另外两个旋转关节均基于绳索传动结构的分离驱动的方式，因此，这两个关节的驱动电机安装在轮椅的后面。

5.6.6 仿生机械臂结构设计

臂部自由运动由肩关节、肘关节以及腕关节三种运动组合而成，共有 7 个自由度，分别是肩关节、肘关节和手掌的三个屈/伸运动，上臂与前臂的两个内外旋运动和上臂与手掌的两个内/外展运动。根据人体上肢各个功能、结构以及自由度和运动范围的分析，将仿生机械臂分解为臂膀机构、上臂机构和前臂机构三个部分，分别对肩膀机构、上臂结构和前臂结构进行设计[19]。整体结构如图 5-43 所示。

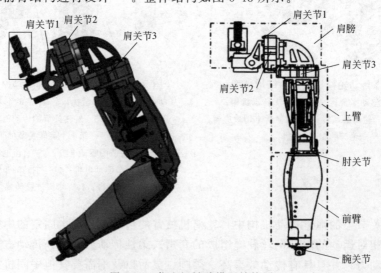

图 5-43　仿生机械臂模型结构图

（1）肩膀机构

肩膀机构设计主要考虑结构性的合理，由于肩膀处各关节均要承受整个机械臂的自重和工作时的力，所需驱动力矩较大。为避免结构尺寸不至于过大，臂膀处三个关节分别用三个舵机来控制传动机构，通过传动机构可将传动力矩增大，降低了对驱动力矩的要求，可选用功率较小的舵机。图 5-43 中，肩关节 1 处是由与舵机输出轴同轴连接的梯形杠，与机器人上身固定的螺母构成螺旋配合，当舵机旋转时带动整个机械臂绕关节 1 旋转做屈/伸运动；肩关节 2 是由舵机带动的单线蜗杆与斜齿轮配合，使得机械臂绕肩关节 2 齿轮轴线做肩关节内收/外展运动；肩关节 3 同肩关节 2 结构类似，也是由舵机带动单线螺杆与斜齿轮配合，肩关节 2 与肩关节 3 垂直，带动整个上臂与前臂一起运动，绕着配合的斜齿轮轴线最大可旋转 180°，主要做肩关节内外旋运动。采用蜗杆与斜齿轮配合不仅结构紧凑，传动比大，自润滑效果好，而且比蜗轮的制作方法更为简单，还具有自锁功能。

（2）上臂结构

上臂结构的设计中主要是肘关节的设计，为了满足肘关节处结构紧凑，而又便于旋转，动作灵活，本实例将肘关节处分为两部分来设计。首先，驱动力由舵机提供，经过连接在舵机盘上的螺旋装置可将力矩增大，而固定在上臂上的螺母块通过转动带动上臂上连接的小齿轮转动，从而使得固定在前臂上的齿轮同前臂一起转动，完成肘关节屈/伸运动。

（3）前臂结构

前臂结构的设计包括腕关节的设计和机械手驱动舵机的舵机床部分，舵机带动的小齿轮与跟手腕连接起来的大齿轮相啮合，实现了腕关节内/外旋运动；考虑结构与人体臂部的相似度，前臂结构设计了曲面外壳，为节省空间和便于安装，将外壳分为六部分，其中靠近肘关节部分比较粗，内部装有舵机和舵机床，将外壳分为四块，可随时取下进行舵机调试，靠近手腕部分因为要安装手腕驱动舵机，且结构复杂，尺寸较小，为避免安装不当造成齿轮啮合精度问题，故均采用整体安装，安装时用螺栓连接。

本实例以人体臂部为仿生对象，设计了一种具有自锁保护功能的五自由度仿生机械臂，机器人主要采用蜗杆与齿轮机构相结合来实现其运动，从结构仿生、材料仿生以及控制仿生等方面进行仿生设计。在现有条件下，能更好地实现机械臂功能。

5.6.7 移栽机机械臂结构设计

本实例[20] 设计的移栽机机械臂结构简单，主要包含四个运动部分：1 个旋转副和 3 个移动副，如图 5-44 所示。关节 1 通过旋转副与基座相连，从而实现取苗后通过旋转整个机械臂将钵苗投放到接苗器中，安装于基座上伺服电机 1 作为动力来源；关节 4 与关节 2 通过伺服电机 3 驱动滚珠丝杠，进而使关节 2 和关节 4 产生相对移动，为移动副，其中伺服电机 3 安装于关节 2 上端；关节 6 与关节 4 以水平移动副相连，亦采用伺服电机 5 驱动滚珠丝杠，进而实现关节 6 与关节 4 的相对水平移动，其

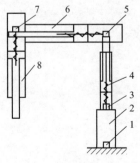

图 5-44 机械臂结构原理图
1,3,5,7—伺服电机；2,4,6,8—关节

中伺服电机 5 安装于关节 4 上端；关节 8 与关节 6 以竖直移动副相连，亦采用伺服电机 7 驱动滚珠丝杠，进而实现关节 8 相对关节 6 的竖直移动，其中伺服电机 7 安装于连杆最左端。

参考文献

[1] 闻邦椿.机械设计手册（工业机器人与数控技术　第 5 版单行本）[M].北京：机械工业出版社，2015.

[2] 李慧，马正先，逄波.工业机器人及零部件结构设计 [M].北京：化学工业出版社，2017.

[3] 张铁，谢存禧.机器人学 [M].广州：华南理工大学出版社，2001.

[4] 赵婧，魏彬，魏悦川.机器人及安全技术 [M].西安：西安电子科技大学出版社，2016.

[5] 芮延年.机器人技术及其应用 [M].北京：化学工业出版社，2008.

[6] 曹胜男，朱冬，祖国建.工业机器人设计与实例详解 [M].北京：化学工业出版社，2019.

[7] 吴振彪，王正家.工业机器人 [M].第 2 版.武汉：华中科技大学出版社，2006.

[8] 孟庆鑫，王晓东.机器人技术基础 [M].哈尔滨：哈尔滨工业大学出版社，2006.

[9] 马文倩，晁林.机器人设计与制作 [M].北京：北京理工大学出版社，2016.

[10] 权晨，于孝洋.浅谈机器人制作材料的选择 [J].机械，2009，36（6）：60-62.

[11] 张龙，张庆，祖莉，等.空间机构学与机器人设计方法 [M].南京：东南大学出版社，2018.

[12] 姜金刚，李斌，张永德，等.悬臂式前列腺粒子植入机器人重力矩平衡分析及实验研究 [J].电机与控制学报，2016，20（12）：109-116.

[13] 刘会英，李微微，柴培林，等.机械臂重力平衡机构的设计与实验研究 [J].机械设计与制造，2019（11）：44-46.

[14] 刘小宽，李斌，常健，等.枸杞采摘机器人双机械臂结构设计与分析 [J].高技术通讯，2019，29（2）：175-182.

[15] 王晓飞.1P2R 前列腺活检机器人结构设计及仿真 [D].哈尔滨：哈尔滨理工大学，2014.

[16] 王晓东.六自由度植牙手术机器人设计及性能分析 [D].天津：河北工业大学，2017.

[17] 王文博，徐巧玉，王军委，等.一种凿岩机器人机械臂位姿数据采集方案设计 [J].河南科技大学学报（自然科学版），2020，41（4）：13-18.

[18] 王旭，陈乃建，王超，等.助老助残轮椅用绳传动机械臂结构设计 [J].济南大学学报（自然科学版），2020，34（3）：300-305.

[19] 洪梓榕.仿生机械臂的结构设计分析 [J].兰州石化职业技术学院学报，2017，17（4）：1-4.

[20] 宋琦，王卫兵，喻俊志，等.移栽机械臂的设计及仿真研究 [J].中国农机化学报，2020，41（5）：12-16.

机器人腕部机构

工业机器人的手腕是用来调整作业工具姿态、决定作业灵活性的关键部件，其结构将直接影响产品性能和使用维修。本章将从腕部的概念，腕部自由度与分类，腕部典型结构，柔顺手腕机构设计，机器人末端执行器快换装置，典型腕部机构设计实例等方面全面讲解机器人腕部机构。

6.1 腕部的概念

机器人腕部是连接机器手臂和手部的结构部件，它的主要作用是确定手部的作业方向，具有独立的自由度。确定作业的方向有 3 个自由度，由 3 个回转关节组合而成。通过分析人体手腕的组织结构和运动特性发现，人体手腕具有明显的并联特点，并联机构相比较串联机构具有结构紧凑、承载能力大等优点，可弥补串联机构的缺陷，被广泛应用于机器人的腕关节、肩关节、髋关节以及踝关节康复医疗机器人。柔顺手腕是现在及未来的一个重要的研发方向，它是一种由多个运动传递元件串接而成、各元件之间可以相对转动、且能模仿人的手腕动作以使机器人手部在一定的空间区域内实现任意姿态和位置的空间定向机构；与其他类型的机器人手腕相比，它具有活动范围大、结构紧凑、自身重量轻和对作业环境的适应能力强等许多优点，因而在机器人本体结构设计中得到了广泛的采用。但是柔顺手腕同时具有结构复杂，有些起关键作用的零件加工难度较大的弊端。图 6-1（a）、（b）为串联手腕机构，（c）、（d）为并联手腕机构。

工业机器人的手腕是用来调整作业工具姿态、决定作业灵活性的关键部件，其结构将直接影响产品性能和使用维修。现代工业机器人大都采用交流伺服电机驱动，电机的转速高、输出转矩小，而手腕的回转、摆动运动需要低速、大转矩输出，因此，传动系统必须有大比例的 RV 减速器或谐波减速器进行减速[1]。部件型谐波减速器是目前使用最广泛的减速装置，这种减速器采用的是刚轮、柔轮、谐波发生器分离型结构，因此，无论是生产厂家的产品制造，还是机器人使用厂家维修时，都需要进行谐波减速器和传动零件的分离和安装，其装配调试的要求非常高。特别是在机器人维修时，同样需要分解谐波减速器及传动部件，并予以重新装配，这不仅增加了维修难度，而且传动部件的反复装拆也将导致传动精度的下降，并影响部件的使用寿命。

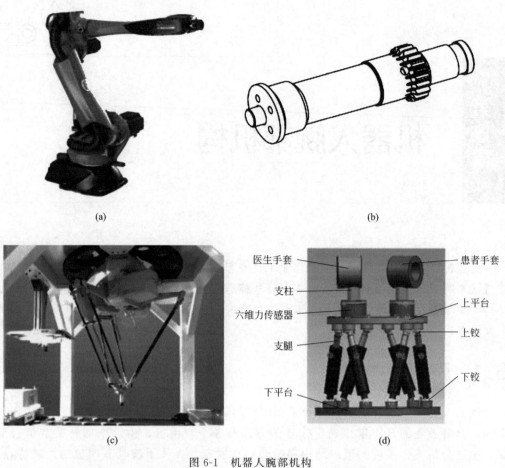

(a)

(b)

(c)

(d)

医生手套　患者手套

支柱　上平台

六维力传感器　上铰

支腿

下平台　下铰

图 6-1　机器人腕部机构

6.2　腕部自由度与分类

6.2.1　腕部的自由度

经典工业机器人一般需要 6 个自由度才能使手部达到目标位置并处于期望的姿态。为了使手部能处于空间任意方向，要求腕部能实现对空间三个坐标轴 x、y、z 的转动，即具有翻转、俯仰和偏转 3 个自由度，如图 6-2 所示。

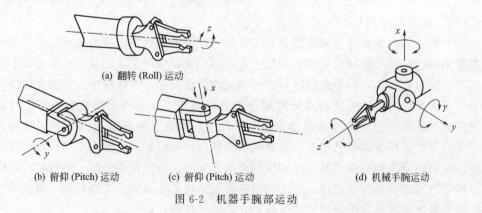

(a) 翻转 (Roll) 运动

(b) 俯仰 (Pitch) 运动　　(c) 俯仰 (Pitch) 运动　　(d) 机械手腕运动

图 6-2　机器手腕部运动

手腕的运动方式没有平移运动只有回转运动，通常也把手腕的翻转叫做 Roll，用 R 表示；把手腕的俯仰叫做 Pitch，用 P 表示；把手腕的偏转叫 Yaw，用 Y 表示。

6.2.2 腕部的分类

（1）以自由度数目分类

机器人腕部按自由度数目可分为单自由度手腕、二自由度手腕和三自由度手腕。

1）单自由度手腕

单自由度手腕是指只包含翻转、俯仰、偏转其中一种运动关节的手腕。

图 6-3（a）是一种翻转（Roll）关节，它把手臂纵轴线和手腕关节轴线构成共轴形式；这种 R 关节旋转角度大，可达到 360°以上。图 6-3（b）、（c）是一种折曲（Bend）关节（简称 B 关节），关节轴线与前后两个连接件的轴线相垂直；这种 B 关节因为受到结构上的干涉，旋转角度小，大大限制了方向角。图 6-3(d) 所示为移动关节。

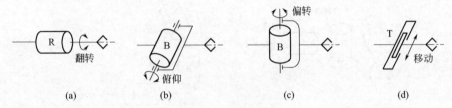

图 6-3　翻转关节

这里要注意 RBR 手腕和 RPY 运动的区别，RBR 手腕指的是翻转加折曲加偏转的手腕组合方式；RPY 运动指的是手腕可以实现翻转加俯仰加偏转的运动。

2）二自由度手腕

二自由度手腕可以由一个 R 关节和一个 B 关节组成 BR 手腕 ［见图 6-4（a）］，也可以由两个 B 关节组成 BB 手腕 ［见图 6-4（b）］。但是，不能由两个 R 关节组成 RR 手腕，因为两个 R 共轴线，所以退化了一个自由度，实际只构成了单自由度手腕，见图 6-4(c)。

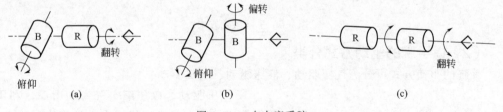

图 6-4　二自由度手腕

3）三自由度或多自由度手腕

三自由度手腕主要由 B 关节和 R 关节组成许多种运动形式。

① 两种运动形式：

RPR 运动手腕。只有俯仰翻转运动的 3 自由度手腕；因其内部元件易于封装且结构简单，被广泛应用在外太空和焊接等环境中。缺点：手腕运动时不连续；同时手腕的动力学性能受腕关节驱动电机影响较大。

RPY 运动手腕。使手部具有俯仰、偏转和翻转运动的 3 自由度手腕；此类手腕与人类手腕结构类似，可实现手的侧摆和俯仰，同时手腕的工作空间是无结构奇异的，因此，此类手腕比 RPR 手腕更灵活[2]。

② 手腕组合方式：

图 6-5(a) 所示是通常见到的 BBR 手腕，使手部具有俯仰、偏转和翻转运动，即 RPY 运动。

图 6-5(b) 所示是一个 B 关节和两个 R 关节组成的 BRR 手腕，为了不使自由度退化，使手部产生 RPY 运动，第一个 R 关节必须进行如图所示的偏置。

图 6-5(c) 所示是三个 R 关节组成的 RRR 手腕，它也可以实现手部 RPY 运动。

图 6-5(d) 所示是 BBB 手腕，很明显，它已退化为二自由度手腕，只有 PY 运动，实际上不采用这种手腕。此外，B 关节和 R 关节排列的次序不同，也会产生不同的效果，同时产生了其他形式的三自由度手腕。为了使手腕结构紧凑，通常把两个 B 关节安装在一个十字接头上，这对于 BBR 手腕来说，大大减小了手腕纵向尺寸。

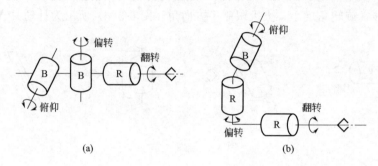

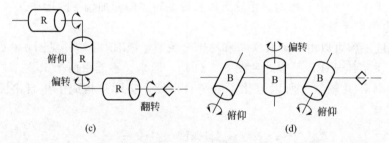

图 6-5　手腕组合方式

（2）以手腕的驱动方式分类

手腕的驱动方式可分为气压驱动、液压驱动、电气驱动。

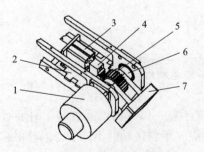

图 6-6　气压驱动手腕结构

1—摆动气缸；2—小臂组件；3—制动气缸；
4—制动块；5—制动轮；6—腕轴；7—腕架

① 气压驱动。以压缩空气为动力源，利用压缩空气的压力差推动气缸中的活塞进行运动，最终执行机构旋转或伸缩，如图 6-6 所示。

优点：介质来源方便，环保，反应迅速，维护方便。缺点：不适合大扭矩输出且动作稳定性较差[3]。

气动技术拥有众多显著优点，使得气动机器人在工业自动化中得到越来越广泛的应用。特别是在易燃易爆、食品加工业等场合，气动机器人相对于电动、液压机器人来说具有无可比拟的优势。气动转动元件要进行准确的转角输出和控制比较困难，因而在转动关节上采用气动转动元件的关节型气动机器人的研究极为少见，所以目前研究和应用的大多是直角坐标型气动机器人。但是与直角坐标型气动机器人相比，关节型气动机器人具有工作空间大、适应任务多等优点。因此，对关节型气动机器人的研究具有重要的理论和实际意义。

最典型的柔顺化驱动器是气动肌肉或人造筋，上海大学的刘东升等人提出的手腕机构采用人造筋作为驱动源可以实现柔顺驱动，但是由于气动肌肉和人造筋技术还不成熟，也只是从理论上进行了研究[4]。

② 液压驱动。液压驱动是利用液体和液压泵等将机械能转换为液体的压力能，借助执行装置再将液体的压力能转换为机械能，驱动负载实现运动。采用液压驱动的优点是方便，可实现无级调速，且可以大扭矩输出。但是也有缺点：液压驱动易漏油，会影响工作稳定性，污染环境。

液压用于驱动器有一定的柔顺性，如美国波士顿动力公司研制的 BigDog 四足机器人（图 6-7）采用液压驱动，但是由于液压驱动存在噪声大、技术门槛高、漏油等问题，使得其应用受到极大限制。

③ 电气驱动。电气驱动利用电机输出的力或扭矩驱动负载。电机通常与驱动带或齿轮相连，通过驱动带和齿轮传递力矩，实现手腕的翻转或者摆动。电气驱动的优点为在传感器等元器件的配合下，驱动的精度高，转换的效率高、噪声小[5]。

电机驱动技术经过多年发展已经相当成熟，串联弹性驱动器（SEA）作为电机为基础的柔性驱动单元，自从提出后就被广泛研究和应用，在驱动器和负载之间添加弹性

图 6-7　BigDog 四足机器人

元件，使得动力输出具有柔顺性，对于负载的冲击同样具有缓冲作用。在实际应用中有两种形式：一种是线性串联弹性驱动器，主要用于线性驱动；另一种是旋转弹性驱动器，主要用于旋转关节的旋转驱动。SEA 很好地解决了电机驱动刚性大、力控制困难等问题，实现了机器人的柔顺性，提高了人机交互的安全性。

图 6-8 是 Spot 四足机器人，它是在 BigDog 四足机器人的基础之上进化而来的，采用电气驱动，解决了液压噪声问题，其主要特点就是静音。

图 6-8　Spot 四足机器人

（3）以腕部的结构分类

1）串联手腕

传统机械臂的腕关节都是通过电机的串联布置实现三个转动的，主要是因为串联机构具有工作空间大、响应速度快等优点，市场上比较成熟的工业机器人、服务机器人的腕部大都采用串联机构，见图 6-9。

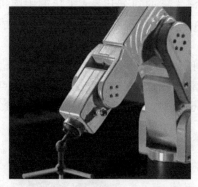

图 6-9　串联式腕部结构的机械臂机器人

通过对串联机构和并联机构的比较，发现这两种机构具有很好的对偶性，两者的优缺点可以实现很好的互补，在机构要求紧凑、承载能力较大等很多不适合采用串联机构的地方，并联机构却可以充分发挥其优点；另外在既要求大空间又要求高精度的场合，可采用串并混联的结构形式，以实现优势互补。串联机构由于工作空间较大，多作为粗定位机构；并联机构操作灵活、承载能力大、结构紧凑多作为精确定位机构。

2）并联手腕

作为精确的位姿调整机构，采用并联机构机械臂的腕关节具有无可比拟的优势。调研发现国内外对并联手腕的研究比较多，多集中于康复医疗或手术设备领域，并且已经服务于社会。

土耳其伊斯坦布尔大学的 Erdogan 等人，设计了一款非对称 3RPS-1R 并联机构用于手腕和前臂康复医疗，如图 6-10 所示，移动副作为驱动副，可以实现腕节的伸展/弯曲、外展/内收、前臂的旋转运动。设计者把定平台和动平台设计成半圆结构，从而增加了运动空间，也方便手臂患者进行康复医疗，安全性更高。

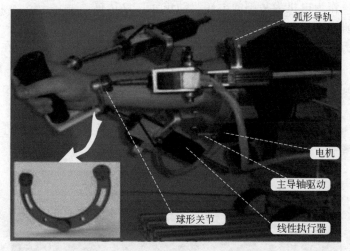

图 6-10　非对称 3RPS-1R 并联机构

伦敦国王学院的 Gan 等人通过研究人体腕部运动，从理论上分析了 3SPS-1S 并联机构（如图 6-11 所示）作为人体手腕结构的可行性，运用几何法和迪克森公式分析了其运动学正解和逆解问题，并用数值解验证了方法的正确性，分析了该并联机构的工作空间。试验表明，该机构在旋转、内收/外展方向上的运动范围都大于人体实际运动范围，具有很好的效果。

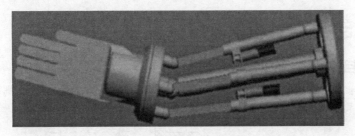

图 6-11　3SPS-1S 并联机构

美国莱斯大学的 Marcia O'Malley 等人设计了一款具有五个自由度的外骨骼机械装置 MAHI（Mechatronics and Haptic Interfaces），用于手臂康复训练，如图 6-12 所示，其腕部采用 3SPS-1R 并联机构实现腕关节的俯仰、屈伸、前臂的旋转运动，该康复机械手臂不仅从机械结构上实现安全训练，还通过力反馈控制保证其安全性。

清华大学的刘辛军等人根据人体结构形体特点提出了一种串并联七自由度冗余手臂的设计方案，该手臂采用球面三自由度并联机构作为肩关节和腕关节，如图 6-13 所示。球面三自由度并联机构的运动平台具有 3 个转动自由度，能够实现类似于肩关节和腕关节的 3 个 Pitch-Yaw-Roll 运动，采用该球面并联机构，由电机直接驱动运动杆件可以避免串联形式关节的电机串联、传动系统复杂、精度低等缺点。

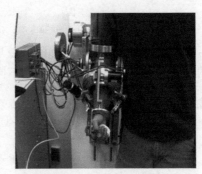

图 6-12　外骨骼机械装置 MAHI

大连理工大学的张永顺教授等提出了一种具有三自由度的双半球高性能球形腕，如图 6-14 所示，作为机器人的腕部关节，两半球沿着具有一定倾角的斜面接触在一起，采用双万向联轴器传递上、下半球的运动，进而完成腕部的偏转与俯仰运动。

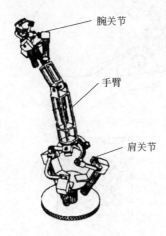

图 6-13　球面三自由度并联机构

图 6-14　双半球高性能球形腕

6.3 腕部典型结构

6.3.1 单自由度手腕

结构特点：机器人手部的张合是由气缸驱动的，而手腕的回转运动则由回转液压缸实现（图 6-15）。

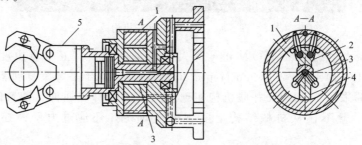

图 6-15 回转油缸直接驱动的单自由度腕部结构
1—回转缸；2—定片；3—腕回转轴；4—动片；5—手部

工作原理：将夹紧气缸的外壳与摆动油缸的动片连接在一起，当摆动液压缸中不同的油腔中进油时，即可实现手腕不同方向的摆动。

6.3.2 二自由度手腕

（1）双回转手腕

结构特点：采用双回转油缸驱动，一个带动手腕作俯仰运动，另一个油缸带动手腕作回转运动。

图 6-16 中，$V—V$ 视图表示的回转缸中动片带动回转油缸的刚体，定片与固定中心轴连接实现俯仰运动；$L—L$ 视图表示回转缸中动片与回转中心轴连接，定片与油缸缸体连接实现回转运动。

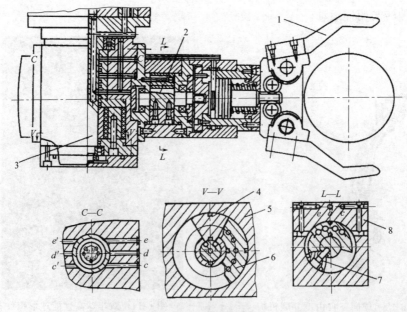

图 6-16 双回转手腕
1—手部；2—中心轴；3—固定中心轴；4—定片；5—摆动回转缸；6—动片；7—回转轴；8—回转缸

（2）轮系驱动的二自由度 BR 手腕

结构特点：由轮系驱动可实现手腕回转和俯仰运动，其中手腕的回转运动由传动轴 S 传递，手腕的俯仰运动由传动轴 B 传递。

回转运动：轴 S 旋转→锥齿轮副 $Z1$、$Z2$ →锥齿轮副 $Z3$、$Z4$ →手腕与锥齿轮 $Z4$ 为一体→手腕实现绕 C 轴的旋转运动。

俯仰运动：轴 B 旋转→锥齿轮副 $Z5$、$Z6$ →轴 A 旋转→手腕壳体 7 与轴 A 固连→手腕实现绕 A 轴的俯仰运动。

附加回转运动：轴 S 不转而 B 轴回转→锥齿轮 $Z3$ 不转→锥齿轮 $Z3$、$Z4$ 相啮合→迫使 $Z4$ 绕 C 轴线有个附加的自转，即为附加回转运动。

附加回转运动在实际使用时应予以考虑。必要时应加以利用或补偿。

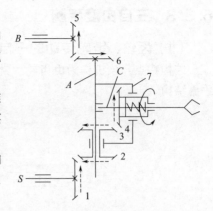

图 6-17　轮系驱动的二自由度 BR 手腕

1~7—锥齿轮

（3）利用锥齿轮设计 2 自由度的手腕

锥齿轮同向转动可以实现俯仰，锥齿轮反向转动可以实现左右摆动，机械结构如图 6-18 所示。整个结构为十字轴，左右利用滚动轴承与小臂支架连接，上下利用滚动轴承与手爪支架连接，三个锥齿轮通过滚动轴承套在十字轴上，锥齿轮 1 和 3 由小臂内的电机分别控制，锥齿轮 2 底部与手爪的支架固定。当电机控制锥齿轮 1、3 同步（同速、同向）转动时，三个锥齿轮相对静止，手爪上下俯仰；当两侧电机同速反向转动时，锥齿轮 2 实现原地自传，进而手爪左右摆动[6]。

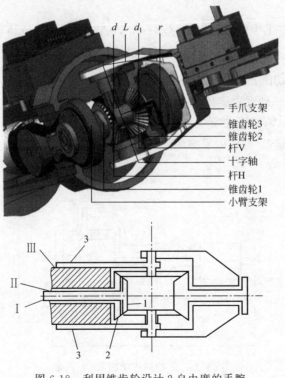

图 6-18　利用锥齿轮设计 2 自由度的手腕

1~3—锥齿轮

6.3.3 三自由度手腕

（1）齿轮、链轮传动的三自由度手腕

结构特点：该机构为由齿轮、链轮传动实现的偏转、俯仰和回转三个自由度运动的手腕结构。

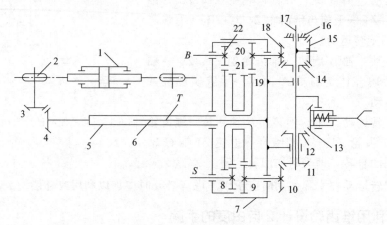

图 6-19 三自由度手腕

1—油缸；2—链轮；3,4,8~16,18~22—（锥）齿轮；5,6—花键轴；7—行星架；17—轴

回转运动：轴 S 旋转→齿轮副 $Z8/Z21$、$Z21/Z9$ →锥齿轮副 $Z10$、$Z11$ →锥齿轮副 $Z12$、$Z13$ →手腕与锥齿轮 $Z13$ 为一体→手腕实现旋转运动。

俯仰运动：轴 B 旋转→齿轮副 $Z22/Z19$，$Z19/Z20$ →齿轮副 $Z18$、$Z14$ →齿轮副 $Z14$、$Z15$ →齿轮副 $Z15$、$Z16$ →轴 17 旋转→手腕壳体与轴 17 固连→实现手腕的俯仰运动。

偏转运动：油缸 1 中的活塞左右移动→带动链轮 2 旋转→锥齿轮副 $Z3/Z4$ →带动花键轴 5、6 旋转→花键轴 6 与行星架 7 连在一起→带动行星架及手腕做偏转运动。

（2）电机驱动的三自由度手腕

图 6-20 所示为一种远距离传动的 RBR 手腕。M_3 的转动使整个手腕翻转，即第一个 R 关节运动。M_2 轴的转动使手腕获得俯仰运动，即第二个 B 关节运动。M_1 轴的转动即第三个 R 关节运动。RBR 手腕从而可以在 3 个自由度轴上输出 RPY 运动[7]。

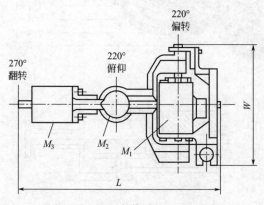

图 6-20 远距离传动的 RBR 手腕

6.4 柔顺手腕机构设计

柔顺化是提高机器人环境适应性和安全性的重要途径，实现柔顺有两种方法，分别是主动柔顺和被动柔顺。

例如美国卡内基梅隆大学的研究团队发明的"蛇形机器人"，该机器人每个关节都有力矩传感器，能够适应砂石路等不规则地面，可用于城市搜索、救援、电厂检查等工作。在此基础上发明的"蛇形怪兽"，有六条腿，每个腿有 6 个自由度，都采用 SEA 作为驱动模块，可实现精确的位置、速度、力矩控制，具有极好的柔顺性[8]。

目前对于柔顺手腕的研究，主要集中在柔顺装配。虽然刚性手腕中在装配过程中通过误差控制方法可以实现对装配误差的适应，但控制系统比较复杂，采用柔顺手腕可很好地解决这一问题，提高机器人对于环境的适应性。目前应用比较广泛的是 RCC 柔顺装置。

RCC 柔顺手腕（remote center compliance）概念：柔顺手腕具有多个自由度，能够空间区域内实现任意姿态和位置的空间定向。优点：适应性强、活动范围广。缺点：结构复杂、零件加工难度大，同时受工艺性影响较大。

在用机器人进行的精密装配作业中，当被装配零件之间的配合精度相当高，由于被装配零件的不一致性，工件的定位夹具、机器人手爪的定位精度无法满足装配要求时，会导致装配困难。因而，可采用柔顺性装配技术。

6.4.1 主动柔顺手腕

主动柔顺也叫控制柔顺，配有检测元件，如视觉传感器（如图 6-21 所示）、力传感器等，这就是所谓主动柔顺装配。

① 机械阻挠可控制的 RCC 柔顺手腕——MIC-CW（mechanical impedance controllable compliant wrist）。MICCW 是一种机械阻挠可控制的柔顺手腕，手腕中用于实现阻抗可控制的机构是一组可旋转偏移的微型电磁驱动器、弹性元件和应变计（测量旋转位移用）。

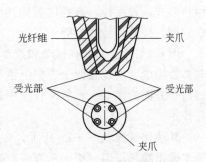

图 6-21　主动柔顺视觉传感器

在结构上 MICCW 由柔顺手腕机械结构、微型电磁驱动器、计算机控制系统、测量传感器、D/A 转化器与功率放大器、信号放大器与 A/D 转换器、通信接口等几部分组成。机构采用计算机控制系统实现闭环控制，通过改变闭环控制增益来改变控制系统的刚度，从而改变手腕的刚度。在实际应用中，可根据不同的装配作业任务要求改变柔顺手腕的阻抗大小，满足不同的要求。

② 适用于无倒角情况的 RCC 柔顺手腕——ARCC。ARCC 是一种适用于无倒角情况的 RCC 柔顺手腕，它是根据 RCC 的原理从力控制的角度提出的一种解决系统刚度和柔顺中心可任意调整的思路。它通过控制软件设置合适的系统刚度矩阵和柔顺中心的位置，将力信号变成相应的位置调整量，通过主控机控制柔顺手腕绕柔顺中心做适量平移和旋转，使末端执行器夹持的工件处于最佳插入位置和姿态，保证装配的顺利执行。ARCC 主动柔顺手腕的最大特点就在于它可以实现无倒角状态下孔口搜索和入口后的位姿调整，它可应用于初始误差较大、配合精度较高的轴孔装配作业。

③ 变结构参数的 RCC 柔顺手腕——VRCC（variable RCC）。VRCC 是一种变结构参数的 RCC 装置，它具有可变的柔顺中心和可变的刚度，VRCC 的特色就在于使用了永磁驱动部件。VRCC 的刚度由 RCC 的机械刚度与永磁电机驱动系统的电刚度两部分组成。RCC 本体的刚度是不可变的，要实现刚度可调进而实现柔顺中心可变是通过改变闭环控制计算机内的设置参数与控制模式以调节电刚度的大小来实现的。VRCC 结构简单、性能可靠、自身具有良好的吸振能力，工作时发热量小、温升低。VRCC 的应用提高了 RCC 的速度、精度和适用性等综合指标，为 RCC 技术在生产实践中的应用开辟了广阔的前景。

④ 带有检测功能的 RCC 柔顺手腕——IRCC（instrumented RCC）。IRCC 是一种具有距离、位移、位姿检测功能的柔顺机械装置，简单地说就是在被动 RCC 上添加检测功能形成的一种柔顺装置。在精密装配作业中，一方面它通过其自身特有的柔顺性能产生一定的柔量，自动调整所夹持的工件与待装配工件之间的微小偏差；另一方面通过位置、力传感器把检测到的位置信号和力信号反馈给机器人中心控制器构成伺服环，以主、被动结合的控制方式实现快速、精密装配作业。

6.4.2 被动柔顺手腕

被动柔顺手腕从结构的角度出发，在手腕部配置一个柔顺环节，以满足柔顺装配的需要，这种柔顺装配技术称为被动柔顺装配。

RCC 被动柔顺手腕是因其自身结构特性使手腕具有一定的柔顺能力的装置，它的结构形式多种多样，有叠层型弹性杆结构、齿轮机构型、三杆索式联动结构、平面连杆机构型、挠性件传动型等。

图 6-22 所示是具有移动和摆动浮动机构的柔顺手腕。水平浮动机构由平面、钢球和弹簧构成，实现在两个方向上进行浮动；摆动浮动机构由上、下球面和弹簧构成，实现两个方向的摆动。在装配作业中，如遇夹具定位不准或机器人手爪定位不准时，可自行校正。

其动作过程如图 6-23 所示，在插入装配中工件局部被卡住时，将会受到阻力，促使柔顺手腕起作用，使手爪有一个微小的修正量，工件便能顺利插入。

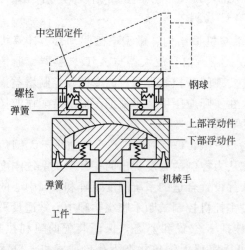

图 6-22 具有移动和摆动浮动机构的柔顺手腕

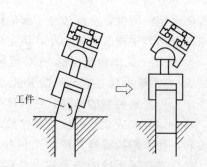

图 6-23 动作过程

6.5　机器人末端执行器快换装置

6.5.1　机器人末端执行器快换装置的概念

在"工业4.0"的时代背景下，工业机器人在生产制造领域起着举足轻重的作用。传统的工业机器人是基于预定的作业任务设计的，其固定构造显示出很大的局限性，绝大多数机器人在自动化生产过程中只能完成一种操作。在实际生产过程中，一个产品需要经过多道复杂工序，每个工位的机器人负责单一的工作，企业需要配置多台机器人才能完成整个工艺过程，送样的自动化生产线对机器人的数量要求较多，占用工作空间较大，企业的生产制造成本大幅增加。因此，流水线式的机器人作业在小批量生产、产品不便于移动、工作空间有限等情况下并不适用，反而单台机器人实现多种操作任务的方案更加可行。

随着工业机器人逐步向模块化、可重构化方向发展，机器人可通过更换末端执行工具实现多种操作任务，目前多采用的方式是人工手动更换。调研发现，人工手动更换执行工具存在很多不足：一方面，更换工作头的过程本身很复杂，频繁更换机器人末端执行器会造成人力、物力及时间的浪费；另一方面，每次更换末端执行器后都需要重新定位，加工误差变大。凡此种种，严重地制约了机器人的推广和应用。

机器人末端执行器快速更换装置，主要包括主盘和工具盘两部分。主盘通过法兰固定于机器人手臂上，工具盘放置在工具架上，其末端安装有执行工具，一个主盘配置有多个不同的工具盘及相应的末端执行工具。

如图6-24所示，末端执行器快换装置主要分为两部分，一部分为机械臂端，另一部分为工具端，机械臂端连接在机械臂上，工具端连接在末端执行器上。快换装置的机械臂端与工具端能够实现机械上的连接与断开。通过这两者的连接与断开，完成机械臂与末端执行器的连接与断开[9]。

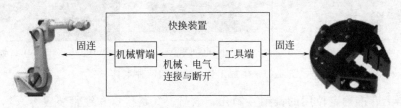

图6-24　快换装置

在生产作业过程中，机器人可根据指令要求松开当前的执行工具，锁紧下一道工序所需要的工具盘及末端执行工具，在数秒内完成执行工具的快速更换，具有可重复性和可靠性，增强制造生产线的柔性，提高了机器人的作业能力和使用效率，真正实现一机多用，促使企业生产向自动化、无人化方向演进[10]。

6.5.2　机器人末端执行器快换系统的组成及工作原理

（1）机器人末端执行器快换系统的组成

作业工具自动更换装置主要由与作业工具相连的被接端口、与腕部相连的主动端口及工具库（架）三部分和一些辅助部件组成[11]，如图6-25所示。

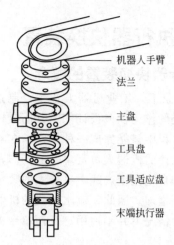

图 6-25　机器人末端执行器快换系统的组成

机器人手臂
法兰
主盘
工具盘
工具适应盘
末端执行器

机器人作业工具（或末端操作器，end-effector）自动更换装置在作业工具自动更换系统的支持下，根据工作需要自动更换，使用工具库中的各种作业工具，来完成各种作业任务。

（2）机器人末端执行器快换装置的工作原理

当选择好工具后，与机器人腕部相连的主动端口，称为主端口。接近并对准与理想作业工具相连的被接端口，称为工具端口。附在机器人可以利用的存放在"工具库"中的每个工具上，如图 6-26 所示。

(a) 两平行指电动钳　　　　　(b) 电动圆锯　　　　　(c) 电钻　　(d) 气动喷枪

图 6-26　集成工具更换器的四种工具

更换器上有准确定位用的锥销、销孔、电路、气路接口和锁紧装置等。达到一定位姿的时候，连接器的锁紧装置就被驱动，则主端口与工具端口这两个模块就被机械地锁紧在一起，对接过程如图 6-27 所示。

(a) 工具选择　　　　　　　　(b) 接近并对准　　　　　　　　(c) 成功对接

图 6-27　自动更换器对接过程

因此工具就被连接在机器人手臂末端，如图 6-28 所示。机器人就可以根据任务的需要而更换不同的工具进行各种作业操作了。当机器人完成一种作业后，转入下一作业前，机器人就在控制系统的操纵下，在工具库的预定位置卸下已用过的末端操作器，移向应装的末端操作器，利用气动或电磁方式进行连接，在确认机、电、气各方面都连接良好后，机器人就转入下一作业程序。

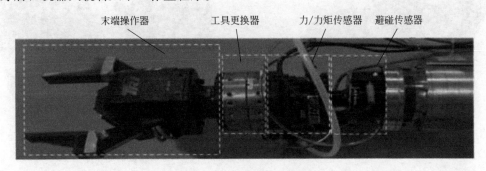

图 6-28　一种操作器的外围设备

为机器人配置工具库并使机器人具有自动更换操作器的能力，可以极大地提高工作于极限条件下机器人的作业能力和作业效率，减少劳动力密集产业，减少非生产停工时间，从而带来巨大的经济效益。自动工具更换器具有如下特点：

① 柔顺性。在一种应用中能够使用不止一种末端执行器的能力；使机器人一次性进入作业环境就可以完成多种任务，真正实现了一机多用。

② 稳定性。如果切换装置失灵，如气压消失，自动防故障装置的锁紧装置能够防止腕部端口与手部端口的分离，保证连接的稳定可靠。

③ 高刚度。自动工具更换器一旦对接成功，就不会摆动，即使在高惯性运动情况下，这个特点也可防止锁紧失败或可重复性差等问题。

④ 快速性。在几分钟之内完成生产线的转换，而不是几小时；当工具需要维修或保养时，在数秒内即可将工具更换完毕，从而保持生产线的启动和运行。

⑤ 安全性。工具的更换自动完成，不需要操作者的干预，不会对操作者造成人身伤害。

⑥ 直通性。例如，从机器人传给工具的电信号、空气、水等。

⑦ 极限性。在核工业、海洋工程、太空技术领域中，由于辐射、海水压力或距离遥远等因素，操作者无法接近工作现场，要增加机器人操作的适应性，提高其作业能力与效率，必须使用自动工具更换器，在极限条件下具有不可替代的性质。

6.5.3　自动更换装置关键技术研究

（1）锁紧机制

锁紧机制是指机器人作业工具更换器在对接时的锁紧方式，目前主要分为钢球式锁紧、卡盘式锁紧、凸轮式锁紧、活塞插销式锁紧和膨胀式锁紧等。

① 钢球式锁紧。在结合时，通过装在主端口的气动活塞，向下推动钢珠球进入工具端口的锁紧环中，钢珠球卡在锁紧环中使手腕和手爪端口紧密结合；在脱气过程中，气体驱动活塞向上运动，钢珠球在弹力作用下与手爪端口的锁紧环脱离，如图 6-29 所示。

图 6-29　钢球式锁紧机制示意图

图 6-30　卡盘式锁紧机制示意图

② 卡盘式锁紧。卡盘式锁紧机制是指当带有卡槽的定位销进入定位孔并达到一定的位置时，通过卡紧盘的旋转使对接装置锁紧。如图 6-30 所示。

③ 凸轮式锁紧。利用驱动活塞推动凸轮进入一个在工具接口内的钢圈，在恰当的位置锁紧。追随凸轮与锁销的磨损，长时间使用时不会出现松动，凸轮的集合设计确保了在空气切断时也可保证机器人与工具不会分离，如图 6-31 所示。

图 6-31　凸轮式锁紧机制示意图

④ 活塞插销式锁紧。当对接装置端口到达适当的位置后，在主端口上，通过液压活塞来推动装在活塞上的插销进入工具端口的锁紧孔进行锁紧，如图 6-32 所示。

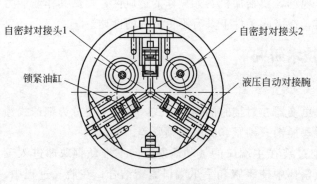

图 6-32　活塞插销式锁紧机制示意图

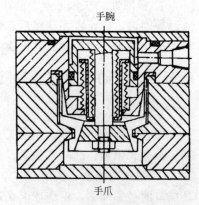

图 6-33　膨胀式锁紧机制示意图

⑤ 膨胀式锁紧。膨胀式锁紧是通过斜面增力的原理，利用两级锥面实现较大的接合面预紧力，通过弹性自锁使弹性夹头外侧的凹槽与工具侧的凸形圆环紧密结合，从而进行锁紧，如图 6-33 所示。

综上所述，无论是哪种锁紧机制，都是根据一定的需要而设计的，都能够实现其预定的功能，根据不同的载荷、环境等特殊条件而各具特色。

（2）切换机制

切换机制是指更换器锁紧和松开时提供动力源，目前主要分为气动式切换、液压式切换、电磁式切换等。其中，气动切换由于其经济性和快速性，在工业中应用较多；在太空和水下等特殊环境分别应用电磁和液压切换技术。气压传动的特点如下。

① 气压传动的优点：

a. 以空气为工作介质，工作介质获得比较容易，用后的空气排到大气中，处理方便，不必设置回收空气的容器和管道；

b. 因空气的黏度很小（约为液体黏度的万分之一），其流动阻力损失也小，所以便于集中供气、远距离输送，外泄漏时不会像液压传动那样严重污染环境；

c. 与液压传动相比，气压传动动作迅速、反应快、维护简单、工作介质清洁，不存在介质变质问题；

d. 工作环境适应性好，特别在易燃、易爆、多尘埃、强磁、辐射、振动等恶劣环境中，比液压、电磁控制优越；

e. 成本低，过载能自动保护。

② 气压传动的缺点：

a. 由于空气具有可压缩性，因此工作速度稳定性稍差，但采用气液联动装置会得到较满意的效果；

b. 因工作压力低（一般为 0.3～1.0MPa），结构尺寸不宜过大，总输出力不宜大于 10～40kN；

c. 噪声较大，在高速排气时要加消声器；

d. 气动装置的气信号传递速度在声速以内，相对较慢，因此，气动控制系统不宜用于元件过多的复杂回路。

气压传动控制与其他传动控制方式的比较如表 6-1 所示。

表 6-1　气压传动控制与其他传动控制方式的比较

传动方式	操控力	动作快慢	环境要求	构造	载荷变化影响	远距离操纵	无级调速	工作寿命	维护	价格
气压传动	中等	较快	适应性好	简单	较大	中距离	较好	长	一般	便宜
液压传动	最大	较慢	不怕振动	复杂	有一些	短距离	良好	一般	要求高	稍贵
电气控制	中等	快	要求高	稍复杂	几乎没有	远距离	良好	较短	要求较高	稍贵
电子控制	最小	最快	要求特高	最复杂	没有	远距离	良好	短	要求较高	最贵
机械控制	较大	一般	一般	一般	没有	短距离	较困难	一般	简单	一般

6.5.4　机器人末端执行器快换装置设计实例

特种机器人的研究工作围绕着核环境、海洋工程、太空、军事应用展开。特种机器人的作业环境危险，所执行的任务通常具有多样性，任务目标的质量、形状和尺寸不尽相同。因此，仅使用单一的末端执行器很难满足复杂的任务要求。最好的解决办法就是为机器人配备末端执行器快速更换装置与工具库，使机器人能够根据作业任务实际需要更换末端执行器，提高机器人的作业能力与作业效率。

国内外都对快换装置进行了一定的研究。本案例[12]优化设计了一种机器人末端执行器快换装置，该装置具有位姿容差能力，能承受大载荷，不仅可以实现机械臂与末端执行器的机械连接，同时可以实现两者的电气连接。

（1）技术要求

设计的快换装置应用于遥操作拆除机器人，基于以上快换装置的工作方式，对快换装置提出以下要求：

① 大载荷。所设计的快换装置承载的末端执行器质量大，或承载的末端执行器需要抓取较大质量的物体，所以该快换装置要求能够承受大载荷，其最大载荷为50kg。

② 体积小、重量轻。机械臂能承受的载荷有限且不能限制机器人的作业空间，需要快换装置的最大直径小于160mm，高度小于200mm，质量小于10kg。

③ 位姿容差。机械臂与工具库上的末端执行器的位置对准时会有一定的误差，需要快换装置的机械臂端与工具端在对接的过程中能进行误差补偿。

④ 电气连接。机器人要控制末端执行器工作，需要向末端执行器传递电流、电压、通信等信号。

⑤ 故障保护功能。快换装置需要驱动装置完成机械臂与末端执行器的锁紧与断开，当驱动装置故障时，机械臂与末端执行器不能断开连接，需要继续保持锁紧状态。

（2）机械结构

如图 6-34 所示，快换装置主要由驱动机构、切换机构、锁紧机构、容差机构组成。

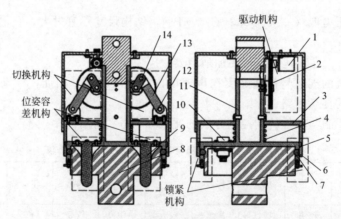

图 6-34　快换装置机械结构

1—电机；2—齿轮；3—锁紧壳；4—压簧；5—锥形槽；6—钢珠球；7—锁紧槽；8—工具端；9—定位轴；
10—电连接器；11—机械端主体；12—铰链座；13—连杆；14—曲柄

驱动机构采用电机驱动，齿轮传动。两个齿数相同、模数相同的齿轮对称分布并且啮合。由电机带动其中一个齿轮转动，再由该齿轮带动另外一个齿轮转动，两个齿轮再带动切换机构运动。

切换机构由两个对称分布的转杆滑块机构组成，两个转杆通过驱动机构的齿轮带动转动，由此通过连杆推动锁紧壳直线运动。锁紧壳下的压簧用于支撑与复位，锁紧壳上下部位分别安装了限位装置。锁紧机构采用钢珠球锁紧的方式，由 8 个径向均匀分布的钢珠球、锁紧壳、机械臂端主体上的钢珠球孔和工具端上的锁紧槽组成。

容差机构由两个定位轴与工具端上的锥形孔组成，定位轴前端为半球形。对接时，只要定位轴落入锥形孔内，就可以通过锥形孔导向，使定位轴逐渐进入锥形孔[13]。

（3）对接方案

换装时，快换装置的工作流程[14] 见图 6-35。

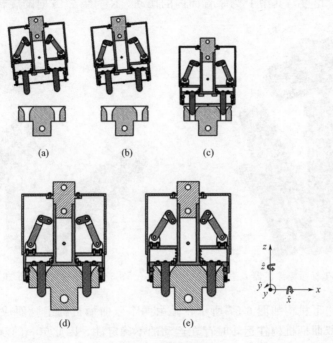

图 6-35　换装过程

首先机械臂与所要更换的末端执行器对准，但存在一定的误差（误差在一定范围内），如图 6-35(a) 所示。

控制快换装置内的电机转动，电机带动两个齿轮转动，再带动两个转杆滑块机构工作，推动锁紧壳向下直线运动，直到锁紧壳与下限位装置接触。此时，钢珠球与锁紧壳上的锥形槽对准，钢珠球处于自由状态，如图 6-35(b) 所示。

机械臂切换为柔顺控制模式，以适应对接过程中的位姿容差。机械臂向下运动，定位轴与锥形孔接触，由于锥形孔的导向作用，定位轴会逐渐运动至锥形孔小孔顶部。此时机械臂端与工具端已经完成 x、y、$\hat{x}$、$\hat{y}$、$\hat{z}$ 五个方向的对准，如图 6-35(c) 所示。

完成 5 个方向的对准后，机械臂继续向下运动，工具端与钢珠球接触，推动处于自由状态的钢珠球进入锥形槽，直到工具端上表面与机械臂端下表面完全接触，定位轴也完全进入锥形孔，钢珠球与工具端上的锁紧槽对准。由于机械臂端主体上安装有电气接口插头，工具端上安装有电气接口插座，此时机械臂端上的电气接口插头与工具端上的电气接口插座也完成连接。机械臂端与工具端在 6 个方向上已经全部对准，同时 x、y、$\hat{x}$、$\hat{y}$、$\hat{z}$ 五个方向也已经完成限位，如图 6-35(d) 所示。

控制快换装置内的电机反向转动，锁紧壳向上运动，锥形槽推动钢珠球进入锁紧槽，锁紧壳继续向上运动，直到与上限位装置接触，锥形槽与钢珠球完全错开，钢珠球被锁紧壳挤入锁紧槽内，完成 z 轴向方向自由度的限位，快换装置完成锁紧，如图 6-35(e)。

6.6 典型腕部机构设计实例

6.6.1 喷涂机器人手腕结构

根据喷涂装备的总体要求，设计直角坐标机器人，其中 X、Y、Z 方向运动确定喷枪位置，喷枪自身姿态手腕结构来调节。如图 6-36 所示为直角坐标机器人的手腕结构，有 P、R 两个自由度，其中 P 为垂直面内的摆动，R 为绕 Z 方向的旋转运动。

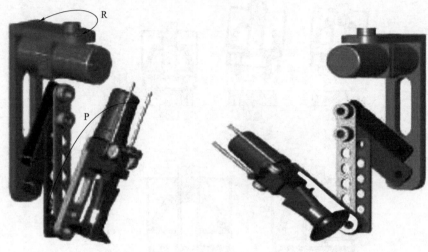

图 6-36 直角坐标系喷涂机器人手腕结构　　图 6-37 双平行四边形机构

双平行四边形机构如图 6-37 所示，是由两个双曲柄机构组合而成。通过软件仿真模拟，单一的双曲柄机构在运转时存在运动的不确定性，因此单一的双平行四边形机构并不能保证机构运动的唯一性。

在现有的双平行四边形机构中各自添加了一个小平行四边形机构作为限位装置，采用多组相同机构错开相位排列的方法来保持从动曲柄的转向不变，如图 6-38 所示。

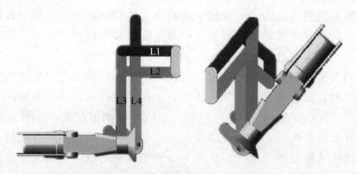

图 6-38 小平行四边形限位的手腕结构

6.6.2 热锻操作工业机器人手腕结构

热锻机器人用于热锻过程中工件的取用，以代替人工完成热锻生产过程中的连续上料、翻转、下料等危险性高、简单重复性、劳动强度高的工作，同时能有效降低劳动强度及危险性，提高生产自动化程度，提高生产效率。

对于手腕的转动（图 6-39），由电动机带动同步带齿轮组将运动传递到谐波减速器上进行减速，增大扭矩。之后带动齿轮组将运动传递到轴上，从而安装在轴上的锥齿轮发生转动，带动锥齿轮发生转动，从而实现固定在锥齿轮上的手腕的整体机构发生转动，实现预定的功能。

对于夹持器，由气缸的活塞杆带动固定连接的拉杆，进行水平方向上的伸缩，进而带动一个铰链组将气缸的水平运动转化为杆的垂直运动，之后再带动锥块机构，从而实现手爪的开合，完成抓取工件的功能。

根据具体情况，设计中需要将杆件的垂直运动转化为手爪的绕水平面点转动的情况。水平放置的驱动气缸往复移动，再通过一系列机构进行转化，变成锥块的垂直运动，

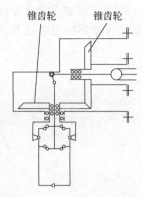

图 6-39　手腕转动结构简图

进而带动手指张开或闭合。手指的最小开度可以根据加工工件的直径来调定，方法为调节气缸活塞上的两个螺母使得锥块的行程发生变化，或换用新的手爪头。设计中夹持器的夹持的最佳直径为 140mm，最大夹持直径为 18.2mm，最小夹持直径为 17mm。手爪的部分剖视图如图 6-40 所示。

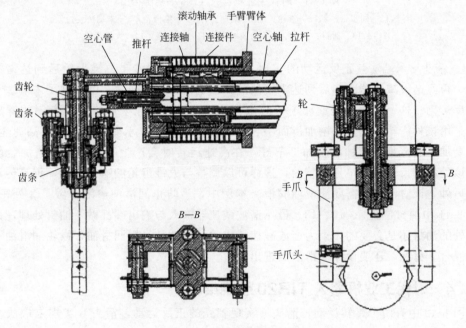

图 6-40　手爪的部分剖视图

6.6.3　时代工业机器人 TIR6 手腕结构

时代工业机器人 TIR6 手腕结构[15] 如图 6-41 所示。图中有 3 个旋转运动，箭头 a 实现整个手腕的正反旋转，箭头 b 实现腕壳的正反运动，箭头 c 实现末端法兰的正反旋转，由这 3 个运动组成 TIR6 机器人手腕的结构。下面主要介绍箭头 b 与箭头 c 运动的实现。

① 箭头 b 腕壳正反运动的实现。电机旋转带动同步带，同步带通过带轮连接到谐波减速器的输入端，减速器输出端固定腕壳。当电机正反旋转时，就实现了腕壳的正反运动。在这一运动传递过程中，主要注意谐波减速器输入轴的支撑与谐波减速器的密封。本案例中，谐波减速器的输入轴是通过两个深沟球轴承与带轮及其中心螺钉来固定

的，同时，该输入轴通过键与一个轴用挡圈来固定谐波减速器。深沟球轴承的支撑座借用谐波减速器的安装孔与谐波减速器的壳体一起安装在支撑臂上。

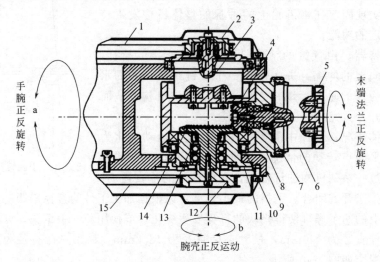

图 6-41 时代工业机器人 TIR6 手腕结构

1,15—同步带；2,12—带轮；3,6—减速器；4—小锥齿轮；5—末端法兰；

7,10,13—油封；8—腕壳；9—支撑臂；11—轴承座；14—大锥齿轮

② 箭头 c 末端法兰正反运动的实现。电机转速经过同步带、锥齿轮后到达谐波减速器，再经谐波减速器减速后到达末端法兰。当电机正反旋转时，就实现了末端法兰壳的正反运动。这个运动过程增加了一对锥齿轮，该对锥齿轮采用格利森齿制的螺旋齿轮。采用该种齿轮的优点是增加齿面啮合长度，传动平稳，承受力大，可以高速运转。缺点是加工制造难度增加，若加工不好，在高速运转时会产生噪声，同时增加装配难度。该处小锥齿轮是有垫片调整的，这样可以调整与大锥齿轮的啮合间隙，提高传动精度。另外，该对锥齿轮需要润滑油润滑。本例中，为防止润滑油渗漏，做了 3 处密封。如图 6-41 中油封位置 7、10、13。虽然谐波减速器输入与输出端都做了油封处理，但位置 7 处的油封还是必要的，因为谐波减速器内的润滑油是专用润滑油，齿轮润滑油不能与之混合。另外，还要设计润滑油的进出油口。

6.6.4 时代工业机器人 TIR20 手腕结构

图 6-42 中有两个旋转运动，箭头 a 实现腕壳的正反运动，箭头 b 实现末端法兰的正反旋转，这两个运动组成 TIR20 机器人手腕的结构。

① 箭头 a 的正反运动是电机的转速先通过减速机减速后，再经过连杆与同步带的传动来实现的。该运动先经减速器减速，再经连杆与同步带传递，这样可以有效减小手腕结构的体积，增加机器人手腕的适应性。该传动同时应用连杆与同步带传动，连杆增加传动的刚性，保证该传动的精度与扭矩的实现，同步带可以克服连杆传动的死点位置，保证连杆连续转动。该同步带必须要有张紧机构。

② 箭头 b 的运动是由安装在腕壳内的电机直接带动减速器运动来实现的。由图 6-42 可以看出，末端法兰与减速器的输出端直接连接。本案中，箭头 b 的运动与 TIR6 手腕结构对比，省掉了锥齿轮，这样的好处是减少了机械传动环节，降低噪声，使箭头 a 与箭头 b 的运动不再存在耦合关系，提高了传动精度，同时减少了密封环节。但这并

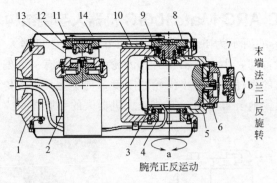

图 6-42 时代工业机器人 TIR20 手腕结构

1—小臂；2,3—电机；4—轴承座；5—腕壳；6—减速机；7—末端法兰；8,11—带轮；
9—传动轴；10—张紧机构；12—同步带；13—减速机；14—连杆

不否认 TIR6 手腕结构的优点，这种结构电机可以远离机器人末端，可以有效降低机器人在焊接或切割作业时对电机的干扰。设计机器人结构时，尤其要考虑机器人的使用用途及其使用环境。为减少机器人在作业时对手腕电机产生的干扰，本案例中对该电机采取全封闭安装。安装在腕壳内的电机线缆通过轴承座，为防止线缆的磨损，在该轴承座内增加一轴承。该手腕的两个运动是相互独立的，可以方便机器人控制。

6.6.5　KUKA KR30-3 机器人手腕结构

库卡（KUKA）机器人可用于物料搬运、加工、堆垛、点焊和弧焊，涉及自动化、金属加工、食品和塑料等行业。如图 6-43 所示为 KUKA KR30-3 机器人手腕结构，图 6-44 为同步带三维图示。该手腕结构的特点是充分利用中空结构，减速器、传动轴、带轮、齿轮都采用中空结构，同步带的用法非常独特[16]。

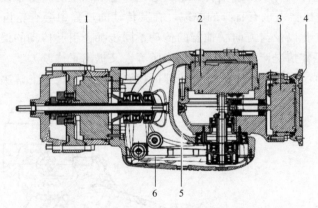

图 6-43　KUKA KR30-3 机器人手腕结构

1～3—减速器；4—末端法兰；5,6—同步带

图 6-44　KUKA KR30-3 手腕处同步带结构

6.6.6 FANUC ARC Mate100iC 机器人手腕结构

如图 6-45、图 6-46 所示为 FANUC ARC Mate 100iC 机器人手腕结构。该手腕结构采用准双曲面齿轮传动，小齿轮轴线与大齿轮中心轴线有一个偏置距离。利用偏置距离，可以增大小齿轮的直径，提高小齿轮的刚度，传递力大，且传动平稳。利用两对该种齿轮，可以最大程度地节省空间，有效减少机器人的手腕体积[17]。

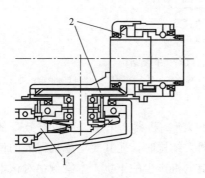

图 6-45 FANUC ARC Mate 100iC 手腕处齿轮结构
1—两对准双曲面齿轮；2—对锥齿轮

图 6-46 FANUC ARC Mate 100iC
手腕处齿轮实物

6.6.7 Trallfa-4000 型机器人的传动机构

Trallfa-4000 型机器人的传动机构见图 6-47，该机器手腕的典型特征就是在机构中采用了球面齿轮与万向联轴器，可以实现三个自由度。从图中可以看出基本结构由基点 O、连杆Ⅰ、连杆Ⅱ和连杆Ⅲ组成，与以 O_1、O_2 和 O_3 为中心的三个万向联轴器一起组成了柔性链。这样就可以实现偏转和俯仰运动，也可以绕着自身轴线做自转运动。但是 Trallfa-4000 型机器人也有自身的弊端，在其传动的过程中会有轮齿干涉的问题，球面齿轮的传动比变化以及与万向联轴器的传动不同步都会引起传动的误差，这样就会对末端的执行器的工作情况产生影响，所以张昆等人又提出了修改方案，即单齿球面齿轮传动的方案，代替了原机器人中的多齿式球面齿轮，能够从根本上解决轮齿在工作过程

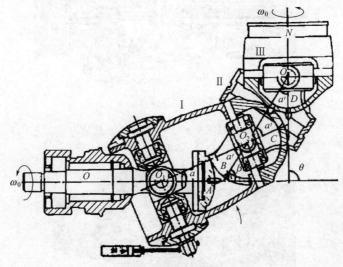

图 6-47 Trallfa-4000 型机器人传动机构

中的干涉问题[18]。因为原机器人的双球面齿轮加工困难,采用单齿轮后可以整车生产而且精度也能够保证。为了保证柔性腕的末端执行器的摆角±90°的问题,就要保证单齿球面齿轮的啮合角是-22.5°到+22.5°,此方案经试验已达到设计要求。

6.6.8 单齿球面齿轮传动的柔顺手腕

曹海燕等人设计了一种新型的应用于数控磨床上的柔顺手腕,此手腕是在上下料系统中工作的,该机构最大的特点就是应用了V字形的移动式手爪[19]。结构简图如图6-48所示,在V字形滑块的夹紧力和弹簧力的作用下,在夹齿轮中心的运动范围内调整位置姿态,工作时柔性腕的齿轮会受到轴的作用力,就会将力传递到手爪的执行器上,弹簧浮动带动手爪绕着柔顺中心做微小的转动,就可以调整末端执行器的位置,保证装配完成。

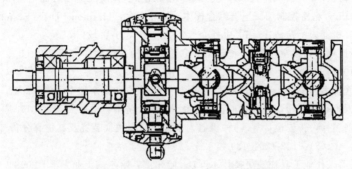

图 6-48　单齿球面齿轮传动的柔顺手腕

6.6.9 全方位关节并联机构

哈尔滨工业大学的吴伟国提出的一种全方位关节的并联机构,能够实现腕部机器人的三个自由度,图6-49所示的是全方位机构的简图,这个关节的内部也是设置了一个双方向联轴器,套筒内安装有特制的推力球轴承,利用锥齿轮的特殊机构可增大末端执行器的输出范围,俯仰和偏转角度都能达到90°,当完成自转时,由双万向联轴器将主轴的回转运动传递给末端执行器的输出轴[20]。

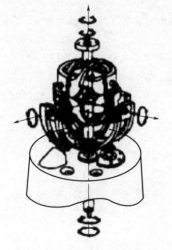

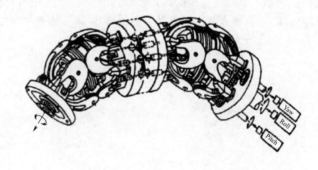

图 6-49　全方位机构的简图　　　　图 6-50　多关节的柔顺手腕机构

此外他还进一步设计了多关节的柔顺手腕机构，如图 6-50 所示，直齿圆柱的齿轮是该机构的特点，利用了上一个关节作为此齿轮，另外还有锥齿轮安装在机构中导轨的外侧，驱动圆柱齿轮实现机器人的偏转和俯仰两个自由度。此柔性腕所做的改进就是用直齿轮代替了球形齿轮。由偶数个双万向节完成自转，中控轴内的单节万向节实现了另一个自转自由度。

参考文献

[1] 龚仲华.工业机器人从入门到应用 [M].北京：机械工业出版社，2016.

[2] 陈树君.焊接机器人实用手册 [M].北京：机械工业出版社，2014.

[3] 刘永安，余天荣.工业机器人的应用研究 [J].机电工程技术，2014，43 (2)：52-53，104.

[4] 孙汉卿，吴海波.多关节机器人原理与维修 [M].北京：国防工业出版社，2013.

[5] Harmonic Drive.精密控制用减速器综合样本 [M].东京：Harmonic Drive System，Ltd.，2015.

[6] 艾莹，刘齐.机器人手腕概述 [J].中外企业家，2018 (19)：121.

[7] 刘东升，龚振邦，郭锡章，等.一种新型并联手腕机构的运动学分析 [J].上海大学学报（自然科学版），1997，3 (S1)：117-121.

[8] 李桂海.全气动多自由度关节型机器人的研制 [D].南京：南京理工大学，2005.

[9] 李娜.机器人末端执行器快换装置的设计及优化 [D].济南：山东大学，2017.

[10] 廖堃宇，刘满禄，张俊俊，等.一种机器人末端执行器快换装置及其仿真分析 [J].制造业自动化，2018，40 (8)：122-126，139.

[11] 陈有权.机器人作业工具快速更换技术 [D].哈尔滨：哈尔滨工业大学，2008.

[12] 谭定忠，王启明，薛开，等.机器人末端操作器自动更换技术研究 [J].机械与电子，2004 (3)：56-58.

[13] 廖堃宇，刘满禄，张俊俊，等.一种机器人末端执行器快换装置的设计分析 [J].机械研究与应用，2018，31 (2)：118-121，127.

[14] 胡帅，葛明坤，万德俊，等.浅谈喷涂设备与喷涂工艺 [J].现代涂料与涂装，2015 (1)：38-40.

[15] 潘存云，张志雄.几种新型机器人手腕机构剖析 [J].机械与电子，1991 (2)：39-41.

[16] 白金元，徐滨士，许一，等.自动化电弧喷涂技术的研究应用现状 [J].中国表面工程，2006，19 (5)：267-270.

[17] 席宏卓，吴振彪，李巧敏，等.机器人手腕组成及姿态变换机构的应用 [J].机械与电子，1992 (2)：8-9.

[18] 刘廷荣，黄小容，孙迪生.工业机器人设计方案的选择 [J].机器人，1989，3 (3)：58-62.

[19] 李牧，李成群.基于机器人发展趋势的研究 [J].山东工业技术，2018 (24)：230.

[20] 秦汉.机器人技术的发展与应用综述 [J].赤峰学院学报（自然科学版），2017，33 (23)：66-68.

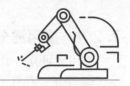

第7章 机器人手部机构

7.1 机器人手部概述

机器人末端操作器也叫机器人手部结构或末端执行器，包含两大部分：手部与专用操作器。手部是装在机器人手腕上直接抓握工件或执行作业的部件，具有模仿人手动作的功能，并安装于机器人手臂的前端。专用操作器包括各种工具，如焊具、喷枪等可以实现特定功能的工具。

人的手有两种含义：第一种含义是医学上把包括上臂、手腕在内的整体叫做手；第二种含义是把手掌和手指部分叫做手。机器人的手部接近于第二种含义。

机器人手部的特点：

① 手部与手腕相连处可拆卸。手部与手腕有机械接口，也可能有电、气、液接头，当工业机器人作业对象不同时，可以方便地拆卸和更换手部。

② 手部是机器人末端操作器。它可以像人手那样具有手指，也可以是不具备手指的手；可以是类人的手爪，也可以是进行专业作业的工具，比如装在机器人手腕上的喷漆枪、焊接工具等。

③ 手部的通用性比较差。机器人手部通常是专用的装置，比如：一种手爪往往只能抓握一种或几种在形状、尺寸、重量等方面相近似的工件；一种工具只能执行一种作业任务。

④ 手部是一个独立的部件。手部对于整个工业机器人来说是影响作业完成好坏、作业柔性好坏的关键独立部件之一，可以进行拆卸和更换。具有复杂感知能力的智能化手爪的出现，增加了工业机器人作业的智能化。

7.2 机器人手部分类

由于手部要完成的作业任务繁多，手部的类型也多种多样[1]。根据其用途，手部可分为手爪和工具两大类[2]。手爪具有一定的通用性，它的主要功能是抓住工件、握持工件、释放工件。工具用于进行某种作业[3]。

7.2.1 按用途分类

按用途可分为手爪和专用操作器。

① 手爪：具有一定的通用性。

主要功能：抓住工件、握持工件、释放工件。

抓住：如图 7-1，在给定的目标位置和期望姿态上抓住工件，工件必须有可靠的定位，保持工件和手爪之间准确的相对位置关系，以保持机器人后续作业的准确性。

握持：确保工件在搬运过程中或零件装配过程中定义了的位置和姿态的准确性。

释放：在指定位置结束手部和工件之间的约束关系。

② 专用操作器：如图 7-2 所示，是进行作业的专用工具，如喷枪、焊具等。

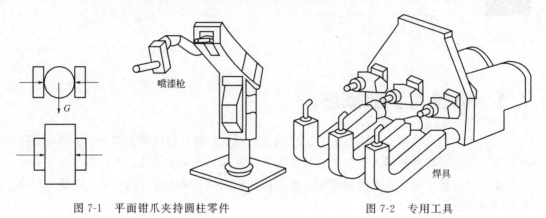

图 7-1　平面钳爪夹持圆柱零件　　　　　　图 7-2　专用工具

7.2.2 按夹持原理分类

按夹持原理可分为手指式和吸盘式。

（1）手指式

① 如图 7-3，按夹持方式分类，可分为以下三类：

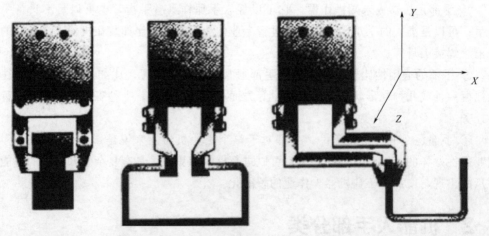

图 7-3　外夹式、内撑式、内外夹持式末端执行器

外夹式：手部与被夹件的外表面相接触。

内撑式：手部与工件的内表面相接触。

内外夹持式：手部与工件的内、外表面相接触。

② 如图 7-4，按手爪运动形式分，可分为以下三类：

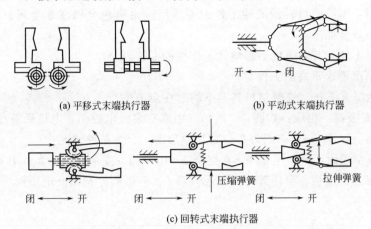

(a) 平移式末端执行器　　　　　　(b) 平动式末端执行器

(c) 回转式末端执行器

图 7-4　按手爪运动形式分类

平移式：当手爪夹紧和松开工件时，手指做平移运动，并保持夹持中心的固定不变，不受工件直径变化的影响。

平动式：手指由平行四杆机构传动，当手爪夹紧和松开物体时，手指姿态不变，做平动。

回转式：当手爪夹紧和松开物体时，手指做回转运动。当被抓物体的直径较小时，需要调整手爪的位置才能保持物体的中心位置不变。

③ 按手指关节分为：单关节手指手爪，多关节手指手爪。

④ 按手指数目分为：二指手爪，多指手爪。三指手爪结构如图 7-5。

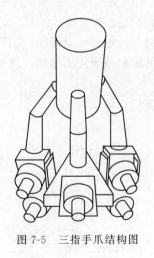

图 7-5　三指手爪结构图

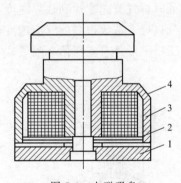

图 7-6　电磁吸盘

1—磁盘；2—防尘盖；3—线圈；4—外壳体

（2）吸盘式

① 电磁吸盘。如图 7-6，电磁吸盘的结构主要由磁盘、防尘盖、线圈、壳体等组成。

工作原理分为两种工作情况。

a.夹持工件：线圈通电→空气间隙的存在→线圈产生大的电感和启动电流→周围产生磁场（通电导体一定会在周围产生磁场）→吸附工件。

b. 放开工件：线圈断电→磁吸力消失→工件落位。

适用范围：用铁磁材料做成的工件；不适用于由有色金属和非金属材料制成的工件。具体适用场合如下：

a. 被吸附工件上有剩磁也不影响其工作性能的工件。

b. 定位精度要求不高的工件。

c. 常温状况下工作（铁磁材料高温下的磁性会消失）。

② 真空式吸盘。构成：如图 7-7 所示，由真空泵、电磁阀、电机和吸盘等构成。

工作原理：如图 7-8，该图为真空吸盘原理图，分为两种情况：

a. 形成真空吸附工件：电机 1→真空泵 2→电磁阀 3 左侧→从吸盘 5 处抽气。

b. 释放工件：电机、泵停转→大气经气口 6→电磁阀 4 左侧→电磁阀 3 右侧→送气至吸盘 5 处。

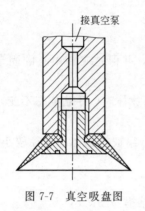

图 7-7　真空吸盘图

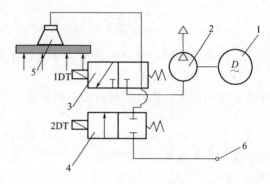

图 7-8　真空吸盘原理图

③ 喷气式吸盘。工作原理：如图 7-9 所示，压缩空气进入喷嘴后，利用伯努利效应，当压缩空气刚进入时，由于喷嘴口逐渐缩小，致使气流速度逐渐增加。当管路截面收缩到最小处时，气流速度达到临界速度，然后喷嘴管路的截面逐渐增加，使与橡胶皮碗相连的吸气口处，造成很高的气流速度而形成负压[5]。

应用：工厂一般都有空压站，喷气式吸盘在工厂有广泛的应用。

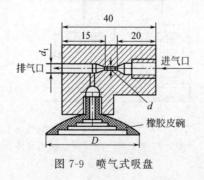

图 7-9　喷气式吸盘

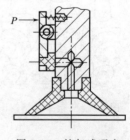

图 7-10　挤气式吸盘

④ 挤气式吸盘：如图 7-10、图 7-11 所示，主要构成为：吸盘架、压盖、密封垫、吸盘。

异形吸盘：如图 7-12 所示，可用来吸附蛋类、锥形瓶等物件。扩大了真空吸盘在机器人上的应用。

自适应吸盘：如图 7-13 所示，该结构的特点为：该吸盘具有一个球关节，使吸盘能倾斜自如，适应工件表面倾角的变化。

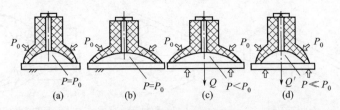

图 7-11 挤气式吸盘

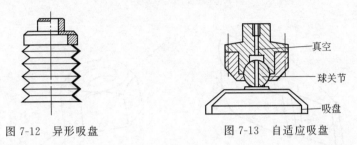

图 7-12 异形吸盘

图 7-13 自适应吸盘

7.3 夹钳式手部机构

7.3.1 夹钳式手部组成

夹钳式手部与人手相似，是在工业机器人中广为应用的一种手部形式。如图 7-14 所示，它一般由手指（手爪）和驱动机构、传动机构及连接与支承元件组成，能通过手爪的开闭动作实现对物体的夹持。

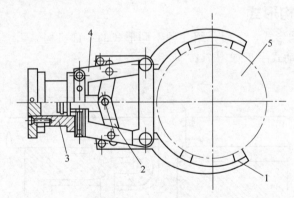

图 7-14 夹钳式取料手
1—手指；2—传动机构；3—驱动机构；4—支架；5—工件

手部的构成：主要由手指、驱动机构和传动机构组成。

手指是直接与工件接触的部件。手部松开和夹紧工件，就是通过手指的张开与闭合来实现的。机器人的手部一般有两个手指，也有三个或多个手指，其结构形式常取决于被夹持工件的形状和特性[6]。

指端的形状常见的有两类：V 形指和平面指，如图 7-15 所示的三种 V 形指的形状，用于夹持圆柱形工件。

如图 7-16 所示的平面指为夹钳式手部的指端，一般用于夹持方形工件（具有两个平行平面）。

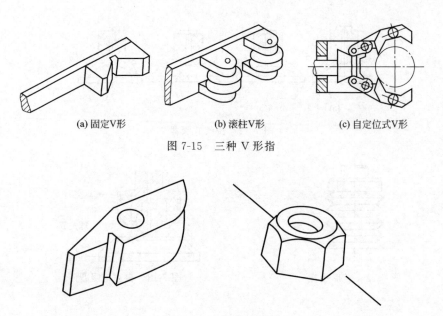

| (a) 固定V形 | (b) 滚柱V形 | (c) 自定位式V形 |

图 7-15 三种 V 形指

图 7-16 夹钳式平面指

    指面的形状常有光滑指面、齿形指面和柔性指面等[7]。光滑指面平整光滑，用来夹持已加工表面，避免已加工表面受损。齿形指面的指面刻有齿纹，可增加夹持工件的摩擦力，以确保夹紧牢靠，多用来夹持表面粗糙的毛坯或半成品。柔性指面内镶橡胶、泡沫、石棉等物，有增加摩擦力、保护工件表面、隔热等作用，一般用于夹持已加工表面、炽热件，也适用于夹持薄壁件和脆性工件。

7.3.2 手指结构形式

    手指有多种结构形式，下面介绍几种不同形式的手部机构。

    ① 齿轮齿条移动式手爪如图 7-17 所示。

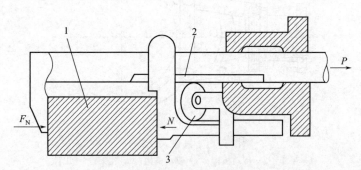

图 7-17 齿轮齿条移动式手爪
1—工件；2—齿条；3—齿轮

    ② 重力式钳爪如图 7-18 所示。

    ③ 平行连杆式钳爪如图 7-19 所示。

    ④ 拨杆杠杆式钳爪如图 7-20 所示。

    ⑤ 自动调整式钳爪如图 7-21 所示。自动调整式钳爪的调整范围为 0～10mm，适用于抓取多种规格的工件，当更换产品时可更换 V 形钳爪。

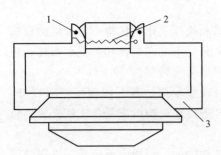

图 7-18 重力式钳爪
1—销；2—弹簧；3—钳爪

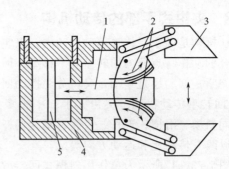

图 7-19 平行连杆式钳爪
1—齿条；2—扇形齿轮；3—钳爪；4—气缸；5—活塞

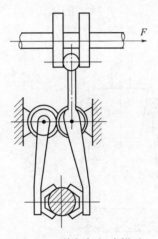

图 7-20 拨杆杠杆式钳爪

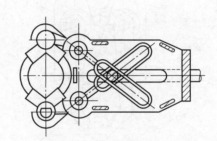

图 7-21 自动调整式钳爪

⑥ 机器人手爪和手腕中形式最完美的是模仿人手的多指灵巧手，如图 7-22 所示。多指灵巧手有多个手指，每个手指有三个回转关节，每一个关节的自由度都是独立控制的，因此，几乎人手指能完成的复杂动作，如拧螺钉、弹钢琴、做礼仪手势等，它都能完成。在手部配置触觉、力觉、视觉、温度传感器，可使多指灵巧手更趋于完美。多指灵巧手的应用前景十分广泛，可在各种极限环境下完成人类无法实现的操作，如在核工业领域内，在宇宙空间，在高温、高压、高真空环境下作业等[8]。

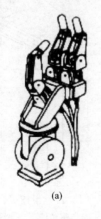

(a)

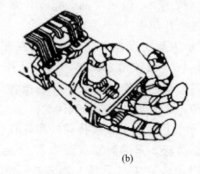

(b)

图 7-22 多指灵巧手

7.3.3　夹钳式手部的传动机构

传动机构是向手指传递运动和动力，以实现夹紧和松开动作的机构。传动机构根据手指开合的动作特点分为回转型和平移型；回转型又分为单支点回转和多支点回转；根据手爪夹紧是摆动还是平动，又可分为摆动回转型和平动回转型。

① 回转型传动机构。夹钳式手部中较多的是回转型手部，其手指就是一对杠杆，一般再同斜模、滑槽、连杆、齿轮、蜗轮蜗杆或螺杆等传动机构组成复合式杠杆传动机构，用以改变传动比和运动方向等。

如图 7-23(a) 所示为单作用斜楔式回转型手部结构简图。斜楔向下运动，克服弹簧拉力，使杠杆手指装着滚子的一端向外撑开，从而夹紧工件；斜楔向上移动，则在弹簧拉力作用下使手指松开。手指与斜楔通过滚子接触可以减小摩擦力，提高机械效率，有时为了简化，也可让手指与斜楔直接接触。也有如图 7-23(b) 所示的结构。

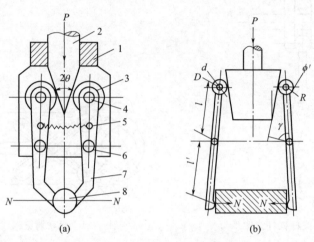

图 7-23　夹钳式平面指

1—壳体；2—斜楔驱动杆；3—滚子；4—圆柱销；5—拉簧；6—铰销；7—手指；8—工件

如图 7-24 所示为滑槽式杠杆回转型手部简图，杠杆形手指 4 的一端装有 V 形指 5，另一端则开有长滑槽。驱动杆 1 上的圆柱销 2 套在滑槽内，当驱动连杆同圆柱销一起做往复运动时，即可拨动两个手指各绕其支点（铰销 3）做相对回转运动，从而实现手指的夹紧与松开动作。

如图 7-25 所示为双支点连杆杠杆式手部简图。驱动杆 2 末端与连杆 4 由铰销 3 铰接，当驱动杆 2 做直线往复运动时，则通过连杆推动两杆手指各绕其支点做回转运动，从而使手指松开或闭合。

如图 7-26 所示为齿轮齿条直接传动的齿轮杠杆式手部的结构。驱动杆 2 末端制成双面齿条，与扇齿轮 4 相啮合，而扇齿轮 4 与手指 5 固连在一起，可绕支点回转。驱动力推动齿条做直线往复运动，

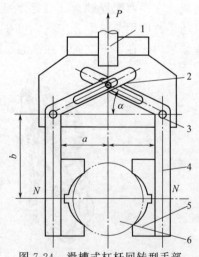

图 7-24　滑槽式杠杆回转型手部

1—驱动杆；2—圆柱销；3—铰销；

4—手指；5—V 形指；6—工件

即可带动扇齿轮回转，从而使手指松开或闭合。

　　② 平移型传动机构。平移型夹钳式手部是通过手指的指面做直线往复运动或平面移动来实现张开或闭合动作的，常用于夹持具有平行平面的工件（如冰箱等）。其结构较复杂，不如回转型手部应用广泛[9]。

　　a.直线往复型。实现直线往复移动的机构很多，常用的斜楔传动、齿条传动、螺旋传动等均可应用于手部结构。它们既可是双指型的，也可是三指（或多指）型的；既可自动定心，也可非自动定心。

　　b.平面平行移动机构。图 7-27 所示为几种平面平行平移型夹钳式手部的简图。它们的共同点是：都采用平行四边形的铰链机构和双曲柄铰链四连杆机构，以实现手指平移。其差别在于分别采用齿条齿轮、蜗杆蜗轮、连杆斜滑槽的传动方法。

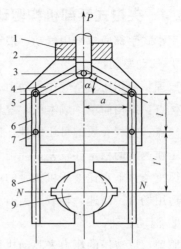

图 7-25　双支点连杆杠杆式手部

1—壳体；2—驱动杆；3—铰销；4—连杆；
5，7—圆柱销；6—手指；8—V形指；9—工件

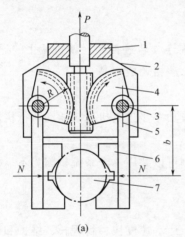

(a)

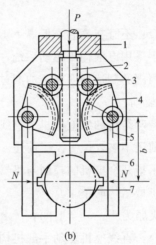

(b)

图 7-26　齿条齿轮杠杆式手部

1—壳体；2—驱动杆；3—中间齿轮；4—扇齿轮；5—手指；6—V形指；7—工件

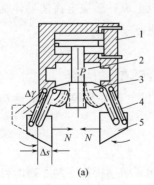

(a)

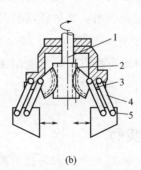

(b)

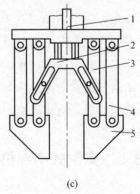

(c)

图 7-27　四连杆机构平移型手部结构

1—驱动器；2—驱动元件；3—驱动摇杆；4—从动摇杆；5—手指

7.3.4 夹钳式手部机构驱动方式

手指式手部通常采用气动、液动、电动和电磁来驱动手指的开合。

① 气动驱动：

原理：利用压缩空气作为动力，用来夹取或抓取工件的执行装置。

优点：结构简单，成本低，容易维修，而且开合迅速，重量轻。

缺点：空气介质的可压缩性，使爪钳位置控制比较复杂。由于空气具有可压缩的特性，工作速度的稳定性较差，冲击大，而且气源压力较低，抓重一般在 30kg 以下，在同样抓重条件下它比液压机械手的结构大。

适用场合：高速、轻载、高温和粉尘大的环境中进行工作。

② 液动驱动：

原理：以液压的压力来驱动执行机构运动的机械手。

主要特点：抓重可达几百千克以上、传动平稳、结构紧凑、动作灵敏。

优点：控制稳定，精度高，抓取力大，并且传动平稳、结构紧凑、动作灵敏。

缺点：成本稍高；对密封装置要求严格，不然油的泄漏对手部的工作性能有很大的影响。

适用场合：不宜在高温、低温下工作。

若机械手采用电液伺服驱动系统，可实现连续轨迹控制，使机械手的通用性扩大，但是电液伺服阀的制造精度高，油液过滤要求严格，成本高。

③ 电动驱动：

原理：特殊结构的感应电机、直线电机或功率步进电机直接驱动执行机构运动。此类机械手目前还不多，但有发展前途。

优点：手指开合电机的控制与机器人控制可以共用一个系统。因为不需要中间的转换机构，故机械结构简单。

缺点：夹紧力小，开合时间长。

适用场合：直线电机驱动手部机构适用于运动速度快、行程长、维护和使用方便的场合。

④ 电磁驱动：

原理：如果磁场相对于导体运动，在导体中会产生感应电流，感应电流使导体受到安培力的作用，安培力使导体运动起来，这种作用就是电磁驱动。

优点：控制信号简单。

缺点：夹紧的电磁力与爪钳的行程有关，只能用在开合距离小的场合。

适用场合：适用于高可靠性、高功率、多路恒流输出供电，并且要求手爪运动速度快。

7.3.5 夹钳式手部机构实例

平行指手爪机构工作原理：如图 7-28，回转动力源 1 和 6 驱动构件 2 和 5 顺时针或逆时针旋转，通过平行四边形机构带动手指 3 和 4 做平动、夹紧或释放工件。

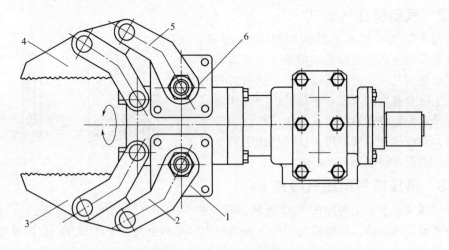

图 7-28　平行指手爪机构

7.4　气吸式手部机构

气吸式手部是工业机器人常用的一种吸持工件的装置。它由吸盘（一个或几个）、吸盘架及进排气系统组成，具有结构简单、重量轻、吸附力分布均匀等优点。对于薄片状物体（如板材、纸张、玻璃等）的搬运更有优越性，广泛应用于非金属材料或不可有剩磁的材料的吸附，但要求物体表面较平整光滑，无孔无凹槽。气吸式手部的另一个特点是对工件表面没有损伤，且对被吸持工件预定的位置精度要求不高；要求工件上与吸盘接触部位光滑平整、清洁，被吸工件材质紧密，没有透气空隙。气吸式手部是利用吸盘内的压力和大气压之间的压力差而工作的。按形成压力差的方式，可分为真空吸附式、气流负压气吸式、挤压排气负压气吸式等几种。

7.4.1　真空吸附式

真空吸附式手部结构中，真空的产生是利用真空泵，真空度较高。如图 7-29 所示结构蝶形橡胶吸盘 1 通过固定环 2 安装在支撑杆 4 上，支撑杆由螺母 5 固定在基板 6 上。工业机械臂在抓取物体时，蝶形橡胶吸盘与物体表面接触，橡胶吸盘在边缘既起到密封作用，又起到缓冲作用，然后真空抽气，吸盘内腔形成真空，吸取物料。放料时，管路接通大气，失去真空，物体放下。为避免在取、放料时产生撞击，有的还在支撑杆上配有弹簧缓冲。为了更好地适应物体吸附面的倾斜状况，有的在橡胶吸盘背面设计有球铰链。真空吸附式还用于微小无法抓取的零件。如图 7-30 为微小零件真空吸附式手部结构。

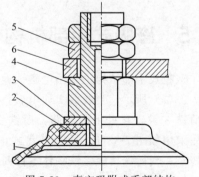

图 7-29　真空吸附式手部结构
1—蝶形橡胶吸盘；2—固定环；3—垫片；
4—支撑杆；5—螺母；6—基板

7.4.2 气流负压气吸式

气流负压气吸式手部结构如图 7-31 所示。气流负压吸附是利用流体力学的原理，当需要取物时，压缩空气高速流经喷嘴 5 时，其出口处的气压低于吸盘腔内的气压，于是腔内的气体被高速气流带走而形成负压，完成取物动作；当需要释放时，切断压缩空气即可。这种机械手需要压缩空气，工厂里易取得，故成本较低。

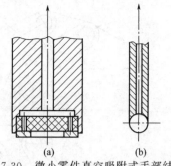

图 7-30　微小零件真空吸附式手部结构

7.4.3 挤压排气负压气吸式

挤压排气式手部结构如图 7-32 所示。挤压排气式手部结构的工作原理：执行抓取动作时吸盘压紧物体，橡胶吸盘变形，挤出腔内多余的空气，手部上升，靠橡胶吸盘的恢复力形成负压，将物体吸住；释放时，压下拉杆 3，使吸盘腔与大气相连通而失去负压。其结构简单，但吸附力小，吸附状态不易长期保持。

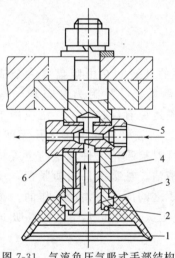

图 7-31　气流负压气吸式手部结构
1—橡胶吸盘；2—芯套；3—透气螺钉；
4—支撑杆；5—喷嘴；6—喷嘴套

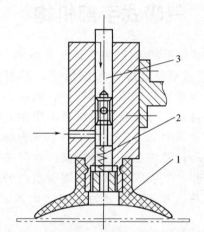

图 7-32　挤压排气负压气吸式手部结构
1—橡胶吸盘；2—弹簧；3—拉杆

7.5 磁吸式手部机构

磁吸式手部结构是利用电磁铁通电后产生的电磁吸力抓取物体[10]，其工作原理如图 7-33(a) 所示。当线圈 1 通电后，在铁芯 2 内外产生磁场，磁力线穿过铁芯，空气隙和衔铁 3 被磁化并形成回路，衔铁受到电磁吸力 F 的作用被牢牢吸住。实际使用时，往往采用如图 7-33(b) 所示的盘式电磁铁，衔铁是固定的，衔铁内用隔磁材料将磁力线切断，当衔铁接触磁铁物体零件时，零件被磁化形成磁力线回路，并受到电磁吸力而被吸住。

磁吸式手部只能对铁磁物体的抓取起作用。另外，对某些不允许有剩磁的零件要禁止使用。所以磁吸式手部的使用有一定的局限性，如图 7-34 所示为几种电磁式吸盘示意图。

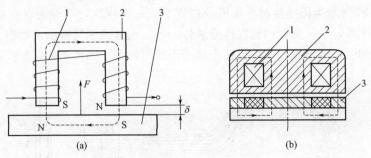

图 7-33 磁吸式手部机构原理图

1—线圈；2—铁芯；3—衔铁

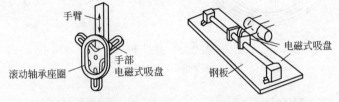

(a) 吸附滚动轴承底座的电磁式吸盘 　　(b) 吸取钢板的电磁式吸盘

(c) 吸取齿轮用的电磁式吸盘 　　(d) 吸附多孔钢板用的电磁式吸盘

图 7-34 电磁式吸盘示意图

7.6 其他手部机构

7.6.1 挠性手部机构

为了能对不同外形的物体实施抓取，并使物体表面受力比较均匀，研制出了挠性手。如图 7-35 所示为多关节挠性手，每个手指由多个关节串联而成。手指传动部分由牵引钢丝绳及摩擦滚轮组成，每个手指由两根钢丝绳牵引，一侧为握紧，另一侧为放松。驱动源可采用电机驱动或液压、气动元件驱动。挠性手可抓取凹凸不平的外形并使物体受力较为均匀。

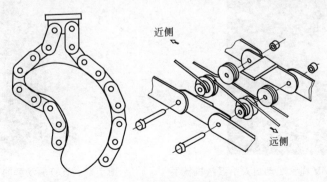

图 7-35 多关节挠性手腕

如图 7-36 所示为用挠性材料做成的挠性手。一端固定，一端为自由端的双管合一的挠性管状手爪，当一侧管内充气体或液体，另一侧管内抽气或抽液时形成压力差，柔性手爪就向抽空一侧弯曲。此种挠性手适用于抓取轻型、圆形物体，如玻璃器皿等。

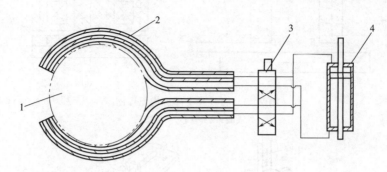

图 7-36　挠性手
1—工件；2—手指；3—电磁阀；4—油缸

7.6.2　类人手部机构

目前，大部分工业机器人的手部只有两个手指，而且手指上一般没有关节。因此抓取物件时不能适应物体外形的变化，不能使物体表面承受比较均匀的夹持力，因此无法满足对复杂形状、不同材质的物体实施夹持和操作。为了提高机器人手部和手腕的操作能力、灵活性和快速反应能力，使机器人能像人手一样进行各种复杂的作业，就必须有一个运动灵活、动作多样的灵巧手，即仿人手[11,12]。目前，国内外学者设计出了绳索驱动型、液压型、气压型、电机驱动型等多种仿人手机器人。以下是目前的几类仿人手机械手。

（1）绳索驱动型

绳索驱动型仿人手五指机械手的五指运动通过绳索拉动关节运动实现，如图 7-37 所示为 InMooV 五指仿人手机械手。

（2）连杆驱动型

连杆驱动型仿人手五指机械手，其五指运动通过刚性连杆带动，每个连杆采用一个电机控制，如图 7-38 所示。

图 7-37　InMooV 绳索驱动仿人手五指机械手

图 7-38　连杆驱动型的五指机械手

（3）气压驱动型

气压驱动型仿人手五指机械手是采用气压驱动指关节运动仿人手五指机械手。如图 7-39 所示为德国 Festo 公司设计的拥有人工骨骼和气动肌肉的双臂机器人。

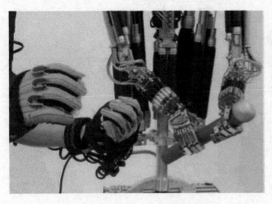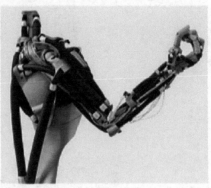

图 7-39　Festo 公司设计的拥有人工骨骼和气动肌肉的双臂机器人

（4）关节电机驱动型

关节电机驱动型仿人手五指机械手采用关节电机驱动指关节运动。如图 7-40 为雄克公司的由关节电机驱动的五指机械手，其五根手指关节均采用关节电机驱动，具有较高的自由度，灵巧性较高，可以执行不同的抓取动作。

图 7-40　关节电机驱动型五指机械手

7.6.3　无驱动装置的手指类手部机构形式

（1）弹簧式手部机构

弹簧式手部结构的特点是其加持物体的抓力是由弹性元件提供的，不需要专门的驱动装置，在抓取物体时需要一定的压入力，而在卸料时，则需要一定的拉力。图 7-41 为几种弹性爪的结构原理图。图 7-41(a) 所示的手爪有一个固定爪，另一个活动爪 6 靠压簧 4 提供抓力，活动爪绕轴 5 回转，空手时其回转角度由平面 2、3 限制。抓物时，爪 6 在推力作用下张开，靠爪上的凹槽和弹性力抓取物体；卸料时，需固定物体的侧面，手爪用力拔出即可。

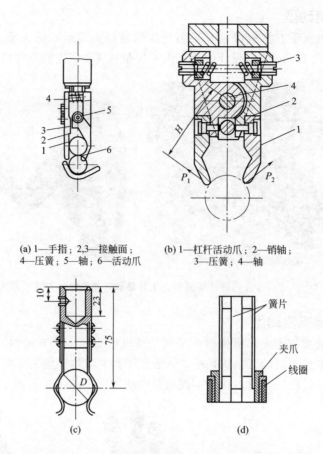

(a) 1—手指；2,3—接触面；
4—压簧；5—轴；6—活动爪

(b) 1—杠杆活动爪；2—销轴；
3—压簧；4—轴

(c)

(d)

图 7-41　几种弹性力手爪的结构原理图

（2）钩拖式手部机构

钩拖式手部主要特征是不靠夹紧力来夹持工作，而是利用手指对工件的钩、拖、捧等动作来拖持工件。应用钩拖方式可降低驱动力的要求，简化手部结构，甚至可以省略手部驱动装置。它适用于在水平面内和垂直面内做低速移动的搬运工作，尤其对大型笨重的工件或结构粗大而重量较轻且易变形的工件更为有利。钩拖式手部分为无驱动装置（如图 7-42 所示）和有驱动装置两种类型。

工作原理：图 7-42 中，手部在臂的带动下向下移动，当手部下降到一定位置时齿条 1 下端碰到撞块，臂部继续下移，齿条便带动齿轮 2 旋转，手指 3 即进入工件钩拖部位。手指拖持工件时，销子 4 在弹簧力作用下插入齿条缺口，保持手指的钩拖状态并可使手臂携带工件离开原始位置。在完成钩拖任务后，由电磁铁将销子向外拔出，手指又呈自由状态，可继续下个工作循环程序。

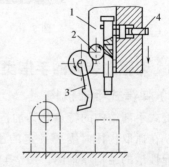

图 7-42　无驱动装置钩拖式手部示意图
1—齿条；2—齿轮；3—手指；4—销子

7.7 典型手部机构设计实例

7.7.1 气动类人仿生机械手设计实例

自 20 世纪末期开始，随着机器人技术不断发展，人们也越来越多地关注类人仿生机械手的研究，致力于使类人仿生机械手在功能、形状外观等方面和人类手趋于一致，并且能够实现人手可完成的各项工作。

本例气动类人仿生机械手的设计主要包括机械手本体结构设计、指节关角度设计、主要零件材料和标准件的选择与控制系统的设计[13,14] 等内容。整个仿生机械手的设计是按照成人手掌结构形状而设计的，可以完成手指的弯曲和舒张运动，多个手指也可协调地实现物体抓取运动。现以此气动类人仿生机械手的设计为实例进行介绍。

（1）类人仿生机械手的结构设计

人类手指是由指节、关节和肌肉组成，如图 7-43 所示。仿造人类手指的结构设计的机械手是由手指和手掌两个部分所组成。在设计和研制中，三个指节分别被指节单元所取代；气缸作为牵引动力源，牵引钢丝替代了肌肉收缩作用，实现其收缩运动，并完成手指弯曲动作；圆柱弹簧替代肌肉舒张作用，实现其舒张运动，并以此完成手指复位动作；关节则是用销轴替代。

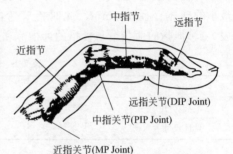

图 7-43 人类手指解剖示意图

仿生机械手的机构（图 7-44）：手掌支撑单元 1；手指的屈伸牵引机构 2；指节单元 3；手指的复位机构 4；关节单元 5；手指支撑单元 6；气动控制单元 7；拇指走丝机构 8；气缸驱动机构 9；钢丝固定机构 10；气缸固定与微调机构 11。

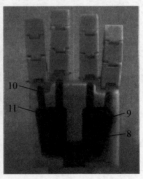

图 7-44 仿生机械手整体结构图

除了上述机构外，因拇指的钢丝牵引方向有两个直角变化，所以单独设置了一个走丝机构，如图 7-45 所示。

钢丝一端固定在远指节上，另一端固定在气缸上，其固定方式见图 7-46 所示，图中 h 是钢丝孔中心到销轴中心的距离。

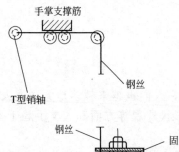

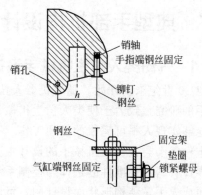

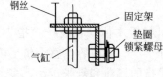

图 7-45　拇指走丝机构图 ｜ 图 7-46　钢丝固定图

（2）指节关角度设计

设定仿生机械手抓取最大的球体直径 150mm，此时指节弯曲的角度最小；当抓取最小的球体直径 100mm，此时指节弯曲的角度最大。成年人手掌和手指节的尺寸见表 7-1。拇指的两指节与食指的远指节和近指节相同，其他手指依据食指尺寸稍作调整。

表 7-1　成年人手部尺寸表　　　　　　　　　　　　　　　　mm

尺寸名称	手掌长度	手掌宽度	食指宽度	食指长度
平均尺寸	202	91	19	79
设计尺寸	300	120	25	145

仿生机械手的运动模型见图 7-47。设食指指根关节处为坐标原点，则指尖 C 点的方程为：

$$\begin{cases} x_C = l_{BC}\sin(\theta_3+\theta_2+\theta_1) + l_{AB}\sin(\theta_2+\theta_1) + l_{OA}\sin\theta_1 \\ y_C = l_{BC}\cos(\theta_3+\theta_2+\theta_1) + l_{AB}\cos(\theta_2+\theta_1) + l_{OA}\sin\theta_1 \end{cases} \tag{7-1}$$

式（7-1）中，$l_{BC}=40mm$，为远指节长度；l_{AB} 为中指节长度；l_{OA}（$l_{OA}=l_{AB}=1.2l_{BC}$）为近指节长度。

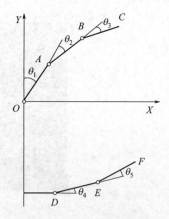

在抓取球体时，机械手能够抓取球体直径的大小取决于手指关节弯曲的角度以及指尖弯曲后距离手掌平面的长度。机械手能够抓取球体的最大直径满足指尖 C 点和 F 点到 Y 轴距离和的一半，也就是两个手指指尖必须跨过球体的直径 R，即要满足：

$$\frac{x_C + x_F}{2} \geqslant R \tag{7-2}$$

图 7-47　手掌运动模型图

在抓取球体时，指尖 C 点到 F 点的距离是球体的直径，即：

$$\sqrt{(|x_C| - |x_F|)^2 + (|y_C| + |y_F|)^2} = 2R \tag{7-3}$$

式（7-3）中，$x_F = x_D + l_{DE}\cos\theta_4 + l_{EF}\cos(\theta_5+\theta_4)$，$x_D$ 取 30mm；$l_{DE}=1.2l_{EF}=1.2l_{BC}$；$|y_F| = |y_D| - l_{DE}\sin\theta_4 - l_{EF}\sin(\theta_5+\theta_4)$，$|y_D|$ 取 90mm。

代入数据，经优化后得出抓取最大球体时 $\theta_1 = 20°$，$\theta_2 = \theta_3 = 30°$，$\theta_4 = 10°$，$\theta_5 = 15°$；抓取最小球体时，$\theta_1 = 30°$，$\theta_2 = \theta_3 = 50°$，$\theta_4 = 15°$，$\theta_5 = 20°$。

（3）主要零件材料和标准件的选择

① 钢丝的选择。牵引钢丝通常是完全暴露在空气中，需要有一定抗腐蚀性；牵引钢丝在工作过程中需要有较大的曲度而不发生塑性变形，所以柔韧性要好；同时在反复牵引运动中钢丝的抗疲劳伸张能力要好；故此这里选择了不锈钢的琴弦。此外，根据抓取物体的重量并经过计算取牵引钢丝的直径为 0.2mm。

② 气缸的选择。机械手在抓取最小球体时，牵引钢丝走动的长度即为气缸的行程。利用指关节弯曲的角度可计算驱动气缸的运动行程；以机械手最大抓取重量来计算驱动气缸的缸筒直径。

$$s_{气} = h/\tan\theta_1 + 2h/\tan\frac{\theta_2}{2} + 2h/\tan\frac{\theta_3}{2} \tag{7-4}$$

式（7-4）中，$s_{气}$ 是气缸的运动行程；h 是钢丝孔中心到销轴中心的距离。设计中 $\theta_2 = \theta_3$，则气缸的行程为：

$$s_{气} = h/\tan\theta_1 + 4h/\tan\frac{\theta_2}{2} \tag{7-5}$$

气缸直径的选择取决于抓取物体力 F 和气泵输出的工作压强 p（0.7MPa）。

$$p = \frac{F}{A_{气}} = \frac{F}{\frac{1}{4}\pi(D_{气}^2 - d_{杆}^2)} \tag{7-6}$$

即

$$D_{气} = \sqrt{\frac{4F}{\pi p} + d_{杆}^2} \tag{7-7}$$

式（7-6）和式（7-7）中，$A_{气}$ 为气缸活塞截面积去掉活塞杆截面的环形面积；$D_{气}$ 为气缸的内径；$d_{杆}$ 为活塞杆直径。则 $s_{气} = 30\text{mm}$，$D_{气} = 10\text{mm}$，活塞杆直径 4mm。

③ 手指及手掌材料。人手在抓取物品时着力点会发生较大的形变，使抓取点的面积变大，以保持有足够的摩擦力，减小对抓取物品的正压力，避免被抓取的物品损坏。而机械手指在抓取物体时也要防止损坏被抓取的物品，这就要求机械手指的柔韧性要好。此外，机械手指也不能发生机械破坏，则要求机械手指要有较好的韧性。还要有好的加工性，寿命长，清洁环保。故此，手指和手掌材料选择聚四氟乙烯。

（4）机械手驱动与控制系统

机械手采用气动驱动控制，气体驱动系统由气泵、10个二位三通电磁换向阀（可以用5个二位五通电磁换向阀代替，本例采用二位三通电磁换向阀是为了使结构紧凑）、5个节流阀、5个双作用气缸、1个三联件组成。气动原理图见图7-48，4、8、12、16、20为双作用气缸；3、7、11、15、19为节流阀；2、5、6、9、10、13、14、17、18、21为二位三通电磁换向阀。

如图7-49，本例设计的仿生机械手有计算机控制和开关量控制两种控制方式。计算机控制系统分为上位机和下位机两大部分，上位机是在普通计算机上用VB语言编写的人机界面软件，下位机主要是由控制器和通信模块、监控模块等构成，上、下位机通过 RS232 总线通信。控制器 C8051F330 为核心的单片机系统，监控模块是由 CCD 摄像头和视频采集卡组成，CCD 摄像头的型号是 DF-592CN，是一种性价比较好的摄像头，能满足系统应用的需要；视频采集卡采用的是数字采集卡 JVS-C801Q，兼容性好，驱动程序支持 Windows XP 操作系统，开关量控制只用于物体的抓取。

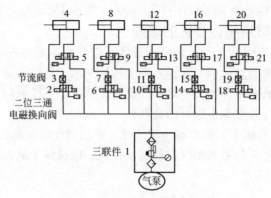

图 7-48　机械手气动控制原理

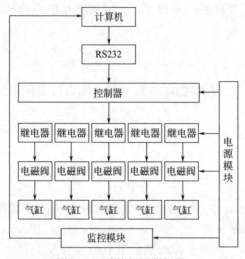

图 7-49　计算机控制框图

7.7.2　电磁驱动机械手机构设计实例

　　手是人体最复杂的结构之一，每只手通常有 5 根手指、27 块骨头，其中，有 14 块指骨（近端、中端和远端），5 块掌骨和 8 块腕骨，掌骨连接手腕和手腕。手指包含身体中一些最密集的神经末梢区域，是最丰富的触觉反馈来源，触觉与手紧密相关。每根手指都可以完成弯曲、伸展、外展和内旋的动作，因此也可以旋转。在人体中，每个手指的屈曲由两个大肌肉负责产生，另外还有额外的肌肉可以加强运动。每个手指可以独立于其他手指移动，但有时负责移动两个手指的肌肉块可能混合在一起，并且肌腱可以通过纤维组织网彼此附接，从而阻止完全自由移动。手部肌肉由负责手和手指运动的骨骼肌组成。移动手指关节的肌肉位于手掌和前臂，甚至可以观察到从前臂肌肉传递运动的长肌腱在手腕和手背上的皮肤下移动。

　　本节实例根据人手的这一特点，尝试对装置的机械结构进行设计。机械手部分仿照人手结构，实现每根手指独立的屈直运动；驱动部分仿照人手运动机理，将驱动器放在机械手的外部不参与手部运动，在保证手部体积结构足够轻便的情况下实现驱动力的最大化。设计时考虑到样机的主要目的为运动功能的实现，因此将其尺寸设定在正常人手尺寸的二分之一大小。

（1）机械手部分设计

① 机械手结构设计。机械手部分采用四指设计：一根拇指以及三根长指。其线框图如图 7-50 所示。其中拇指 1 包含一个关节两个指节、三根长指 2 分别包含两个关节和三个指节，每处关节均可达到 90°的弯曲角度；拇指与其他并列的三指呈 90°排列，每个手指可独立运动。

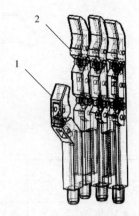

图 7-50 机械手部分线框图

图 7-50 中，每根手指的远节（即指尖部分）呈弧形，可以更好地适应所抓握的物体形状；每根手指的近节与手掌为一体，手指之间通过榫接的形式连接在一起，利用材料之间的摩擦力固定在一起。关节之间采取铰链的连接方式，中间串有 M2 销钉，使指节既能稳定地连接在一起，又可在一个自由度上自由转动；同时合页的正中间材料被掏空，为放置被动元件扭簧预留位置，使扭簧缠绕在销钉上，两脚分别穿过指节搭在指节壁两端。每节手指都采取中空的设计，能在很大程度上减轻机械手的重量，为线驱动所需要的线留出了空间。同时，每个指节中间均有 2mm 的穿孔，目的是插入 M2 销钉，在绕线时可以作固定用。每根手指的近节尾部伸长出 5mm 的圆柱形结构，使穿出的牵引线方向相对固定，不易打结缠绕在一起。

② 机械手线驱动设计。机械手采用线驱动的方式，这种方式既能将力传递到每个手指的远节，又能将分离的机械手手指与驱动器连接起来。

如图 7-51 所示，每根长指中一共有三条驱动线：一条长线、两条短线。长线一端固定在手指远节的销钉上，另一端经手指下部穿过，从尾部圆柱体穿出，连接在驱动器中（图中未显示）。短线两端分别都固定在远节和近节的销钉上，中间经过中节一上一下如"8"字缠绕。长线负责将伸直状态的手指拉回到弯曲状态，短线负责将远节、中节、近节耦合到一起，使前两节指节可以联动，且运动时角速度相同，而不是先弯曲远节、再弯曲近节或相反，使手指运动看起来更加流畅，接近自然人手状态。扭簧在手指弯曲状态下被压缩产生弹力，待驱动绳松弛后使手指回弹为伸直状态。拇指的连线方式相对简单，如图 7-52 所示，一端连接在远节，另一端经下部穿过，从尾部穿出。由于只有一个指节在动，因此只需要一根驱动线即可拉动拇指弯曲，不需要指节间耦合的工作。

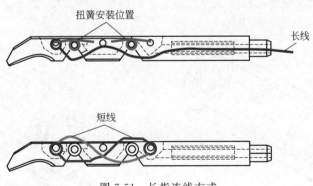

图 7-51 长指连线方式

机械手各部分尺寸如表 7-2 所示。

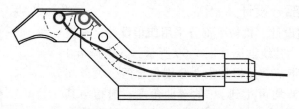

图 7-52　拇指连线方式

表 7-2　机械手部分各参数

参数名称	长度/mm	参数名称	长度/mm
机械手全长	84.2	拇指全长	31.5
长指全长	52.2	拇指弯曲行程	8.0
长指弯曲行程	15.0		

（2）电磁驱动部分设计

驱动器的主体是永磁体和通电螺线管组成的驱动单元，其驱动原理是利用永磁体和通电螺线管之间的电磁作用力，因此需要一定的行程来保证其正常的位移运动。考虑到永磁体本身质量比较小，且表面往往由于镀铬而比较光滑，因此设计滑轨使其在吸合和排斥的过程中沿着滑轨滑动，从而实现往复运动所需要的位移。而通电螺线管需要连接导线和控制系统，同时其本身质量也比较大，因此将通电螺线管保持固定。

① 电磁驱动器容器设计。驱动器容器的线框图如图 7-53 所示，主体为圆柱形，长60mm，外径为20mm，其中，前半部分内径为14mm，存放直径较小的永磁体；后半部分内径为19mm，固定直径较大的通电螺线管。另外圆柱体两端均开口，永磁体端供驱动绳穿出，通电螺线管端供导线穿出。

② 电磁驱动器支撑器设计。为了使多个驱动器能够有规则地摆放，且驱动器之间不产生磁场间的相互干扰，设计如图 7-54 所示的驱动器支撑器。该支撑器分为四层，每层的承载主体是一块支撑板 1，尺寸为 125mm×36mm，支撑板中间切割出 75mm×10mm 的矩形镂空，可将驱动容器卡在中其中；驱动器镂空的前方插有一圆环形状的绕线器 2，可以将从驱动器导出的驱动线经圆环支撑[15]，改变线的走向，减少不必要的摩擦；每层板之间由四个支柱 3 支撑，每层板的四角上有八个可供插入的圆孔，使每两层板的支柱可以相互错开，加强支撑的稳定性，四层支撑器高 72mm。

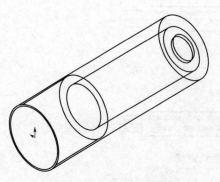

图 7-53　驱动器容器线框图

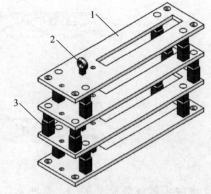

图 7-54　驱动器支撑器示意图

（3）整体装置连接方式

完成机械手部分和驱动器部分的机械设计后，需采用夹持装置和固定结构将二者固定起来形成整体，解决产生的内力问题。这里采用了一根支撑管，两端分别与机械手部分和驱动器部分固定。整个装置具体连接方式见图 7-55：装置最前端为机械手结构 1，手的下部通过材料之间的摩擦力固定在底座上；装置的后部是驱动器容器 4 和支撑器 3，驱动器被卡在支撑板中间的凹槽中；驱动器和机械手一部分通过驱动绳 2 相连，另一部分通过一个长为 150mm 的"回"字型中空支撑管 5 相连，用以抵消系统内部的拉力；该支撑管一端与手部底座榫接相连，另一端通过 M5 螺栓和防松螺母固定在底层支撑板上。

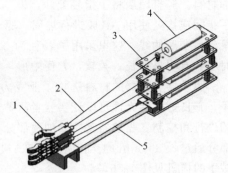

图 7-55　机械手装置示意图

（4）材料的选择

装置的材料选择既要考虑物理性质、可加工性、成本，也要考虑美观、轻便等因素。

对于整个装置的机械结构部分来说，除了驱动器支撑器中的支撑板以外，其他固体材料均采用 3D 打印制作而成。3D 打印在假肢手的制造方面有着不可替代的优势，例如：可以一体成型，不需要装配工作；可以完成高复杂度的加工，因此设计不受限制；设计可实现高度定制化，而不需要对驱动部分进行改造；从设计到加工完成周期短，易于实现。本装置中 3D 打印所使用的材料为 UTR9000。UTR9000 是一种立体光造型树脂，其精确性和耐久性较高，用于固态激光的光固化成型法，往往应用于医疗、汽车以及消费电子等领域的母模、部件、概念模型以及功能性部件的制作等。

用 UTR9000 制造的部件，耐久性长达半年以上，同时在潮湿环境中也具有很好的强度及尺寸保持特性，非常适宜本装置使用。该材料固化后的部分力学性能如表 7-3 所示。

表 7-3　UTR9000 固化后的力学性能

测试项目	测试方法	数值
硬度/HD(邵氏硬度)	ASTMD 2240	86
弯曲模量/MPa	ASTMD 790	2692～2775
弯曲强度/MPa	ASTMD 790	69～74
拉伸模量/MPa	ASTMD 638	2589～2695
拉伸强度/MPa	ASTMD 638	38～56
断裂延长率	ASTMD 638	12%～20%
热变形温度/℃	ASTMD 638，在 66psi[①] 下	52
热胀系数/℃$^{-1}$	TMA($T < T_g$)	97×10^{-6}
密度/g·cm^{-3}	—	1.16
介电常数(60Hz)	ASTMD 150-98	4.6
绝缘强度/kV·mm^{-1}	ASTMD 1549-97a	14.8

① 1psi=6894.757Pa。

由表 7-3 中数据可见，该种材料密度很小，但是能保证一定的硬度和弯曲、拉伸强度；热变形温度较高，同时还是很好的绝缘体，比较适合作为装置中机械手和驱动容器的材料。经打印后将手指装配好，为了增强手指间的摩擦力，使其更好地固定在一起，手指间连接处使用 AB 胶进行加固。驱动线需要一种轻便、拉力较强、不容易被扯断且柔软易变形的线。这里采用了线径为 0.2mm 的四股 PE（聚乙烯）线，强度高，拉伸时不会有明显伸长；柔软，方便塑形，可以较容易地穿过机械手内部，系在销钉上。

驱动器支撑器的材料选择了亚克力板，是一种稳定易加工的有机玻璃，更重要的是，其良好的透光性可以让实验者清楚地看到每一层驱动器的运动状况，更加便于实验的进行和控制。驱动器支撑器加两部分分别完成后，将机械手部分与驱动器及其支撑器部分通过长 300mm 的支撑管连接在一起，构成的样机机械结构部分。最后设计成的机械手的样机见图 7-56。

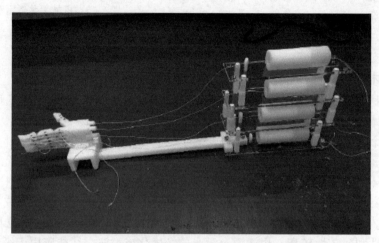

图 7-56　电磁驱动机械手样机

永磁体部分拟采用的钕铁硼磁铁（也称为 NdFeB、NIB 或 Neo 磁铁），是一种广泛使用的稀土磁铁，是由钕、铁和硼的合金制成的永磁铁，其微观结构为 $Nd_2Fe_{14}B$ 四方晶体结构。钕磁铁是市场上磁性最强的永磁铁，其强度是由多个因素造成的。首要因素是四方晶系 $Nd_2Fe_{14}B$ 晶体结构具有极高的单轴磁晶各向异性，这意味着材料的晶体优先沿特定的晶轴磁化，但很难在其他方向上磁化。与其他磁铁一样，钕磁铁合金由微晶粒组成，微晶粒在制造过程中在强磁场中排列，因此它们的磁轴都指向相同的方向。晶格对转动其磁化方向的抵抗力使得该化合物具有非常高的磁场矫顽力或抗去磁性。钕原子也可以具有大的磁偶极矩，因为它的电子结构中具有 4 个不成对的电子，而铁中平均只有 3 个。在磁铁中，它是未配对的电子，以相同的方向旋转，从而产生磁场。这使得 $Nd_2Fe_{14}B$ 化合物具有高饱和磁化强度（约 1.6T 或 16kG）并且剩余磁感应强度通常为 1.3T。正因为钕铁硼磁体具有优异的磁性特质，且成本低廉，易于加工，因此选用钕磁铁作为本装置的永磁体材料。市面上常见的钕磁铁牌号有 N35、N38、N40、N42 等，这里选择最常见的 N35，其部分参数如表 7-4 所示。

表 7-4　N35 钕铁硼磁性参数

牌号	剩余磁感应强度/T	矫顽力/kA·m^{-1}	内禀矫顽力/kA·m^{-1}	最大磁能积/kJ·m^{-3}	最高工作温度/℃
N35	1.17～1.21	876～899	≥955	263～279	≤80

电磁线圈部分选用市面上常见的铜线绕制的线圈,这种线圈同样成本低廉、可定制性高。为了增强线圈通电时产生的磁场强度,选择空心线圈,中间插入铁芯。硅钢是电工钢的一种,是铁、硅(含量 1.0%~4.5%)、碳(含量小于 0.08%)的合金。这种材料可以表现出一些特殊的磁性,比如制造磁滞区域、增加磁导率、减小磁芯损耗等。本装置中使用的是无取向的 00Cr13Si2 硅钢。

(5)电磁驱动器控制部分设计

智能机器人的快速发展,要求控制系统达到更高的要求。对于全自动移动机器人来说,控制系统必须在实时条件下完成大量复杂的信息处理过程。在其工作环境中,边界条件在始终发生变化(例如在传统控制理论公式中的瞬时控制问题),建立此类机器人控制系统的常见方法是将问题粗略地分解成一系列基本的问题单元。对于本例来说,首先需要实现样机最基本的运动功能,由于未在样机系统中加入传感器,系统中无闭环,因此暂时不需要完成复杂的实时计算任务。

因此选择使用单片机作为系统的控制器。单片机性能可靠且稳定,可以很好地实现以软件取代模拟数字电路硬件,并提高系统性能的功效。在分析了运动机器人的计算要求之后,整个系统的控制组成框图大致如图 7-57 所示。

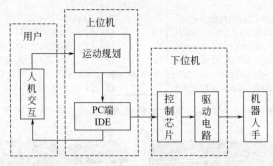

图 7-57 机器人手控制系统总体框架

电磁驱动器控制芯片选择:ATmega328 是由 Atmel 在 megaAVR 系列中创建的单芯片微控制器,它具有改进的哈佛结构 8 位 RISC 处理器内核。Atmel 是一种基于 8 位 AVR RISC 的微控制器,它具有了 32KB ISP 闪存和读写能力,1KB 的电可擦只读存储器,32 个通用工作寄存器,23 个通用 I/O 线,2KB 的静态随机存储器,3 个灵活定时器/具有比较模式的计数器,内部和外部中断,串行可编程通用同步异步收发机,面向字节的 2 线串行接口,6 通道 10 位 A/D 转换器(采用 TQFP 和 QFN/MLF 封装的 8 通道),SPI 串行端口,并且带有内部振荡器的可编程看门狗定时器,以及五种省电模式。该器件工作电压在 1.8~5.5V 之间。该器件的吞吐量接近 1Mips/MHz。其塑料双列直插式封装引脚如图 7-58 所示。

Arduino UNO 板长 68.6mm,宽 53.4mm,质量 25g,其正反面外观示意图如图 7-59 所示,无论从质量还是体积来说,都有利于系统整体的轻量化。因此,本例样机选用带有 ATmega328P 芯片的 Arduino UNO 电路板作为系统电路的控制板。

根据前述数据可知,ATmega 芯片的计算力足以支撑机器人手的运动控制工作量。Arduino UNO 板配有多组数字和模拟输入/输出引脚,可与各种扩展板和其他电路连接。该板具有 14 个数字引脚,6 个模拟引脚,可通过 B 型 USB 串口与 Arduino IDE(集成开发环境)进行编程。它可以通过 USB 电缆或外部 9V 电池供电,但它可以接受

7～20V 之间的电压。硬件参考设计根据 Creative Commons Attribution-ShareAlike 2.5 许可证分发，可在 Arduino 网站上获得。其他某些版本的硬件的布局和生产文件也可用。"Uno"即意大利语"一"的意思，一开始被选作用于命名 Arduino Software (IDE) 1.0 的发布版本。IDE 的 Uno 板和版本 1.0 是 Arduino 的参考版本，现在已经发展到新版本。Uno 板是 USB Arduino 板系列中的第一块，也是 Arduino 平台的参考模型。Arduino Uno 上的 ATmega328 预编程了一个引导加载程序，允许在不使用外部硬件编程器的情况下上传新代码。它使用原始的 STK500 协议进行通信。Uno 板与所有之前面板的不同之处在于它不使用 FTDI USB 到串行驱动芯片。相反，它使用 ATmega16U2（ATmega8U2 至版本 R2）作为 USB 转串口转换器。Arduino UNO 的基本参数见表 7-5。

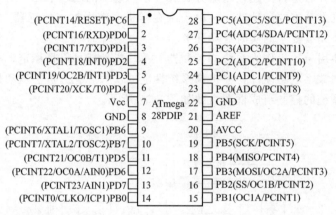

图 7-58　ATmega 芯片塑料双列直插式封装 28 引脚图

图 7-59　Arduino UNO 控制电路板外观示意图

表 7-5　Arduino UNO 基本参数

名称	参数指标
额定电压	5V
输入电压（建议）	7～12V
输入电压（极限）	6～20V
数字信号 I/O 引脚数量	14（其中 6 个可提供 PWM 输出）
模拟信号 I/O 引脚数量	6
每个 I/O 引脚直流电流强度	20mA
每个 3.3V 引脚直流电流强度	50mA
闪存	32KB
静态随机存储器	2KB

名称	参数指标
电可擦只读存储器	1KB
时钟频率	16MHz
长度	68.6mm
宽度	53.4mm
质量	25g

（6）电磁驱动器控制算法设计

① 开发环境。本例机械手控制算法的软件编程部分使用到了基于 Windows 平台的 Arduino 集成开发环境。Arduino 集成开发环境（IDE）是一种用 Java、Processing、avr-gcc 等编程语言编写的软硬体跨平台应用程序，构建于开放原始码 simple I/O 界面版。适用于 Windows、macOS、Linux 三大主流操作系统，具有使用类似 Java、C 语言的 Processing/Wiring 开发环境。它用于编写和上传程序到 Arduino 板。Arduino IDE 使用特殊的代码结构规则支持 C 和 C++语言。Arduino IDE 提供了一个来自 Wiring 项目的软件库，它提供了许多常见的输入和输出程序。用户编写的代码只需要两个基本函数，用于启动程序 setup（）和主程序循环 loop（），它们使用 GNU 工具链编译并链接到程序存根 main（）到可执行循环执行程序中，该工具链也包含在 IDE 分发中。Arduino IDE 采用 avrdude 程序将可执行代码转换为十六进制编码的文本文件，该文件通过电路板固件中的加载程序加载到 Arduino 板中。

Arduino IDE 界面友好，语法简单，易于维护，同时保证了一定的灵活性，可以很大程度上使程序开发变得更加敏捷，缩短了开发的周期成本。

② 控制算法需求分析。在软件层面实现机械手的控制算法之前，需要从功能的角度对其控制算法需求进行分析。根据机械手的运动功能需求以及通电螺线管的工作原理，需要对每只手指驱动部分的通电螺线管做两个功能的实现，若把其看作电机，即电机的驱动和电机的停转，因此需要通过两个函数来实现这两种功能。另外，对于驱动电机函数来说，应有两种不同实现过程，即电机的正转和反转（对应穿过通电螺线管电流的不同流动方向）。另外，在上电过程中，还需考虑输出的电压大小，从而进一步控制通电螺线管与永磁体之间的驱动力大小。对于每根手指来说，在操作过程中，若两个按键均未被按下，则电机停转；若正转键被按下、反转键未被按下，则电机正转；反之亦然。然而除正常运转步骤之外，也应考虑驱动电机是电机间产生错误的情况，其中最常见为同时发出命令使某一电机正转并且反转。因此，应在代码中体现规避这种错误情况的相应程序。通过对控制程序的需求分析，绘制整个程序的流程图（图 7-60）。

在初始化程序后，进入循环，每一次循环

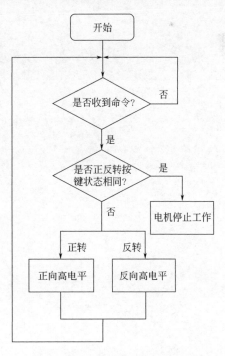

图 7-60 控制程序流程图

判断是否接收到命令。若接收命令，则进入下一个判断：若命令使同一部电机同时正转和反转，则程序错误，停止电机；若不是，则判断命令给出的是正转或反转，并执行相应的程序。具体程序编写成功后，运行即可实现控制过程。

参考文献

[1] 王东署，朱训林.工业机器人技术与应用［M］.北京：中国电力出版社，2016.

[2] 韩建海.工业机器人［M］.3版.武汉：华中科技大学出版社，2015.

[3] 董春利.机器人应用技术［M］.北京：机械工业出版社，2014.

[4] 兰虎，鄂世举.工业机器人技术及其应用［M］.2版.北京：机械工业出版社，2020.

[5] 叶晖.工业机器人典型应用案例精析［M］.北京：机械工业出版社，2013.

[6] 叶晖，管小清.工业机器人实操与应用技巧［M］.北京：机械工业出版社，2013.

[7] 谢存禧，张铁.机器人技术及其应用［M］.北京：机械工业出版社，2012.

[8] 李慧，马正先.机械结构设计与工艺性分析［M］.北京：机械工业出版社，2012.

[9] 毕艳茹，王志勃.机械手手部结构形式应用分析［J］.科技视界，2012（35）：138-139.

[10] 曹胜男，朱冬，祖国建.工业机器人设计与实例详解［M］.北京：化学工业出版社，2019.

[11] 乔宗原，李跃松，赵怀勇.仿人手五指机械手的发展现状［J］.设计，2018，3（2）：32-38.

[12] 喻璇.基于仿生学机械手的设计与研究［J］.黑龙江科技信息，2017（3）：91-92.

[13] 吴素珍，郭旭各.仿人机械手设计［J］.河南科技学院学报（自然科学版），2015，43（3）：50-56.

[14] 王利波，张志军，王领.气动类人仿生机械手设计［J］.大连交通大学学报，2013，34（2）：63-66.

[15] 来欣怡.基于电磁驱动的机械手［D］.上海：上海交通大学，2019.

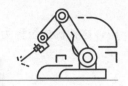

第8章 机器人移动机构

8.1 机器人移动机构的概念

机器人的移动机构是传动系、移动系、转向系和制动系四部分的组合，是支承、安装机器人动力装置及其各部件的总成，形成机器人整体造型，承受机器人整体的动力输出，保证正常移动。同时，一个好的机器人移动机构，可以降低机器人的功耗，发挥出各种机器人移动机构的特点，适用于所需要的各种工况，从而保证机器人总体方案最优化。

8.2 机器人移动机构的分类

随着社会发展和科技进步，机器人在当前生产生活中得到了越来越广泛的应用。移动机器人是研发较早的一种机器人，移动机构主要有轮式、履带式、腿式、蛇行式、跳跃式和复合式[1]。其中轮式移动机器人虽然具有运动稳定性与路面的路况有很大关系、在复杂地形如何实现精确的轨迹控制等问题，但是由于其具有自重轻、承载大、机构简单、驱动和控制相对方便、行走速度快、机动灵活、工作效率高等优点，而被大量应用于工业、农业、家庭、反恐、防爆、空间探测等领域。履带式机器人具有接地比压小，在松软的地面附着性能和通过性能好，爬楼梯、越障平稳性高，良好的自复位能力等特点，但是履带式机器人的速度较慢、功耗较大、转向时对地面破坏程度大[2]。腿式机器人虽能够满足某些特殊的性能要求，能适应复杂的地形，但由于其结构自由度太多、机构复杂，导致难以控制、移动速度慢、功耗大。蛇行式和跳跃式机器人虽然在某些方面（如复杂环境、特殊环境、机动性等）具有其独特的优越性，但也存在一些致命的缺陷，如承载能力、运动平稳性差等。复合式机器人虽能适应复杂环境或某些特殊环境，如管道，有的甚至还可以变形，但其结构及控制都比较复杂[3]。

8.3 第七轴移动机构

8.3.1 第七轴移动机构介绍

让一台机器人工作完移动到另外一个工位或多个工位工作，从中产生一个行走机构，这种机构统称为机器人行走第七轴，如图 8-1 所示。

图 8-1　机器人行走第七轴

机器人第七轴是在行走轴导轨上安装一台工业机器人，使用电机驱动，具有重复定位精度高、响应速度快、运行平稳可靠等特点，为了在恶劣环境下使用专门设计了防尘罩，保护直线导轨以及齿条等运动部件，大大提高了可靠性和使用寿命。

8.3.2　第七轴机构的特点

机器人第七轴广泛应用于机床工件上下料、焊接、装配、喷涂、检验、铸造、锻压、热处理、金属切削加工、搬运、码垛等工作。主要具备如下特点：

① 多自由度运动，每个运动自由度之间的空间夹角为直角。

② 自动控制，可重复编程，所有的运动均按程序运行。

③ 一般由控制系统、驱动系统、机械系统、操作工具等组成。

④ 高可靠性、高速度、高精度。

⑤ 可用于恶劣的环境，可长期工作，便于操作维修。

⑥ 各个机器人行走轴均可采用滚轮导轨，具有可高速运行，安装调试方便，适合长行程应用，可用于恶劣环境等优点。

8.3.3　第七轴的形式与应用

① 地面行走轴。最为常见的一种安装形式，在打磨、上下料、搬运工序应用很广泛。

② 侧挂式行走轴。一般选用比较轻的材料，在喷涂、焊接工序应用比较多。

③ 吊挂式行走轴。在机床上下料、喷涂、焊接等工位应用比较多。

8.4　车轮式移动机构

8.4.1　单轮移动机构

（1）单轮移动机构机器人的发展现状

20 世纪 90 年代初，两轮自平衡机器人的理论研究已成熟，各国学者开始产生用一个轮子来平衡机器人的构思，主要是美国和日本的大学开始单轮机器人的研究工作[5]。

较早研究单轮机器人的是卡内基梅隆大学和中国的香港中文大学于 1997 年研究的

"陀螺稳定"式单轮机器人，如图 8-2 所示。
"Gyrover"是美国卡内基梅隆研究的一款单
轮陀螺稳定式机器人。整个机器人的外边是
一个大轮子，里面包括三个动力机构：一个
可带动飞轮高速旋转的旋转电机，它可以用
来保证机器人的动态平衡；一个可使机器人
倾斜的倾斜电机；一个可使机器人前后加速
的驱动电机。"Gyrover"主要是基于旋转飞
轮的陀螺稳定原理，靠高速旋转的飞轮产生
的进动提供的力矩，使机器人动态平衡。

图 8-2　单轮机器人

"Gyrover"是一非常成功的单轮机器人，其最大的贡献在于其机械结构保证了单轮机器
人在动态和静态的平衡稳定。到 21 世纪，各国学者纷纷在"Gyrover"的基础上继续研
究单轮机器人在特殊或未知环境下的导航和路径规划等问题[5]。

　　同时，日本筑波大学的智能机器人实验室也提出一种新型单轮机器人设计，如图 8-3
所示。机器人分上下两部分，由中间节点连接，节点的旋转轴与下部分轮子的滚动轴垂
直。这个单轮机器人设计的巧妙之处在于它的行走轮设计成椭球形，而车身的重心 G 点
低于轮子与地面之间圆弧的中心 O 点，这样机器人在左右自由度上就可以像"不倒翁"
玩具一样保持平衡。根据倒立轮摆原理，通过控制轮子的前后加速度保持机器人俯仰自由
度的平衡控制和直线行走，通过控制上部分左右方向重心，使车身左右倾斜实现机器人的
左右转向运动。此款机器人已经实现在室内由一点到任意一点的自主行走[6-8]。

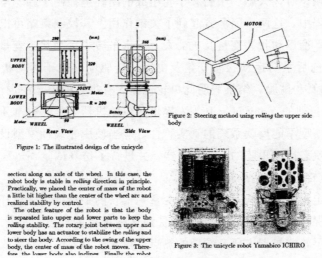

图 8-3　筑波大学单轮机器人文献资料

（2）单轮移动机构机器人的特点

　　单轮移动机器人是一种全新概念的移动机器人。从外观上看它只有一个轮子，它的
运动方式是沿地面滚动前进，后来又开发出的球形机器人也属于单轮移动机器人，具有
很强的机动性和灵活性[9]。

（3）单轮机器人的控制方式

按目前单轮机器人的研究现状，可以按对其的控制方式分为：基于水平转子结构的单轮机器人，基于垂直转子结构的单轮机器人，基于调整系统重心平衡的单轮机器人和基于高速陀螺稳定的单轮机器人[10]。

1）基于水平转子结构的独轮机器人

1986 年斯坦福大学的 Schoolwinkel 根据人骑独轮车设计出第一个单轮机器人，同时也是第一个水平转子机构的单轮机器人[11]。他们认为人在骑独轮车时，主要是通过身体躯干和手臂的前后摆动来实现平衡的。Schoolwinkel 设计的机器人可分为车轮、车架和水平转子三个部分，其中车轮为独轮车，车架用来模拟独轮车的车体和人的下半身，水平转子则用来模仿人在保持平衡时摆动的躯干和手臂，但局限于控制理论和方法，他们研究发现当车速为 0 的时候，单轮机器人系统将无法控制[11]。

在 Schoolwinkel 的研究基础上，麻省理工学院的研究者提出了物理模型，在控制方法方面做相应的改进。他们首先根据凯恩方程推导了独轮机器人的动力学方程，并将系统在低偏航速率时进行线性化[12]，即人为地将机器人左右姿态动力学和前后姿态动力学解耦。依照此方法，提出了一种改进的 LQG（linear quadratic Guass，线性二次型高斯）控制器，并对车轮与地面的摩擦问题进行了分析。

采用模仿人骑独轮车这种相似研究方法的还有日本东京大学的 Kazuo Yamaguji 和 Zaiquan Sheng 等人。他们提出了一种新型的单轮机器人结构，应用了两个特殊的闭环机构，用来模仿人骑独轮车过程中的躯干、大腿、小腿以及独轮车车轮。通过观察，他们发现人在骑独轮车时，大腿、小腿和车轮组成的闭环链控制了独轮车的前后平衡，在前后平衡控制过程中，这两个闭环链起到了关键作用。其控制策略可以概括为：左右平衡控制采用左右平衡运动状态变量及机器人上端水平转子运动状态变量的反馈控制；前后平衡控制采用前后平衡运动状态变量及由闭环链驱动的轮子运动状态变量的反馈控制[13,14]。通过仿真和试验，结果表明此单轮机器人有很好的姿态稳定性。

1999 年，以色列的 Yoav Naveh 等人提出，单轮机器人是一种本质不稳定非线性系统，采用线性化模型不能反映系统的真实特性，应当使用非线性模型设计控制器。他们采用一种变增益状态反馈矩阵的 LQ 控制器，并进行了仿真试验[15]。

2）基于垂直转子结构的单轮机器人

杂技演员在走钢丝的时候，通常手中会拿一根长的平衡杆，平衡杆的转动可以使杂技演员在绳索上保持平衡。2000 年之后，受到这种现象的启发，一种含有垂直惯性轮的单轮机器人成了轮式机器人研究领域的热点。单轮机器人的研究不仅受到了科研院所的关注，也引起了企业的重视[16]。

2005 年，日本传感器制造厂商村田公司在日本机器人展会上推出了一款会骑自行车的机器人"村田男孩"。该机器人通过其胸部安装的一个垂直转子惯性轮来实现其左右平衡。2008 年，该公司又推出了一款骑独轮车的机器人"村田女孩"。"村田女孩"在结构上参考了日本早期的闭环链式结构，采用闭环链来驱动底轮并通过底轮来控制其前后平衡。在左右平衡控制上，采用其胸部上安装的一个垂直转子惯性轮来实现[17]。

在这种垂直转子惯性轮结构中，垂直转子惯性轮相当于平衡杆，通过加减速转动惯性轮来产生反作用力矩，从而实现对机器人左右方向的平衡控制。相比较于水平转子惯性轮结构，垂直转子惯性轮结构降低了前后方向和左右方向上动力学的耦合性，可以将机器人前后方向简化为移动倒立摆模型，而左右方向则简化为固定倒立摆模型。

韩国釜山大学在单轮机器人方向也开展了一些理论和实际研究[18-20]。目前，他们在机器人动力学建模、稳定性控制、算法研究以及基于视觉的路径规划等方面取得了一些成果。韩国釜山大学的单轮机器人如图 8-4 所示。

关于垂直转子惯性轮，我国的一些高校也展开了大量的研究工作，主要有哈尔滨工业大学和北京工业大学等。自 2009 年，哈尔滨工业大学的金弘哲教授团队先后完成了五自由度、六自由度单轮机器人的设计、动力学建模分析和控制算法的研究，并对单轮机器人的平衡进行了验证[21,22]。2013 年，采用了模糊控制器实现了单轮机器人的平衡，验证了模糊控制器用于单轮机器人的有效性[23]。其单轮机器人的样机和简化模型如图 8-5 所示。

图 8-4　釜山大学单轮机器人

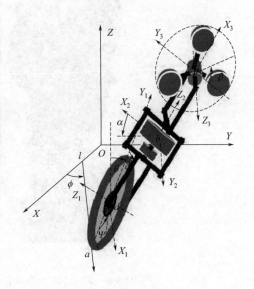

图 8-5　哈尔滨工业大学单轮机器人样机及简化模型图

2009 年起，北京工业大学的阮晓钢教授团队先后也对垂直转子惯性轮稳定的单轮机器人进行了研究，其机器人的结构图和样机如图 8-6 所示。该团队对单轮机器人控制算法方面进行了比较深的研究，包括非线性 PID 控制算法、基于学习的控制算法、模糊控制算法、滑模控制算法以及基于神经网络的控制算法等，并通过仿真验证了这些算法[24-27]。

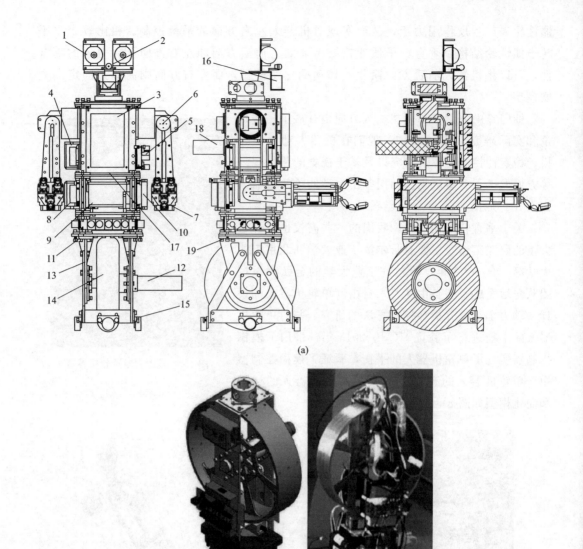

(a)

(b)

图 8-6　北京工业大学单轮机器人结构图及样机

1—视觉传感器；2—红外线传感器；3—主控制器；4—飞轮伺服驱动控制器；5—电源板卡；

6—机械臂；7—机械手；8—单轮伺服驱动控制器；9—充电电池模块；10—运动控制器；

11—声呐传感器；12—单轮电机；13—调试支架；14—单轮；15—脚轮；

16—音箱；17—惯性飞轮；18—飞轮电机；19—惯导系统

3）基于调整系统重心平衡的单轮机器人

"配重稳定"式单轮机器人的简化结构设计如图 8-7（a）所示。此设计主要依据加州大学的"Unibot"，其设计思路为把著名的两轮自平衡机器人"Segway"的一个轮子从地面移到空中。依靠陀螺仪和加速度计采集机器人的姿态信息，经过控制器输出控制信号作用电机驱动地面上的轮子用来保持 $y\text{-}z$ 平面的稳定，空中的轮子则利用不平衡体旋转来保持 $x\text{-}z$ 平面的稳定。在此结构中，不平衡旋转体由质量分布均匀的圆轮和一相对圆轮体积很小的重物组成。圆轮的质心与支架质心及下平衡组件质心安装在一条直线上，质量块则安装在圆轮的边缘上。"配重稳定"式单轮机器人是一个复杂、非线性、不稳定系统，在没有外界强加的控制力作用下，上平衡组件在一小扰动作用下，偏离竖直方向的平衡位置向左右任一方向倾倒。为了达到对上平衡组件的平衡控制目的，就要控制上平衡组件的重心与支架和下平衡组件的质心处于一条直线上，这样单轮机器人就能在左右自由度上保持平衡。研究系统都是从数学模型开始的，而数学模型需要对试验系统进行理想化，将单轮机器人的上平衡组件在 $x\text{-}z$ 平面二维理想化后，如图 8-7(b) 所示，对上平衡组件受力分析[5]。

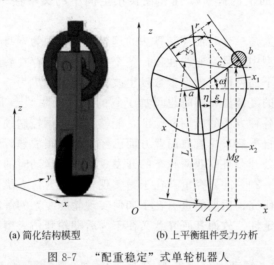

(a) 简化结构模型　　　(b) 上平衡组件受力分析

图 8-7　"配重稳定"式单轮机器人

4）基于高速陀螺稳定的单轮机器人

单轮机器人在动态运动中，由重力引发的惯性力占据着主要地位。当运动速度很快时，重力相对较小而动态干扰较大，动态影响要相对重要，此时的能量输入主要用来控制系统的运动或者作为弹性能量储存起来。随着对机器人运动性能要求越来越高，动态因素对机器人的影响渐渐变强，而具有动态性能的机器人在运动中的灵活性也会增强。有一个非常有名的物理现象：在静态的环境下，两轮自行车或者摩托车在左右自由度上是不稳定的，但一旦车以适当或较高速度运动时，车子在左右自由度是稳定的。这是由向前滚动的车轮和滚动几何学造成的动态稳定，称之为"陀螺稳定"效应。可将这种效应应用于单轮机器人在动态环境下的左右自由度的平衡稳定。

陀螺仪是高速旋转轮，它有三个自由度：滚动轴、进动轴和应力轴。根据角动量守恒，高速旋转的重物有反抗倾斜角变化的趋势，转速越高，反抗力越大。如果在一个静态不稳定的结构上安装高速旋转的飞轮，它可以保持倾斜稳定，从而使该结构平衡稳定。如图 8-8 所示，y 轴为应力轴，x 轴为旋转轴，

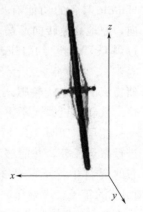

图 8-8　陀螺仪效应示例

z 轴为进动轴。当 y 轴方向的力矩施加到 x 轴上，轮子就会沿 z 轴旋转，这就是进动[5]。

8.4.2　双轮移动机构

当今的时代，仿人机器人的研究者不在少数。仿人机器人的优劣性有两大非常重要的标准，第一个衡量标准是可控制性，第二个衡量标准是机动性能。仿人机器人在解决其机动性方面的问题时，主要通过两种方式，一种是双足行走式，一种是轮式。双足行走方式是仿人机器人经常采用的一种方法。有很多家研究机构都采取了相应的方式去实现机器人的双足行走。双足在崎岖路面或者上下楼梯、野外复杂环境下都有着优越的性能，但是其机动性略显不足，在平整路面上的行进速度并不能达到理想要求，而且机械结构复杂，在制造和设计上有较大的难度。轮式机器人也是仿人机器人行走的一种解决方案。轮式在水平地面上的高机动性和在狭小空间中的灵活性是研究者们研究其的动力。

双轮自平衡机器人是一个验证控制算法的理想平台，因为本身为一个不稳定的欠驱动系统，而且数学模型中还具有非线性项，各个状态变量还存在着耦合的关系。运动过程或外界的干扰情况下还可能使模型参数发生改变，使系统成为一个变结构系统。这些都大大地增加了系统的复杂性，同时也增加了它的可研究性[28]。展开对双轮自平衡机器人的研究可以促进各种方法的应用和验证，能够提高我国控制领域的水平，是一项非常有益的研究。双轮自平衡车尽管在商业方面已经发展得很成熟，但是一般商业两轮车的控制方式并不对外公开，且商业两轮车的开发重点在于运动时的安全问题及良好的人机交互功能。而文献［29］的研究重点在于为实现轮腿结合仿人机器人做轮式移动方面的前期基础运动控制研究，后期的重点在于如何实现轮腿复杂的解耦控制以及在恶劣工作路面的适应性与稳定性，故而其研究意义在于为后期轮腿仿人型机器人运动控制做尝试性工作与基础研究。

2017 年，美国波士顿动力公司发布了 Handle 机器人，如图 8-9 所示，Handle 身高 1.98m，每小时约能前进 14km，垂直跳跃的高度达到 1.2m，采用电机与液压混合驱动，且液压驱动器和管路全部集成一体，因此可以不带油源和液压管道轻松自如地行走。Handle 具备的功能有：快速启动和制动，运动中转向，原地高速转向，摆动臂末端空间定点控制，单轮过斜坡，搬运约 45kg 的货物，下台阶以及跳跃等[30]。2019 年，波士顿动力又发布了一款应用于仓储物流的新一代轮腿式机器人 Handle，与之前不同，这一款新的机器人不再具备仿人的结构特性，而更像一只鸵鸟，如图 8-10 所示，其采用配有吸盘的机械臂进行搬运任务，并能够基于视觉系统精确操作，在发布的资料中，新一代的 Handle 机器人能够处理约

图 8-9　第一代 Handle 机器人

15kg 的箱子，堆叠深度可达 1.2m，高度可达 1.7m，各个箱子之间几乎没有缝隙。两代 Handle 机器人之间虽然结构形式大不一样，但均有一个共同的特点，就是在结构上总是有配重来保持平衡，第一代的 Handle 手臂与上身的铰点相同，手臂的运动解耦于

上身，两个关节运动学上相互独立，第二代的髋关节前为机械臂，后为配重。这样的结构设计使得对复杂的基于机器人模型的平衡控制方案有了出发点，是很值得借鉴的两轮轮腿机器人技术[31]。

图 8-10　第二代 Handle 机器人

8.4.3　多轮移动机构

（1）差动转向机构

1）两轮差动配合小万向轮结构的特点

一种采用双轮差速驱动方式驱动的三轮机器人小车见图 8-11，该车运动平稳性好，功耗低[32]，采用两轮差动配合小万向轮结构。

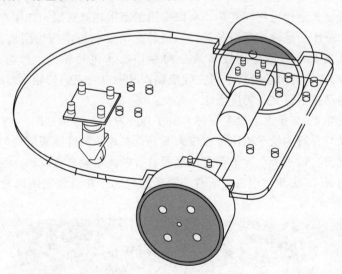

图 8-11　三轮机器人小车

2）车轮载荷分析

车轮载荷是指移动机器人在静止或者运动情况下，车轮受到来自车体的垂直作用力，也即地面对车轮的反作用力。简单起见，这里仅考虑移动机器人静止或者匀速直线运动情况下的车轮载荷，移动机器人的驱动轮及万向轮的负载示意图如图 8-12 所示。

假定车轮是刚性车轮（弹性形变很小，可以忽略不计），移动机器人质心 c 在纵向对称轴线上，根据力平衡原理可以求得驱动轮及万向轮受到的垂直载荷为：

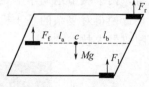

图 8-12 车轮载荷示意图

$$F_f = \frac{Mgl_b}{l_a + l_b}$$

$$F_l = F_r = \frac{Mgl_a}{2(l_a + l_b)}$$

式中，F_f 为万向轮受到地面的反作用力；F_l 和 F_r 为驱动轮受到地面的反作用力；M 为移动机器人总质量；l_a 为万向轮到质心 c 的水平距离；l_b 为两驱动轮轴线到质心 c 的水平距离；g 为重力加速度。

3）两轮差动配合小万向轮结构的应用

两轮差动配合小万向轮因为结构简单和造价低廉，在实际生活中应用非常普遍，比如 AGV 和扫地机器人。

（2）全向轮式移动机构——麦克纳姆轮

国外对重载车轮的研究起步较早，在车轮的结构和材料方面技术较我国领先不少[33]。针对重载工况下的车轮技术研究，其问题突出表现在当平台载重和制动功率逐渐变大时，车轮的工作条件将持续变差。国外重载车轮的应用研究表明，热裂、疲劳和磨损是影响车轮工作安全性和使用寿命的主要原因[34]，在美国，重载运输除了导致车轮损耗加快和寿命减短等问题外，还严重损坏了运输线路，据数据统计，有近 90% 的车轮是因为磨耗超限而更换的；在澳大利亚，重载车轮的磨损问题也十分突出[35]。全向移动技术的研究在国外已开展多年，由于该技术对运行的外部环境要求较高，运动控制相对比较困难，其结构也比较复杂，所以应用的范围相对有限，如用在环境较为理想的工厂室内的物资产品运输或牵引车等。一般将全向移动技术应用到机器人导航定位、未知环境探索等方面。目前应用较多的全向移动技术包括轮式、履带式和气垫式三种[36]。国外对轮式的全向运输技术研究较成熟，其中以麦克纳姆轮（Mecanum wheel）为基础的全向移动技术研究最为广泛[37]。

麦克纳姆轮在 1972 年由瑞典工程师 Bengt Ilon 发明，结构如图 8-13 所示。麦克纳姆轮的轮子边缘与普通的轮子相比存在较大差异，在轮子的外围圆周均匀分布着许多小滚轮，又称小辊子。每一个小辊子都可以绕着自身轴线单独自由旋转，通常辊子轴线与车轮轴线在空间成 45° 夹角，理论上所有小辊子的轮廓线在沿麦克纳姆轮轴线方向的投影形成一个圆[38]。

图 8-13 麦克纳姆轮

全向轮自身拥有三个自由度，分别是绕自身轴线的转动，沿小辊子轴线垂直方向移动和与地面的接触点转动。当麦克纳姆轮受驱动力时，会同时产生转动和沿轴向运动的特性，当 4 轮布局的移动平台每个全向轮都由电机单独驱动时，可以根据不同电机转向不同进行组合搭配，合成各个方向上的运动。所以搭载麦克纳姆轮的移动平台也拥有三个自由度，即左右、前后移动和自身转动[39,40]。图 8-14 中，图（a）为全向平台向前移动，图（b）为全向平台横向移动，图（c）为全向移动平台斜向 45°移动，图（d）为全向移动平台原地零半径旋转。该功能使移动平台在作业空间有限以及需要小角度转弯的特殊场合下具有很高的机动灵活性，可以高效完成工作，与传统运输技术相比有着明显的优越性。

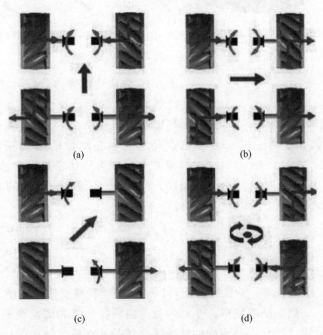

图 8-14　全向移动示意图

（3）四轮全向轮结构的设计

摩擦系数是影响机器人运动性能的重要因素，增大摩擦系数也是保证移动机器人高适应性的前提。轮子的设计除了要考虑到机器人加速度和运动速度的提升之外，灵活性也必须加以考虑，而可以做全向运动的轮子无疑在这方面具有天然的优势。

为方便分析和建模，此处忽略了轮毂与车轴之间的机械摩擦，忽略了辊子与转轴之间的摩擦，忽略了全向轮与地面接触发生的形变以及运动过程中全向轮材质的磨损，并假设全向移动机器人始终运动在具有一定摩擦系数的平面上，而且移动机器人的四个全向轮在同一平面上能同时着地，以及全动轮在转动过程中其表面与地面的接触是点接触，仅仅考虑全向轮在转动过程中与地面接触产生的摩擦力。

以上述理想情况作为分析研究的前提，可以得出全向轮滚动时轮廓面上发生曲线的性质，如图 8-15 所示。

在图 8-15(a) 中，发生曲线 C_R 为从动轮滚动时，从动轮表面与地面接触点的运动轨迹，即从动轮表面与整个全向轮轮廓面相切的点在 C_R 上。结合全向轮的特殊结构可以得出：全向轮的从动轮轮廓面为曲面，全向轮与支持面间只接触一条线，从动轮沿任意方向滚动一圈形成的曲线在地面的投影为直线，如图 8-15（b）所示。由此可得出，从动轮所受摩擦力的方向与移动机器人整体运动方向相反。通过对从动轮的受力分析证明此结论，证明过程如下。

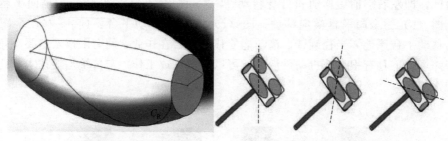

(a) 从动轮轮廓面空间三维图　　　(b) 全向轮运动轨迹在地面的投影

图 8-15　全向轮的运动曲线

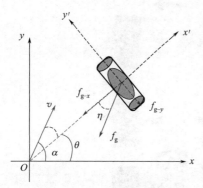

图 8-16　从动轮受力分析

图 8-16 为从动轮受力分析示意图，其中，v 是移动机器人整体的运动速度；α 是移动机器人运动方向与机器人坐标系 xOy 上 x 轴的夹角，是从移动机器人几何中心测量的全向轮与 x 轴的夹角；$f_{g\text{-}x}$ 和 $f_{g\text{-}y}$ 分别为从动轮所受摩擦力 f_g 在全向轮坐标系 $x'O'y'$ 上 x 轴、y 轴上的分量。由此可以得出：

$$\begin{cases} f_{g\text{-}x} = -f\cos\eta = -f_g\cos(\alpha-\theta) \\ f_{g\text{-}y} = -f_g\sin\eta = -f_g\sin(\alpha-\theta) \end{cases}$$

据内错角逆定理：内错角相等，两直线平行。由此可以证明从动轮所受摩擦力的方向与机器人整体运动方向相反。至此，证明完毕。主动轮就是由两排轮毂和固定在上面的辊子（从动轮）构成。主动轮转动过程中与地面的接触线也就是从动轮与地面的接触线，因此这里同样将主动轮与地面的接触看作是点接触。则对单个全向轮进行受力分析，如图 8-17 所示。

图 8-17 所示为单个全向轮的受力分析，其中，F 为电机对全向轮的驱动力；F_g 为全向轮主动轮与地面接触产生的摩擦力；f_g 为全向轮从动轮与地面接触产生的摩擦力；l 为全向轮中心到移动机器人几何中心的距离。

因此将 F、F_g、f_g 分别分解到机器人坐标系 xOy 的 x 轴、y 轴上，可以得出单个全向轮所受合力分别在机器人坐标系 xOy 上 x 轴、y 轴上的分量：

$$\begin{cases} F_x = -F\sin\theta - F_g\sin\theta - f_g\cos\alpha \\ F_y = F\cos\theta + F_g\cos\theta - f_g\sin\alpha \end{cases}$$

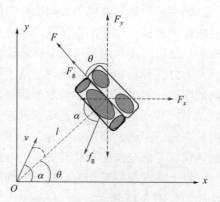

图 8-17　单个全向轮的受力分析

（4）三轮全向轮

三轮全向移动底盘因其良好的运动性并且结构简单，近年来备受欢迎。三个轮子互相间隔120°，每个全向轮由若干个小滚轮组成，各个滚轮的母线组成一个完整的圆，如图8-18所示。机器人既可以沿轮面的切线方向移动，也可以沿轮子的轴线方向移动，这两种运动的组合即可实现平面内任意方向的运动[41]。

图8-18　三轮全向轮结构

经典的三轮全向轮移动平台是三轮轴线成120°，全向轮中心分布在同一个圆上，轮子轴心指向平台中心。简化运动学数学模型如图8-19所示。

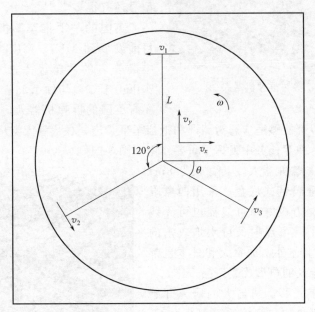

图8-19　三轮全向轮运动数学模型

图8-19中，v_1、v_2、v_3为三个轮子的转速，ω为平台整体的旋转角速度，v_x、v_y为平台相对于世界坐标系的宏观移动速度，L为平台中心到轮子中心的垂直投影距离，θ轮轴与x轴的夹角，由车轮安装角度120°不难得出$\theta = \pi/6$，则各轮速度转换矩阵为：

$$\begin{bmatrix} v_1 \\ v_2 \\ v_3 \end{bmatrix} = \begin{bmatrix} -1 & 0 & L \\ \sin\dfrac{\pi}{6} & -\cos\dfrac{\pi}{6} & L \\ \sin\dfrac{\pi}{6} & \cos\dfrac{\pi}{6} & L \end{bmatrix} \begin{bmatrix} v_x \\ v_y \\ \omega \end{bmatrix}$$

解得 v_1、v_2、v_3 的表达式:

$$\begin{cases} v_1 = -\dfrac{1}{2}v_x + \dfrac{\sqrt{3}}{2}v_y + L\omega \\[2mm] v_2 = -\dfrac{1}{2}v_x - \dfrac{\sqrt{3}}{2}v_y + L\omega \\[2mm] v_3 = v_x + L\omega \end{cases}$$

8.5 履带式移动机构

一些国家从 20 世纪就展开了履带式移动机器人的系统研究,历经多年的经验积累和总结,取得了丰富的研究成果。美国的履带机器人是最成功的机器人之一,如图 8-20 所示,这种机器人最大速度 14km/h,每充一次电能够行驶 13km 路程,涉水深度可以达到 3m。另外,美军服役的机器人型号还有很多[42,43]。

图 8-20 美军拆弹机器人

英国的"手推车"机器人举世闻名,目前发展到 MK7、MK8 等多种型号。其中最著名的"超级手推车"机器人质量 204kg,长、宽均约 1.2m,最大高度 1.32m。还有英国的拆弹机器人,这种适用于军事目的的机器人一般都能够适应恶劣路况和抵挡军事袭击,在代替人类从事危险任务如打击狙击、扫雷、拆弹等任务中发挥了重要作用(图 8-21)。

法国开发了排爆机器人,其臂长 2.8m,臂内置望远镜,全履带式底盘,采用四象限控制系统,越野能力极好,可线控也可无线遥控,并且配置了既可点射又可水炮攻击的武器系统[44]。除上述外,加拿大和日本也都有履带式移动机器人的典型代表产品[45,46]。

国内关于履带式移动机器人的研究开始较晚,但在各科研机构与高校的不懈努力下,仍然获得了一定的成果[47]。沈阳自动化研究所研发的机器人移动机构使用复合结构,使

图 8-21 英军拆弹机器人

其具有越障、爬楼、跨越壕沟等能力,可以在倾斜面上行走,还能实现倒翻自复位[48]。北京理工大学研发的四履腿机器人是一种多运动模式的小型轮履腿复合机器人,它可以进行轮式高速运动、履带或腿式翻越障碍等多种模式运动,因此该机器人可以很好地适

应环境和越过障碍物[49]。哈尔滨工业大学机器人研究所研发的模块化可重构微小型机器人，单个机器人可以独立运行，也可以将多个微小型机器人重构成链形机器人或者环形机器人。微小型机器人结构紧凑、体积小、重量轻；链形机器人具有越障能力强的特点；环形机器人具有高速、路面适应能力强的特点[50]。另外，北京航空航天大学的可重构履腿机器人[51]，中科院沈阳自动化所的排爆机器人"灵晰"，北京博创兴业科技开发的特种机器人，都是国内履带式移动机器人的代表作[52]。总之，履带式移动机器人已经在国内外得到了高度的重视，具有较为广泛的研究价值和经济价值。

（1）履带移动机构的动力计算

① 行走系统驱动力矩：

$$M = \frac{ND_k}{2 \times 10^{-3}} (\text{N} \cdot \text{m})$$

式中，N 为单侧履带牵引力，N。

② 行走机构输出转速：

$$n = \frac{Q}{iq} \eta_v \times 10^3 (\text{r/min})$$

式中，Q 为进入行走机构的流量，L/min；i 为行走减速机减速比；q 为行走马达排量，mL/(r/min)；η_v 为行走马达容积效率。

③ 行走速度 v 的确定：

$$v = 60\pi D_k n \times 10^{-6} (\text{km/h})$$

式中，n 为行走机构输出转速，r/min；D_k 为驱动轮节圆直径，mm；行走速度 v 是履带机械的整机性能指标，一般情况下为已知值。

（2）履带机器人性能设计

1）爬坡分析

当履带式移动机器人在坡道上行进时，自身受力情况如图 8-22 所示。其中，最大静摩擦系数 μ_0 由斜坡的路面和履带情况及参数决定。

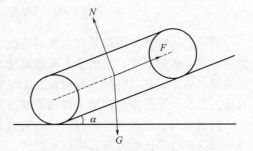

若要机器人能够沿着斜坡正常行驶，坡度最大为 $\alpha_{max} = \arctan\mu_0$。履带式移动机器人能否沿某一坡道安全正常行驶，主要由路面和履带状况以及坡度角决定。

图 8-22　履带式移动机器人坡道静止受力图

2）跨越水平沟槽

设计时，机器人可以跨越的沟槽宽度越大越好，但尺寸大小却限制住了能跨越沟槽的尺寸。由于机器人前臂的重量相对于车体总重量比例很小，因而在此假定前臂的移动对机器人重心移动不产生影响。因此，机器人能够跨越的沟槽宽度是由履带与地面的接触长度以及重心位置有关。机器人跨越沟槽可以用静力法和动力法来分析。

静力法，即机器人缓慢行驶时，机器人整体的重心位置越过负重面位置时，稳定性就会降低。假如重心位置是在整体首部和前方沟槽的前壁接触之前超过负重面的，那么底盘装置的前部就会落入沟槽中；若是重心位置还未到达前方沟槽的前壁，而底盘装置的尾部已经和后壁分开，那底盘装置的后部就落入沟槽内。所以用静力法判断机器人能否跨越沟槽，主要由底盘装置两端支撑点和重心在行驶平面上的投影间的距离决定。

如图 8-23 所示，B 为沟槽宽度，a 为重心与前支撑点间距离，b 为重心与后支撑点间距离。当沟槽宽 $B=b$ 且 $a<b$ 时，如果机器人底盘装置前端还未接触到沟槽前壁，而机器人重心已越过沟槽后壁，那么装置前部就会落入沟槽中。当沟槽宽 $B=b$，且 $a>b$ 时，如果装置尾部已离开沟槽的后壁，装置重心还未越过沟槽的前壁，装置后部就会落入沟槽中。因此在设计林用履带式移动机器人底盘装置时应尽量使其重心在履带与地面接触部分的中心处，以便确保能够跨越较宽的沟槽。

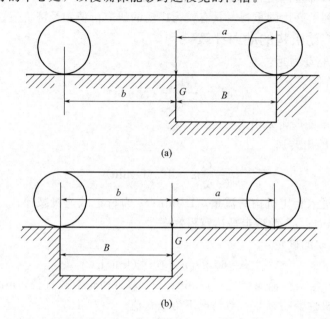

图 8-23　履带式移动机器人底盘装置以静力法通过沟槽示意图

用动力法跨越沟槽就是以稍高的速度从沟槽上方通过，适当利用惯性，这样可以增加可跨越沟槽的宽度。当机器人高速越过沟槽时，当前轮驶离地面后底盘装置就会有落入沟槽之势。因此，机器人的行驶速度与惯性成正比，在相同距离内，行驶速度越高，机器人底盘装置前部向沟槽下落的程度便越小。

应用动力法跨越沟槽的可能性与沟槽前壁后壁的相互位置和形状有很大的关系。如果沟槽的前边缘比后边缘高则较难跨越，反之则较容易跨越。如果后壁所在的斜面呈现下坡势，机器人跨越沟槽就比较困难。如果后壁所在的斜面呈现上坡势，机器人跨越沟槽就比较容易，如图 8-24 所示[53]。

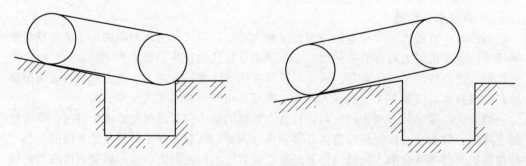

图 8-24　履带式移动机器人跨越坡状边缘的沟槽示意图

3）跨越斜坡沟槽

这种情况下这里指只讨论机器人慢速通过沟槽时的情况，即静力克服法（图 8-25）。上坡时机器人底盘装置前部跨越沟槽时，底盘装置重心很难越过沟槽后壁。在这种情况下，机器人能够跨越的沟槽宽可以用下面的公式来表示：

$$A = a + h_g \tan\alpha$$

式中，α 为坡面与地面的角度；h_g 为履带式移动机器人底盘装置重心高度。

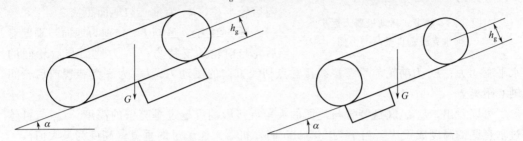

图 8-25　履带式移动机器人上坡时跨越沟槽示意图

当履带式移动机器人底盘装置后部跨过沟槽时，底盘装置可以跨越的沟槽宽度为：

$$A = b - h_g \tan\alpha$$

由此可以看出，履带式移动机器人在上坡时能够跨越的沟槽宽度比在水平地面上能跨越的沟槽宽度要小。同样，机器人在下坡时能够跨越的沟槽宽度比在水平地面上能跨越的沟槽宽度也要小。

4）越过垂壁分析

履带式移动机器人底盘装置克服垂直壁的过程如图 8-26 所示。首先，前轮沿着垂直壁向上移动；然后，机器人的重心逐步向前移动，直至与垂直壁重合；最后，底盘装置继续向前移动克服垂直壁直至完全越过垂直壁。

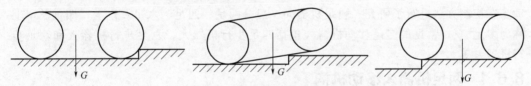

图 8-26　履带式移动机器人越过垂直壁时的过程示意图

如图 8-26 所示，由静力法可知，底盘装置以低速缓慢行驶，直至与垂直壁在拐点相接触，然后底盘装置前部缓慢上移，整体产生相对转动使履带前部沿垂直壁渐渐上移。当重心位置高于拐点高度时，底盘装置在触及垂直壁后将整体沿逆时针方向旋转，机器人将无法跨越垂直壁。因此，当机器人行驶至接近垂直壁时，应当迅速加速，以增大顺时针方向的旋转力矩，带动底盘装置后部降低而前部升高，从而为成功跨越垂直壁提供条件。

如图 8-27、图 8-28，接下来履带式移动机器人底盘装置继续向前行驶至垂壁棱边，到底盘装置重力作用线与垂壁的垂直线重合这段时间，根据底盘装置与垂直壁的位置关系，容易得出垂壁高度和履带结构参数间的关系：

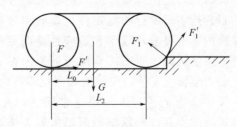

图 8-27　履带式移动机器人越过拐点时受力图

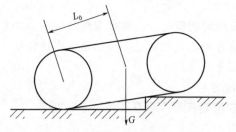

图 8-28　履带式移动机器人逐步
前进克服垂直壁时受力图

$$H = L_0 \sin\gamma + h\cos\gamma + \frac{h_d}{\cos\gamma} + r - \frac{h_g}{\cos\gamma}$$

式中，H 为垂直壁高度；L_0 为履带式移动机器人底盘装置重心与后轮的间距；γ 为履带与地面的夹角；h 为重心与后轮轮心的纵向距离；h_d 为履带式机器人的行走距离；r 为前后轮半径；h_g 为重心与地面距离。

图 8-27 中，F 与 F_1 分别为地面与垂壁对后轮与前轮的支持力；F' 为地面与后轮间的水平驱动力；F_1' 为前轮与垂壁棱线接触点切线方向的驱动力；L_2 为底盘装置前后轮间轴心距离。

可以看出，L_0、底盘装置与地面的夹角直接影响可越过垂直壁的高度，L_0 与可越过垂直壁的高度成正比。当 γ 为 $30°\sim35°$ 时，机器人能越过的垂直壁高度为最大值。

当履带式移动机器人底盘装置重力作用线越过垂壁，履带式移动机器人底盘装置落于垂壁顶部平面上时，可能会出现履带前部与地面的撞击，这种情况要尤其注意。因此当底盘装置重心位置越过垂直壁线并且底盘装置前部有下降趋势时，需要减小甚至停止输出动力，以保证底盘装置能够缓慢且稳妥地落在顶壁[54]。

8.6　腿足式移动机构

腿足式机器人是移动机器人领域的一个重要分支，与常见的轮式移动机器人相比，腿足式机器人具有更好的移动灵活性和地形适应能力，尤其是具有在崎岖不平、野外复杂环境下的全方位移动能力。迄今，国内外已经有许多学者对腿足式机器人的全方位移动步态控制方法进行了研究。腿足机器人一般分两足、四足、六足及以上，四足及以上称为多足[55]。常见的多足移动机器人包括四足步行机器人、六足步行机器人和八足步行机器人等。

8.6.1　两足机器人移动机构

现代两足机器人研究的历史已有近 40 年，取得了很多成果，尤其是近几年随着驱动器、传感器、计算机软硬件等相关技术的成熟和普及，出现了大量两足机器人样机，如图 8-29 所示，不仅实现了平地步行、上下楼梯和上下斜坡等步态，有的两足机器人样机甚至还可以跑步、跳舞，但是目前实用化的两足机器人还未见报道（娱乐机器人除外），其中一个主要原因就是步态综合问题还没有得到彻底解决，尤其是在未知环境中的步态综合。两足机器人步态综合的目标是实现步行的稳定性、高效率和适应性。稳定性是步态综合的基本要求，效率和适应性是两足机器人实用化的必要条件。两足机器人步态综合困难的原因在于两足机器人自由度多，动力学特性复杂，欠驱动和两足步行内在的不稳定性等。然而人类的步态能很好地解决这个问题，人类步行具有高效、稳定和灵活的特点，所以早期两足机器人步态综合研究就从研

图 8-29　步行机器人

究人类步行开始[56]。

为了实现不平坦路面的动态稳定行走，动态双足机器人必须通过调整行走步长实现机器人的脚平稳落地。当动态双足机器人跑步运动时，Hodgins 等研究了动态双足机器人的步长调整控制策略。为了有效地控制动态行走步长，提出了三类控制方法。在一个跑步运动周期内，Hodgins 等通过调整动态双足机器人的奔跑速度、高度和时间三个参数实现了双足机器人的动态平衡控制[57]。

① 前向速度控制法。给定支撑阶段和摆动阶段的时间，从而前向奔跑速度决定了行走步长。在每一步行走过程中，控制系统通过调整机器人脚的加速度和减速度操控机器人的行走速度。机器人的脚与地面碰撞的位置按照如下公式计算：

$$l_{\mathrm{fh}} = \frac{T_s i_s}{2} + k_i (i_f - i_d)$$

式中，i_s 和 i_f 分别代表支撑阶段和摆动阶段的平均跑步速度；T_s 代表支撑阶段时间；i_d 代表期望运动速度；k_i 为增益。控制系统通过如下计算公式控制机器人的前向速度：

$$i_s = \frac{k_i (i_f + i_d)}{2}$$

② 摆动阶段时间控制法。给定前向奔跑速度，机器人的一个步行周期内的行走距离决定了摆动时间。当机器人的脚离开地面时，摆动时间由机器人系统的垂直速度决定，从而摆动时间为

$$T_f = \frac{2 z_{\mathrm{lo}}}{g}$$

式中，z_{lo} 垂直速度；g 为重力加速度。充分考虑系统的动能和势能，设计控制器实现了动态双足机器人的动态稳定跑步运动。

③ 支撑阶段时间控制法。在支撑阶段，机器人身体的摆动距离等于平均速度乘以支撑时间。类似于弹簧质量振荡器，支撑阶段消耗时间的计算公式为

$$T_s = \frac{\pi}{\omega_0}$$

式中，ω_0 为系统的自然频率，一般近似为 $\sqrt{k/m}$，其中，k 为弹簧阻尼系数，m 为支撑腿质量。通过设计合适的控制器，实现了双足机器人的动态稳定跑步运动。最后，在实验室里利用三种控制方法实现了双足机器人的跨越障碍、上下楼梯以及目标点着地工作任务。

8.6.2 四足机器人移动机构

（1）四足机器人移动机构的背景

四足仿生机器人很好地结合了运动的稳定性和灵活性，具有很强的环境适应能力以及负载能力，能够在多种特殊环境和场合下稳定高效地行走，在军事运输、矿山开采、农林采伐、特种救援等许多领域具有潜在应用前景[58]。

日本在四足机器人的腿部机构构型设计和越障性能方面取得了众多成果。日本东京工业大学研制的一种新型的四足机器人，其腿部末端装有力传感器，能够通过对足部压力信号的处理，进而合理地调节机器人的位姿，完成行走和避障功能。还有一款四足机器人 RoboSimian，该机器人的腿部采用多关节串联机构，能够实现四足行走，同时也

能够三足站立，悬空的一条腿可以作为机械臂来完成操作任务，该机器人设计之初被用来参加 DAPRA 比赛[59]。

目前，由波士顿动力（Boston Dynamics）公司研发的"BigDog"是当今世界上最具代表性的四足机器人。如图 8-30 所示，该机器人身长 1.1m，高度为 1m，质量为 109kg。每条腿具有 4 个自由度（其中 1 个横滚自由度，3 个俯仰自由度），整机共 16 个自由度，每个自由度以一个两冲程的汽油机来控制液压缸来实现驱动，保证了其在具有较高负载能力的同时也具有较快的移动速度。BigDog 的控制系统是以高性能的嵌入式计算机（PC104）为主机，同时配有 GPS 导航，激光雷达等外围设备与姿态传感器和惯性测量单元等高精度传感设备，其运动平均速度可达 4km/h，运动倾角能达到 35° 而不摔倒，对冰面、草地、雪地等复杂的路况，表现出很强的侧向抗干扰能力[60-62]。

图 8-30   波士顿动力 BigDog 机器人

（2）四足机器人腿部机构综述

机器人的整体结构好坏决定了机器人的性能好坏。一个优良的设计结构可以让机器人的工作性能优良，具有控制简单高效、节省能源，工作寿命长和经济性能优良等诸多优点。一般情况下，机器人的机构设计包括两部分，即整体机构设计和腿部机构设计。其中，腿部机构形式的设计是四足机器人机械设计中的重要部分，也是四足机器人设计的关键之一。因此，四足机器人的机构设计与分析主要集中在其腿部机构上，一般的机械结构的设计要求为，腿部机构的杆件不能过于复杂，由于杆件过多造成的腿部机构形式过于复杂会导致结构和传动实现困难，对腿部机构需要其满足：

① 输出需要的轨迹，实现一定的运动要求；

② 腿部机构对于机体具有一定的承载能力；

③ 控制方便，节省能量。

目前，国内外学者对四足机器人的腿部机构做了大量的研究，主要可以分为三大类：开环关节连杆机构、闭环平面连杆机构、特殊连杆腿部机构[63]。

（3）腿部结构模型建立

本机构设计中，采用切比雪夫四杆机构和平行四边形缩放机构衍化得到的多连杆机构。如图 8-31 所示，*LEDBC* 是切比雪夫四杆机构，*PBAH* 是平行四边形缩放机构。

L、CP 为机体上的固定点，杆件 LE 是曲柄，杆件 CD 是摇杆，当 LE 逆时针旋转一周时，切比雪夫四杆机构 $LEDCB$ 能够在 B 点处产生椭圆形的曲线轨迹。然后由平行四边形缩放机构 $PBAH$ 的 A 点放大了切比雪夫四杆机构产生的 B 点轨迹。放大比率取决于 HI 和 IA 的杆长比率。

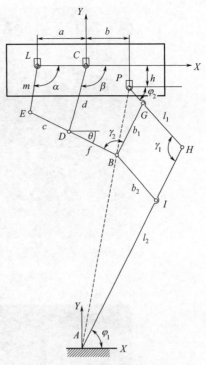

图 8-31　四足机器人单腿机构的运动学分析

（4）四足移动机构的动力学仿真分析

实际的四足机器人机械系统十分复杂，由许多三维零件装配而成，在 ADAMS 里进行三维建模设计会消耗大量时间，通常也没有必要。因此，本节所研究的四足机器人主要由五部分构成，即前半部分身体、后半部分身体、柔性腰部、柔性脊柱和柔性足端。该四足机器人共有 4 个主动自由度，其中 4 条腿，每条腿各一个，柔性腰部有一个被动自由度，以螺栓连接。该四足机器人的舵机、连接销以及螺栓等很多零件，在进行运动学仿真、动力学分析时不必考虑其外形，只需要考虑质量和质心等物理参数，为了减小建模和仿真的工作量，并且尽量体现四足机器人的运动性能，根据实际情况，对附加零件作简化处理，在尽量保持几何外观的情况下生成四足机器人简化模型。

8.6.3　六足机器人移动机构

六足机器人凭借其丰富的步态和冗余的肢体结构已成为仿生移动机器人研究领域中的热点。各国学者开展了大量的相关研究，通过研究、模仿生物系统的结构、运动方式和控制方式，相继研制了多种性能卓越的六足机器人，并成功应用于排险、军事、服务、农业等领域[64]。20 世纪 80 年代，国外已开发出较为成熟的六足机器人，如美国麻省理工学院研制的用于地外行星探测的六足机器人，采用基于位置反馈的伺服电机驱动，并集成电流测量单元以获取关节力矩信息，可在复杂地形上高效行走[65]。随着新材料、新技术的发展与六足机器人研究的不断深入，近几年国外研究机构开发出了多种先进的六足机器人，其中比较典型的有美国宇航局喷气推进实验室研制的用于月球探测的六足机器人，德国卡尔斯鲁厄理工学院研发的六足机器人 LAURON Ⅲ（如图 8-32 所示）等[66]。现今国外六足机器人正朝着实用化、智能化、轻量化的方向发展。

国内对于六足机器人的研究起步相对较晚，但也取得了丰硕的成果，如北京理工大学用高速摄像机和数字摄影分析技术对日本弓背蚁进行了步行实验研究，提出了适用于六足机器人运动规划的五项结论；清华大学开发出了 DTWN 框架式双三足机器人；华中科技大学研制了"4+2"多足步行机器人；哈尔滨工业大学成功设计了六足机器人 HIT-Spider 和 HITCR-Ⅱ（如图 8-33 等）[67-70]。总体上讲，目前国内外在该领域的差距不大且正逐步缩小[71,72]。

图 8-32　六足机器人 LAURON Ⅲ

图 8-33　六足机器人 HITCR-Ⅱ

（1）六足机器人自由度

六足机器人行走机构腿部结构是一个三连杆结构，每条腿具有三个转动关节，第一个关节为腿部结构和躯体结构连接的转动副，称为基关节；三杆间有两个关节，靠近髋关节的称为髋关节，另一个称为膝关节，每个关节具有一个自由度。一般来说，处于支撑相的腿足端与地面之间无相对滑动，可以将其足端看作为一个点，足端与地面的接触可认为其为球面副，再加上基关节、髋关节和膝关节三处的转动副，每条腿有 6 个自由度。在某一时刻，假设行走机构处于支撑相的腿部结构的数量为 $m(m \leqslant 6)$，此时行走机构与地面组成的模型为具有 m 闭链 w 自由度空间并联机构，w 可由修正的 Kutzbach-Grubler 公式得到：

$$w = d(n - q - 1) + \sum_{i=1}^{q} f_i + u - V$$

式中，w 为行走机构的总自由度数；$d = 6 - \lambda$，为机构的阶数，其中，$\lambda = 0$；

$n=3m+2$，为机构的总构件数；$q=4m$，为运动副数量；f_i为第 i 个运动副引入的约束数；$u=0$，为行走机构去除公共约束因素后的冗余约束数目；$V=0$，为机构的局部自由度。

一条处于支撑相的腿共具有三个转动副和一个球面副，易得：

$$\sum_{i=1}^{q} f_i = 3m + 3m$$

将上述条件代入式中可得：

$$w = 6(3m+2-4m-1)+(3m+3m)+0-0=6$$

无论六足机器人行走机构处于支撑相的腿有多少条，行走机构都是具有 6 个自由度的多闭链空间并联空间机构。同时可得，无论六足机器人行走机构处于静止还是运动状态、采用何种运动步态以及在何种地面状况下，其躯体在机构运动范围内均可呈现相应的姿态并到达需要的位置。

（2）六足机器人行走机构步行足布置方式

六足机器人行走机构以蚂蚁为参照源，采用其步行足布置方式完成行走机构腿部结构布置结构设计。根据蚂蚁生理结构分析，蚂蚁六条步行足根部与胸部连接点组成这样一种情况：蚂蚁中足根间距最大，前足根和后足根间距相差不大，两只中足基本上在前足和后足的中点位置，前后四条步行足根部组成一个长宽比约为 2 的长方形结构。因此，可得到六足机器人行走机构腿部结构的布置方式示意图，如图 8-34 所示。

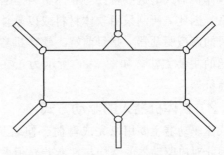

图 8-34 六足机器人行走机构腿部布置方式

8.7 复合移动机构

8.7.1 跳跃式机器人移动机构

目前对于跳跃机器人的研究主要有仿生跳跃理论研究和面向实际应用的研究，尽管两类跳跃机器人在研究重点、类型方法和研究意义方面存在不同，但是两者有着共同的特征仿生跳跃理论。研究主要集中在将三维空间高自由度的跳跃运动简化为二维平面仿生模型，使其实现低维空间的跳跃运动，其研究经历了从质量弹簧振子、伸缩倒立摆到单腿多关节的过程，并且大多数研究集中在具有生物特性的连续跳跃模式，能深入了解生物平稳跳跃运动机理，为未来仿人、仿多足类机器人的跑跳运动提供参考。面向实际应用的跳跃机器人研究起源于星际探索，低重力星面环境导致传统轮式或履带式机器人与地面产生的驱动摩擦力变小，轮式或履带式移动机器人的运动高效性优势被削弱，同时低重力环境也有助于提高跳跃机器人的跳跃性能。近几年，应用于室内巡视、野外探测、救援搜寻的跳跃机器人开始崭露头角，跳跃机器人的应用领域、实现方式不断拓展[73]。

8.7.2 软体移动机构

（1）软体机器人的发展

随着人们对机器人认知程度的提高，机器人的应用从传统的生产制造领域拓展到了医疗服务、勘探、救援、侦查等领域，这些新的领域所含的工作环境和任务需求相较于传统领域更加复杂多变，致使传统的机器人难以满足工作需求。近年来随着对仿生机理

尖锐表面物体抓持

图 8-35　软体机器人抓取尖锐物体

研究的不断深入，研究者利用模仿大自然中的软体生物研制出了多种软体机器人。这类软体机器人的本体一般采用软体材料制作，其功能除灵活的主动变形外，还可以被动改变自身的形状与尺寸且不会损坏，对非结构化的环境有很好的适应性，图 8-35 为软体机器人抓取尖锐目标物体[74]。

　　分析近年来关于软体机器人的研究，其组成材料、结构、连接方式等与刚性机器人差异较大，电机等传统的驱动器对其不再适用，新型驱动器技术成为软体机器人研究与应用所需突破的重要瓶颈之一[75]。软体机器人理论上具有无限多的自由度与连续变形的能力，其变形具有柔顺、灵活与适应性强的特点，软体机器人的这些特性与软体材料有着密切的联系，因此，研制采用软体材料或以软体材料为基质的新型驱动器，是目前解决软体机器人驱动难题的主要方法。如图 8-36 所示为正在驱动的软体机器人。

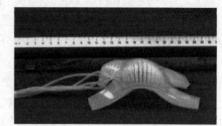

图 8-36　正在驱动的软体机器人

（2）软体机器人的驱动方式

　　软体驱动器主要用以完成弯曲、伸缩及扭转等变形，不同的驱动方式工作机理不同，因此对应驱动器的结构与性能差异很大。针对软体驱动器的驱动方式可分为气动驱动、液压驱动、SMA 驱动、SMP 驱动、EAP 驱动与化学驱动等[76]。

8.8　典型移动机构设计案例

8.8.1　轮式移动机器人案例

　　为了使本例机器人更方便控制，可采用两轮中心共线布置，而且左右两个轮是完全一致的。这样的设计方法使得机器人的重心在机器人两轮之间的对称线上，不用担心机器人会发生左右倾倒的现象。为了使其重心降低，节省空间，减轻重量，采取了紧凑的设计方案。

　　车身结构的设计：为了减轻机器人的重量，车身采用碳纤维材料。碳纤维具有质量轻于钢铁，但强度却高于钢铁的特性，很适合作为支撑件。而车体上的结构件和电机外壳等，不承受过多力的部分，采用 7075 超硬铝。超硬铝具有很好的机械加工性能，耐磨性很好，抗腐蚀和抗氧化的性能也很好，适合作为机构件和电机外壳等非受力部件使用。实物图如图 8-37 所示。

　　车轮部分主要包括电机、减速器和车轮本体三部分。电机选择为科尔摩根公司的无框力矩电机。主要考虑电机的大小，无框电机没有外壳，可以提供更大的设备空间，中间是中空形式的，便于走线。在设计中，可以使整个机器体积更小。如果使用 Maxon 的电机，它是长条形状的，整个设备做出来以后空间占比大，影响整体效果。而无框力

矩电机就不会出现这些问题。无框电机可以提供更大的功率密度比，同尺寸下可以提供更大的扭矩。其次无框力矩电机为直流力矩电机，其输出力矩与输入电流呈线性关系，方便后面的建模辨识。

图 8-37　两轮自平衡机器人的实物图

　　由于选用该型号的无框力矩电机所提供的转矩达不到机器人所需驱动力矩的要求，故需要减速器来增大电机的输出力矩。由于考虑到机器人需要的一定抗冲击能力，故不能选用谐波减速器。由于行星减速器的尺寸较大，无法安装在所设计的空间内，故选用RV减速器，减速比定为 19∶1。

8.8.2　履带式机器人案例

　　本例以模块化中心思维进行设计，将履带式城市排爆机器人划分成多个子模块，当有不同的需求或者在某些特定的环境下使用时，可以很方便地针对某些模块进行改造或者重新设计，以满足产品的个性化和产业化。通过这种设计方法将机器人底盘布局方案划分为箱体和两侧履带式行走机构两个模块，如图 8-38 所示。

　　机器人行走机构两侧履带单元中的悬架机构与箱体固连在一起，同时，为了加强履带系统和中间箱体的连接强度，保证整个机器人运动的稳定性，将箱体局部进行加固，确保悬架以及整个履带系统不会脱离箱体，再通过履带与张紧轮共同构成机器人的履带单元，本例的履带式排爆机器人将驱动轮放置在履带单元的后端，这样可以保证履带接地段部分是处于张紧状态，从而改善机器人的加速、爬坡以及越障通过性，同时减少传动功率的损失。箱体作为机器人的内部空间，用来放置驱动电机、控制器、电池以及电路板等部件。为了保证稳定性，箱体内部尽可能采用两侧对称的方式布置，当放置这些零部件的时候尽可能地靠近机器人的前端放置，

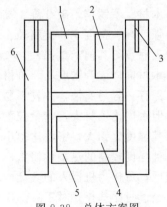

图 8-38　总体方案图

1—减速器；2—驱动电机；3—驱动轮；
4—电池；5—箱体；6—履带

使得机器人的整体重心靠前，更加有利于机器人行走机构在遍布障碍物以及坑洼不平的路况中行驶。

8.8.3 双足步行机器人案例

要提高双足机器人的竞赛性能，不但跟简洁的软件系统及硬件电路有关，在较大程度上双足机器人快速稳定步行的重点还在于是否具有设计合理的机械结构。良好的机械结构与高可靠性的硬件设备必不可少，同时优化机械结构可以有效地降低机器人在比赛时的故障率，是取得好成绩的基础。在参考历届双足机器人比赛视频与查阅大量文献资料的前提下，为了更方便合理地设计双足机器人各部件尺寸与结构，本例首先使用SolidWorks对设计的机器人进行三维建模，然后对各部件的材料进行选择，最后再进行各部件的结构优化，确保机器人能够进行稳定快速的步行。本节将从双足机器人的连接件、横梁以及脚板等方面进行设计和优化，以保证双足机器人可以又快又稳地完成比赛。

(1) 材料的选择

如图 8-39 所示为使用 PC-ABS 材料 3D 打印制作的头部连接件与横梁，从图中看出，虽然 3D 打印可以较好地展现出设计时的想法，但由于 PC-ABS 材料不耐腐蚀，且硬度、刚度较低，再加工以及长期试验碰撞会使其出现形变，造成试验结果不可靠，步行稳定性不足。

图 8-39　PC-ABS 材料打印的头部连接件

制作双足机器人过程中应尽可能地选用轻质材料来减轻自身重量，常用的材料有铝、木材、不锈钢、碳纤维、高密度聚乙烯等。铝在制作机器人过程中是很重要的材料，强度高、密度小、抗腐蚀、价格适中，并且容易切削、成型、钻孔和弯折，常用于机器人底盘等其他承重部件。

木材同样因为密度小，价格便宜，所以广泛用于机器人底盘、挡板等部件，但同样不宜保存，容易腐蚀，并且不易加工。不锈钢材料与铝材特点相似，不易腐蚀，容易保存，但密度比铝材大，重量较重。碳纤维作为一种新型机器人材料，是一种纤维状碳材料。其强度比钢大，密度比铝小，而且耐腐蚀、耐高温，但价格昂贵。高密度聚乙烯作为一种强度较高的热塑性树脂，价格便宜，密度小，耐腐蚀，容易加工成型，热传导效率较低，可作为机器人的底盘。

经过对比选择，对于腿部连接件最终选用 Bioloid 模块化配件，对于头部连接件与横梁以及脚板采用厚度为 2mm、3mm 的铝钢板分别进行数控切割来制作，如图 8-40。

由于 3D 打印材料刚度和硬度需要一定的厚度才能保证，往往需要设计成较厚的壁厚，从而导致机器人整体重量的增加，而采用了铝材配件后，各部分连接件不仅更加耐用，装配精度更高，拆装更为方便，而且总重量也比之前有所减少。

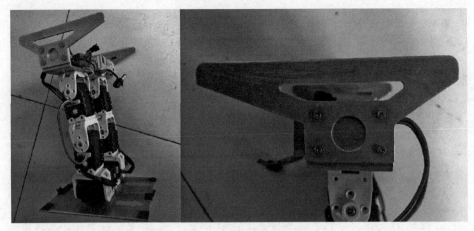

图 8-40　铝板材料制作的头部

（2）连接件设计与优化

双足机器人连接件长度与配合精度关系着舵机传动的精确程度以及步态。双足机器人整体除了控制系统与驱动系统，剩下分别是负责翻跟斗时支撑的头部以及放置控制系统与连接两条腿与头部支撑的横梁，还有连接舵机的腿部连接件，最后是负责支撑整个机器人的脚板。

（3）横梁

横梁主要负责连接双足机器人的双腿、头部以及给控制系统的电路板提供支撑与固定。从材料用料占比也就是质量比来看，除了脚板就是横梁的用料占比最大。所以横梁设计与优化的准则是在保证零件不失效的前提下尽量减少其尺寸以减少用料，降低重量，主要考虑其长度是否可以超过两脚板的最宽距离，宽度能否给予双足机器人双腿与控制系统支撑，即宽度大于用于固定的孔间距。对于横梁，2mm 厚的铝制板材的力学性能已经足够了。

（4）脚板

双足机器人脚板的设计原则是尽可能有较大的面积来给予机器人步行时更大的稳定域，但重量问题会使机器人抬脚时重心偏移过快造成机器人翻倒，所以应综合考虑。

参考文献

［1］　孔峰，陶金，谢超平，等.移动机器人路径规划技术研究［J］.广西工学院学报，2009，20（4）：70-74.

［2］　王晓芸，崔培，陈晓.轮式移动机器人文献综述［J］.石家庄铁路职业技术学院学报，2019，18（2）：66-70.

［3］　张荣昌.轮式移动机器人机构设计与运动控制研究［D］.沈阳：东北大学，2011.

［4］　佚名.直角坐标机器人的设计方法［J］.自动化信息，2009（9）：89-90，58.

［5］　马传翔.单轮机器人运动机理及其控制方法的研究［D］.哈尔滨：哈尔滨工业大学，2010.

［6］　Lauwers T B，Kantor G A，Hollis R L. A dynamically stable single-wheeled mobile robot with inverse mouse-ball drive［C］.Proceedings 2006 IEEE International Conference on Robotics and Automation，FL，USA，May 15-May 19，2006，pp：2884-2889.

［7］　Wu C W，Hwang C K. A novel spherical wheel driven by Omni wheels［C］.2008 International

Conference on Machine Learning and Cybernetics，Kunming，China，July 12-July 15，2008，pp：3800-3803.

[8]　Wu C W，Huang K S，Hwang C K. A novel spherical wheel driven by chains with guiding wheels [C]. 2009 International Conference on Machine Learning and Cybernetics，Baoding，China，July 12-July 15，2009，pp：3242-3245.

[9]　朱磊磊，陈军.轮式移动机器人研究综述 [J].机床与液压，2009，37（8）：242-247.

[10]　宋海云.基于双陀螺转子平衡的独轮机器人研制 [D].北京：北京工业大学，2019.

[11]　梁广超，叶凌箭.自平衡独轮电动车控制方法研究与应用进展 [J].电气自动化，2015，37（6）：1-4.

[12]　Ferreira E D，Tsai S J，Paredis C，et al. Control of the Gyrover：A single-wheel gyroscopically stabilized robot [J]. Advanced Robotics，2000，14（6）：459-475.

[13]　Sheng Z Q，Yamafuji K. Study on the Stability and Motion Control of a Unicycle：Part I：Dynamics of a Human Riding a Unicycle and Its Modeling by Link Mechanisms [J]. JSME International Journal，Series C：Dynamics，Control，Robotics，Design and Manufacturing，1995，38（2）：249-259.

[14]　Sheng Zaiquan，Yamafuji Kazuo. Postural stability of a human riding a unicycle and its emulation by a robot [J]. IEEE Transactions on Robotics & Automation，1997，13（5）：709-720.

[15]　Naveh Y，Bar-Yoseph P Z，Halevi Y. Nonlinear Modeling and Control of a Unicycle [J]. Dynamics and Control，1999，9（4）：279-296.

[16]　于法传.基于陀螺进动效应的独轮机器人的研制 [D].哈尔滨：哈尔滨工业大学，2015.

[17]　Yan L，Lee J，Lee J. Attitude control of the unicycle robot using fuzzy-sliding mode control [J]. Intelligent Robotics and Applications，2012，7508：62-72.

[18]　Lee Jae-Oh，Han Seong-Ik，Han In-Woo，et al. Attitude and direction control of the unicycle robot using fuzzy-sliding mode control [J]. Journal of Institute of Control，Robotics and Systems，2012，18（3）：275-284.

[19]　Hwang J，Kim S，Lee J. Vision-based path planning for the rotation control of unicycle robot [C]. 2010 IEEE/ASME International Conference on Advanced Intelligent Mechatronics，QC，Canada，July 6-July 9，2010，pp：1408-1412.

[20]　Han I W，An J W，Lee J M. Balancing Control of Unicycle Robot [M]. Springer Berlin Heidelberg，2013.

[21]　熊梅.独轮机器人姿态控制研究 [D].哈尔滨：哈尔滨工业大学，2010.

[22]　白占欣.六自由度独轮机器人本体研制及动力学控制方法研究 [D].哈尔滨：哈尔滨工业大学，2011.

[23]　Han I W，An J W，Lee J M. Balancing Control of Unicycle Robot [M]. Springer Berlin Heidelberg，2013.

[24]　王启源.独轮自平衡机器人建模与控制研究 [D].北京：北京工业大学，2011.

[25]　Ruan X，Wang Q，Yu N. A 3-D Simulation of Unicycle Robot Based on Virtual Prototyping Technology [J]. Intelligent Robotics and Applications，2010，6425：87-96.

[26]　Gong D，Qi P，Zuo G，et al. LQR control for a self-balancing unicycle robot on inclined plane [J]. Journal of System Design and Dynamics，2012，6（5）：685-699.

[27]　朱晓庆，阮晓钢，魏若岩.基于惯性飞轮的独轮自平衡机器人侧向动力学分析 [J].应用力学学报，2013，30（3）：395-400.

[28]　王晓宇.两轮自平衡机器人的研究 [D].哈尔滨：哈尔滨工业大学，2008.

[29]　贾钧翔.双轮自平衡机器人控制方法研究与实现 [D].南京：东南大学，2012.

[30]　佚名.波士顿动力正式推出轮腿式机器人 Handle [J].大数据时代，2017（2）：74.

[31]　佚名.Boston Dynamics 公布可以搬运纸箱的机器人 [J].中国包装，2019，5：26.

[32]　张晓丽，梁栋，单新平，等.双轮差速驱动式服务机器人移动机构构型多目标优化设计 [J].机械传动，2018，42（2）：45-51.

[33]　朱浩.基于麦克纳姆轮的全向重载移动技术研究 [D].南京：南京航空航天大学，2015.

[34]　区锐容，陈贺，乔务本.冶金车辆重载车轮结构强度的计算分析 [J].大连铁道学院学报，1991，12（1）：64-68.

[35]　李宏.国外重载铁路综述 [J].铁道工程学报，2000（4）：32-34.

[36]　Killpack M，Deyle T，Anderson C，et al. Visual odometry and control for an omnidirectional mobile robot with a downward-facing camera [C]. IEEE/RSJ International Conference on Intelligent Robots & Systems，Taipei，October 18-October 22，2010，pp：139-146.

[37]　Chu B，Sung Y W. Mechanical and electrical design about a mecanum wheeled omni-directional mobile robot [C]. International Conference on Ubiquitous Robots & Ambient Intelligence，Jeju，Korea，October 30-November 2，2013，pp：667-668.

[38]　CC Tsai，Tai F C，Lee Y R. Motion controller design and embedded realization for Mecanum wheeled omnidirectional robots [C]. World Congress on Intelligent Control and Automation，Taipei，June 21-June 25，2011，pp：546-551.

[39]　王一治.适于楼宇环境的全方位移动技术研究 [D].上海：上海大学，2009.

[40]　赵冬斌，易建强，邓旭玥.全方位移动机器人结构和运动分析 [J].机器人，2003，25（5）：394-398.

[41]　王克俊.全向轮驱动球形机器人的机构分析与研究 [D].北京：北京交通大学，2017.

[42]　Yamauchi B. PackBot：A Versatile Platform for Military Robotics [C]. Proceedings of SPIE -The International Society for Optical Engineering，Florida，USA，September 2，2004，pp：228-237.

[43]　Lewis P J，Flann N，Torrie Mitchel R，et al. Chaos an intelligent ultra-mobile SUGV：combining the mobility of wheels，tracks，and legs [C]. Proceedings of SPIE -The International Society for Optical Engineering，Florida，USA，May 27，2005，pp：427-438.

[44]　刘铁军.小型排爆机器人总体设计的研究 [D].南京：南京理工大学，2006.

[45]　Michaud F，Létourneau D，Arsenault M，et al. Multi-Modal Locomotion Robotic Platform Using Leg-Track-Wheel Articulations [J]. Autonomous Robots，2005，18（2）：137-156.

[46]　Guarnieri M，Debenest R，Inoh T，et al. Development of Helios VII：an arm-equipped tracked vehicle for search and rescue operations [C]. IEEE/RSJ International Conference on Intelligent Robots and Systems（IROS），Sendai，Japan，September 28-October 2，2004，pp：39-45.

[47]　陈淑艳.移动机器人履带行走装置的构型与机动性能研究 [D].扬州：扬州大学，2009.

[48]　肖俊君，尚建忠，罗自荣.一种多姿态便携式履带机器人运动设计及分析 [J].机械设计与制造，2007（8）：134-136.

[49]　段星光，黄强，李科杰.小型轮履腿复合式机器人设计及运动特性分析 [J].机械工程学报，2005，41（8）：108-114.

[50]　李满天，黄博，刘国才，等.模块化可重构履带式微小型机器人的研究 [J].机器人，2006，28（5）：548-552.

[51]　王田苗，邹丹，陈殿生.可重构履带机器人的机构设计与控制方法实现 [J].北京航空航天大学学报，2005，31（7）：705-708.

[52]　徐宏贵.基于 DSP 的履带式移动机器人运动控制系统设计 [D].南京：南京理工大学，2009.

[53]　刘海燕.履带行走机构的计算与选型设计 [J].采矿技术，2013，13（4）：90-93.

[54]　吉洋.林用履带机器人底盘设计与仿真分析 [D].北京：北京林业大学，2013.

[55]　谢惠祥，尚建忠，罗自荣，等.四足机器人对角小跑中机体翻转分析与姿态控制 [J].机器人，2014，36（6）：676-682.

[56] 马培荪，曹曦，赵群飞.两足机器人步态综合研究进展［J］.西南交通大学学报，2006，41（04）：407-414.

[57] 田彦涛，孙中波，李宏扬，等.动态双足机器人的控制与优化研究进展［J］.自动化学报，2016，42（8）：1142-1157.

[58] 谭民，王硕.机器人技术研究进展［J］.自动化学报，2013，39（7）：963-972.

[59] Satzinger B W，Lau C，Byl M，et al. Tractable locomotion planning for RoboSimian［J］. International Journal of Robotics Research，2015，34（13）：1541-1558.

[60] Raibert M，Blankespoor K，Nelson G，et al. BigDog, the Rough-Terrain Quadruped Robot［C］. The International Federation of Automatic Control，Seoul，Korea，July 6-July 11，2008，pp：10822-10825.

[61] Wooden D，Malchano M，Blankespoor K，et al. Autonomous navigation for BigDog［C］. IEEE International Conference on Robotics & Automation，Alaska，USA，May 3-May 8，2010，pp：4736-4741.

[62] Playter R，Buehler M，Raibert M. BigDog［C］. Unmanned Systems Technology VIII，Florida，USA，May 9，2006，pp：62302O-1-62302O-6.

[63] 方珂汇.四足机器人机构设计［D］.杭州：杭州电子科技大学，2015.

[64] 李满宏，张明路，张建华，等.六足机器人关键技术综述［J］.机械设计，2015，32（10）：1-8.

[65] Brooks R A. Robot that Walks；Emergent Behaviors from a Carefully Evolved Network［J］. Neural Computation，1989，1（2）：253-262.

[66] Estremera J，Cobano J A，Gonzalez de Santos. Continuous free-crab gaits for hexapod robots on a natural terrain with forbidden zones：An application to humanitarian demining［J］. Robotics and Autonomous Systems，2010，58（5）：700-711.

[67] 黄麟，韩宝玲，罗庆生，等.仿生六足机器人步态规划策略实验研究［J］.华中科技大学学报（自然科学版），2007，35（12）：72-75.

[68] 汪劲松，荣松年，张伯鹏.全方位双三足步行机器人（Ⅰ）-步行原理，机构及控制系统［J］.清华大学学报：自然科学版，1994，34（2）：102-107.

[69] 王新杰.多足步行机器人运动及力规划研究［D］.武汉：华中科技大学，2005.

[70] Xi C，Wang L Q，Ye X F，et al. Prototype development and gait planning of biologically inspired multi-legged crablike robot［J］. Mechatronics，2013，23（4）：429-444.

[71] 陈甫.六足仿生机器人的研制及其运动规划研究［D］.哈尔滨：哈尔滨工业大学，2011.

[72] He Z，Liu Y，Jie Z，et al. Development of a Bionic Hexapod Robot for Walking on Unstructured Terrain［J］. Journal of Bionic Engineering，2014，11（2）：176-187.

[73] 魏敦文，葛文杰.跳跃机器人研究现状和趋势［J］.机器人，2014，36（4）：503-512.

[74] 孙沂琳，张秋菊，陈宵燕.软体驱动器研究综述［J］.机械设计，2019，36（2）：5-18.

[75] 管清华，孙健，刘彦菊，等.气动软体机器人发展现状与趋势［J］.中国科学：技术科学，2020，50（7）：897-934.

[76] 张忠强，邹娇，丁建宁，等.软体机器人驱动研究现状［J］.机器人，2018，40（5）：648-659.

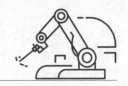

第9章

机器人机构设计实例

9.1　八自由度喷涂机器人机械系统的设计

9.1.1　总体方案设计

（1）系统的总体方案设计

工业机器人构型设计的基础是先要确定总体方案布局和主要技术参数。本节第3条将列出主要技术参数的设计目标，本节将研究八自由度喷涂机器人在应用现场的总体布局。喷涂机器人在喷漆房中的布局如图9-1所示。

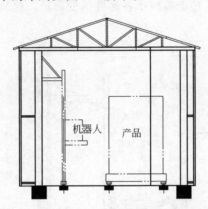

图9-1　喷涂机器人在喷漆房的布置方案图

另外，喷涂机器人移动导轨平台与待喷涂产品的距离对喷涂轨迹的规划也很重要。间距太小的话，机械臂容易与待喷涂产品发生干涉或者碰撞，而且有限的末端空间极大地限制了机械臂姿态的变换；而间距太大的话，油漆在待喷涂产品表面黏着力又会太小而影响喷涂质量，所以应取一个优化适中的距离，初选间距为1200mm，如图9-2所示。

本例采取如图9-3所示安装平面图的工业现场布置方案。

（2）设计原则

喷涂机器人结构的设计主要是遵循以下六大原则[1]：

① 运动惯量最小原则。由于工作时喷涂机器人的运动部件较多，运动状态经常改

变，会产生一定的冲击和振动，所以设计时应在满足强度和刚度的前提下，尽量减小运动部件的质量，并注意运动部件相对转轴的质量配置，以提高机器人运动时的平稳性以及动力学特性。

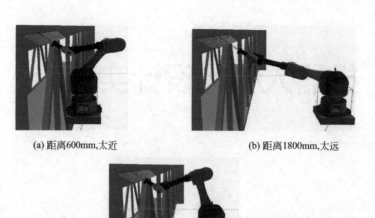

(a) 距离600mm,太近　　　　　　　(b) 距离1800mm,太远

(c) 距离1200mm,适中

图 9-2　喷涂机器人移动导轨平台与待喷涂产品的间距

② 高强度轻型选材原则。在机器人的设计中，选用高强度材料不仅能够减轻零部件的质量，减少运动惯量，还能够减小各部件的变形量，提高工作时的定位精度。

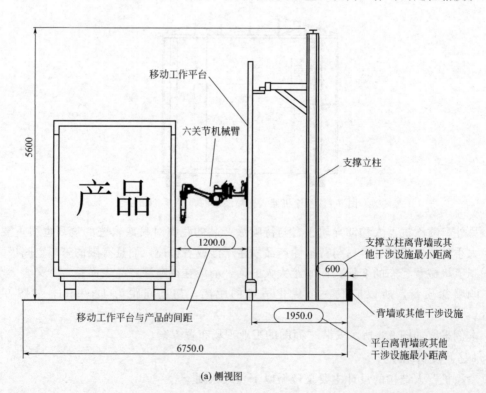

(a) 侧视图

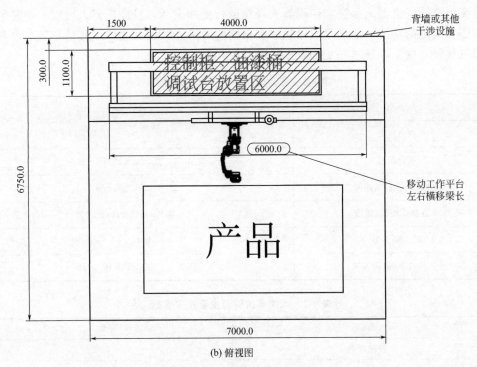

图 9-3　喷涂机器人安装平面图

③ 刚度最大原则。在机械结构设计中，以大臂为例，要使其刚度最大，必须选择适当的杆件剖面形状和尺寸，以提高支承刚度和接触刚度，合理安排加载在大臂上的力和力矩，以尽可能地减少弯曲变形。

④ 尺寸最优原则。当设计要求满足一定工作空间要求时，通过尺度优化以选定最小的臂杆尺寸，这将有利于操作机刚度的提高，使运动惯量进一步降低。

⑤ 可靠性原则。机器人的机械系统因结构复杂、部件较多，运动方式复杂，所以可靠性问题显得尤为重要。一般来说，元器件的可靠性应高于部件的可靠性，而部件的可靠性应高于整机的可靠性。

⑥ 工艺性原则。机器人在本质上是一种高精度、高集成的机械电子系统，各零部件的良好加工性和装配性也是设计时要注意的重要原则，而且机器人要便于维修和调整。如果仅仅有合理的结构，而忽略了工艺性，必然导致整体性能下降和成本上升。

（3）主要设计参数

本项目与企业协商所要研发的喷涂机器人技术要求如下：

① 机器人喷涂对象为长度小于 25m 地轨长度的复杂结构工件；

② 机器人末端最高运行速度要达到 1.7m/s；

③ 机器人末端重复定位精度要达到 ±0.05mm；

④ 机器人末端最大负载为 6kg；

⑤ 机器人能对喷涂产品内外表面进行全方位喷涂；

⑥ 验收时，要求机器人连续工作 8h，无重大故障，才能通过验收。

本项目的应用对象为结构较复杂、体积较大的待喷工件，喷涂机器人运动轨迹除了需要形成复杂的仿形轨迹的同时，手腕还需要伸到狭窄的工件内部空间进行作业，使得运动轨迹中存在多处奇异位姿。故本项目设计了 6R 机械臂外加 2P 移动导轨平台的八自由度组合喷漆机器人系统，使机器人操作运行更加灵活，且此机器人可以实现避免奇异位姿和避障的功能，能满足喷涂轨迹和精度的要求。其两大主体（移动导轨平台和六关节机械臂）的主要技术参数如表 9-1 和表 9-2 所示。

表 9-1 移动导轨平台主要技术参数

类型	参数
自由度数	2
平台尺寸	长 1000×宽 80mm×高 600mm
纵向移动距离、速度	25000mm、8m/min
垂直移动距离、速度	4200mm、5m/min
最大载重量	300kg
用电总功率（电源要求）	1.5kW+0.75kW(380V/50Hz)

表 9-2 六关节机械臂主要技术参数

类型			参数	
自由度数			6	
最大负载			6kg	
最大工作半径			1410mm	
压力要求		内部油封工作压力	0.05MPa	
		本体正压	500~1000Pa	
关节变量范围	关节最大转速	肩部回转(S 轴)	$-155°\sim+155°$	150°/s
		大臂俯仰(L 轴)	$-97.5°\sim+97.5°$	115°/s
		小臂俯仰(U 轴)	$-62.5°\sim+242.5°$	115°/s
		小臂回转(R 轴)	$-142.5°\sim+142.5°$	320°/s
		腕部俯仰(B 轴)	$-120°\sim+120°$	400°/s
		手部回转(T 轴)	$-360°\sim+360°$	460°/s
精度要求		重复定位精度	±0.05mm	
		绝对定位精度	±0.05mm	
电气连接		电源要求	220V/50Hz	
		用电总功率	3.5kW	
末端最大速度			1.7m/s	
末端最大加速度			6.7m/s^2	
本体质量			220kg	
安装方式			置地、壁挂安装	
防护等级			IP65	

（4）防爆结构的设计

由于喷涂机器人在进行喷漆作业时会产生大量易燃易爆的雾状油漆，使得喷漆房属于一级爆炸危险区域，若喷漆设备的某个电气部件在工作中意外产生电火花，或因电机等发热部件未及时散热而引起温度过高，则可能会引燃喷漆室内存在的可燃雾漆，严重时还会导致爆炸事故，带来严重的经济损失和人员伤亡。所以所有的材料均应选用非易燃材料，所有的电机、电缆、电器均要隔离可燃性气体或选用防爆型号的，同时还要保证它们能及时通风散热。

为了保证喷涂室整洁，手腕转动过程中不会引起内部管线打结或折断，机器人手腕采用球形中空结构。以此可以避免各种管路裸露在外影响喷涂作业，保证穿过机械臂结构内部的电缆和安装在机械臂结构内部的电机与外部雾漆隔离开来，而且所有的油漆管、溶剂管、空气管和测速光纤等从喷涂机器人的臂部及手腕的内部穿过，直接与喷枪相接，同时在手腕及臂部的内部空间通入一定压力的压缩空气，以达到防潮防爆的目的[2]。

9.1.2　机械结构设计

本例的八自由度喷涂机器人机械结构设计的流程图如图 9-4 所示。

（1）移动导轨平台的结构设计

移动导轨平台是六关节机械臂的搭载平台，是研发移动喷涂机器人的基础。其性能的好坏将直接影响机器人喷涂任务的完成情况及使用的可靠性。所以平台的机械结构在设计时应保证具有可靠的强度、刚度和稳定性；在加工工艺方面，平台各轴孔、定位面应该具有较高的位置度和形状度，多采用设备精度高的加工中心加工，以保证装配的精度及后期运行时的稳定。移动导轨平台结构形式为侧面平移升降组合的方式。其传动方式的升降机构由电机驱动，经过减速器、链轮带动链条上下运动来实现；进退机构由电机驱动，经过减速器带动滚轮转动来实现。其主要结构如下。

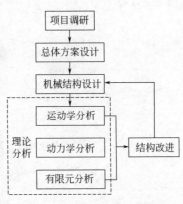

图 9-4　机械结构设计流程图

① 支撑架。移动导轨平台支撑架是由 12 号槽钢、方管、滚轮及滚轮支架等焊制而成，后部设有加固框架。移动导轨平台具有足够的强度和刚度，可将六关节机械臂以及喷枪等设备安装在上面来执行喷涂作业。

② 机械臂安装座。机械臂安装座是一块与机械臂底座有对应螺纹孔的钢板基座。钢板做防腐蚀处理，表面涂金属漆，以防腐蚀生锈影响与机械臂底座的连接精度。

③ 滑轨及地轨。在沿移动导轨平台纵向行走方向的喷漆房适当位置设置滑轨，以方便移动导轨平台前后行走，且其上部设有滑触线；地轨选用 12 号轻轨，由轨道压板固定在地面上。

④ 前后移动装置。纵向移动装置主要由伺服电机、减速器等组成，减速器的主动轴直接与电机通过联轴器连接。

⑤ 上下升降装置。由升降电机、减速器、链轮、链条、轴承座、滚动轮等组成。电机通过减速器带动链轮转动，使链条带动安装在安装座上的机械臂做升降运动。

⑥ 限位装置。前后、上下方向设有防爆式限位装置，当移动导轨平台到达限位后自行停止；为防止工作台碰撞到车体和顶升装置，当端部伸出后，控制系统控制移动导轨平台不能纵向（前后方向）移动，只有端部完全收回后方可纵向移动。

图 9-5 八自由度喷涂机器人移动
导轨平台三维结构模型简图

移动导轨平台的三维结构模型简图如图 9-5 所示。

（2）六关节机械臂的结构设计

八自由度喷涂机器人的六关节机械臂如图 9-6 所示。机械臂结构采用转动关节串联的形式，其本体由喷枪及其夹持装置、末端法兰、腕部、小臂、肘部、大臂、肩部和底座组成，共有底座回转（S轴）、肩部俯仰（L轴）、肘部俯仰（U轴）、肘部回转（R轴）、腕部俯仰（B轴）、腕部回转（T轴）这六个旋转轴。

底座是用来支撑六关节机械臂自身重量的基础，整个执行机构和驱动装置都安装在底座上，电机固定于底座腰关节，经减速器驱动肩部回转。有时为能使机械臂完成较远距离的操作，可增加行走机构，例如本例设计的八自由度喷涂机器人就是导轨式的移动喷涂机械臂。底座的三维结构模型如图 9-7 所示，肩部的三维结构模型如图 9-8 所示。

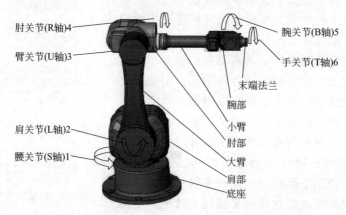

图 9-6　八自由度喷涂机器人六关节机械臂三维结构模型

图 9-7　六关节机械臂底座三维结构模型

图 9-8　六关节机械臂肩部三维结构模型

大臂是小臂及后面部分的支撑部分，其结构如图 9-9 所示。

肘部是连接大臂与小臂的部件，其结构如图 9-10 所示。

小臂是用来支撑腕关节和末端执行器的运动部件，其三维结构模型如图 9-11 所示。

腕部是与小臂连接腕关节的部件，用于调整末端执行器的方向和姿态。其结构如图 9-12 中的 a 所示。

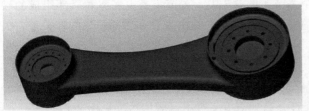

图 9-9　六关节机械臂大臂三维结构模型

图 9-10　六关节机械臂肘部三维结构模型

图 9-11　六关节机械臂小臂三维结构模型

末端法兰一般是装载夹持装置的，如图 9-12 中的 b 所示。

夹持装置主要用于夹紧刀具、喷枪和焊枪等作业工具或者被加工工件。磁力式、压力张紧式、真空抽吸式和机械夹紧式等是比较常用的几种夹持装置。本六关节机械臂采用机械式的喷枪夹具，如图 9-13 所示。

图 9-12　腕部三维结构

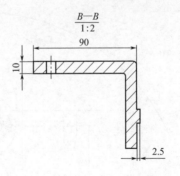

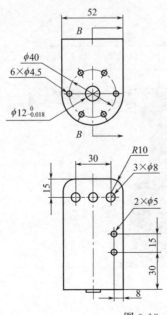

图 9-13　喷枪夹具

这些部件就构成了机械臂的六个关节。图 9-6 中，关节 1 是由底座和肩部组成的腰关节，关节 2 是由肩部和大臂组成的肩关节，关节 3 是由大臂和肘部组成的臂关节，关节 4 是由肘部和小臂组成的肘关节，关节 5 是由小臂和腕部组成的腕关节，关节 6 是由腕部和末端法兰组成的手关节。

根据 SolidWorks 所建的机械臂模型和选用的材料，测得每个零部件的质量、质心及总质量如表 9-3 所示，机械臂各连杆参数如表 9-4 所示（表中尺寸见图 9-14）。

表 9-3　机械臂本体及各部分质量与质心

部件名称	质量/kg	质心/mm
底座	45	0,3.42,121.41
肩部	110	0.05,49.80,199.04
大臂	28	0.01,245.14,497.89
肘部	24	3.09,36.80,899.20
小臂	8.5	14.56,471.31,868.00
腕部	4	6.45,669.66,867.98
末端法兰	0.5	0,756.27,868.00
总体	220	23.77,56.47,282.51

表 9-4　各连杆参数

连杆参数	连杆长度 d/mm	硬限位极限/(°)
L_1	0	±155
L_2	650	±97.5
L_3	30	62.5~242.5
L_4	649	±142.5
L_5	0	±120
L_6	111	±360

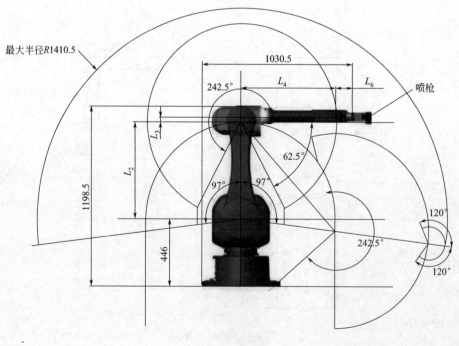

(a) 主视图

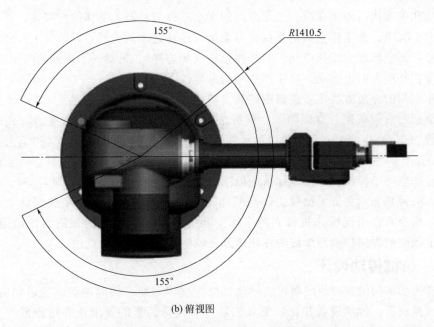

(b) 俯视图

图 9-14　六关节机械臂本体运动范围示意图

将六关节机械臂安装在移动导轨平台后的八自由度喷涂机器人三维结构模型如图9-15所示。八自由度喷涂机器人的所有关节均由法兰盘、减速器和驱动电机等若干结构件组成。其中，法兰盘用来连接电机，减速器用来提高关节的输出力矩，而伺服电机用来为系统提供动力和反馈信息。

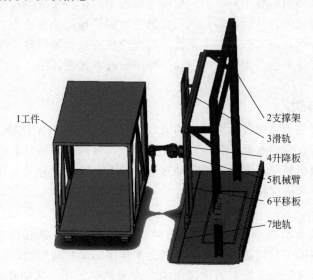

图 9-15　八自由度喷涂机器人整体三维结构模型图

本节的八自由度喷涂机器人结构的构型设计为后面整机及重要部位的结构静态特性和动态特性分析奠定基础，进而为其结构改进提供参考依据。

（3）喷涂机器人的工作空间

工作空间又称为工作范围，它是指机器人正常运动时，末端执行器或手腕中心能够达到的最大空间范围，不包括末端工具所能达到的范围[4]。工作空间必须满足与被加工的产品和末端执行器相适应。工作空间的大小不仅与机器人总体结构有关,还与各连杆尺寸大小有关。在工作空间内不仅要考虑相邻连杆之间的干涉,以防与工作环境发生碰撞现象,还应该注意工作空间内的某些位置(如边界),机器人不能到达的预定速度,甚至不能在某些方向上运动,即工作空间的奇异性[6]。

工作空间的分析方法主要包括图解法、解析法和数值法。图解法[7]是指使用工作空间的剖面图或剖截图,直观明了。解析法是把工作空间的边界用方程的方式表示出来。数值法[8]是指按照一定的规律尽可能选取多的关节变量的组合,这些组合必须是相互独立的,再利用机器人的正运动学方程计算出该机器人的末端执行器参考点的坐标值,将这些空间坐标值在三维坐标系中描绘出来,从而形成机器人的工作空间。

图解法得到的六关节机械臂工作空间如图 9-14 所示。将机械臂装载到移动导轨平台之后,整个八自由度喷涂机器人的工作空间为将图 9-14(b)俯视图当作截面形状,沿垂直于纸面的方向扫描而形成的柱状体形三维空间,这里不再画出。

9.1.3 机械传动设计

选择传动机构的主要目的是可以减速,增大输出力矩,同时也能改变运动的方向。与一般机械设备、传动设备相比,工业机器人对传动装置的要求还有结构紧凑、重量轻、转动惯量小、消除传动间隙和定位精度高。在机械设备中,常用的传动机构主要有以下几种[9]。

(1)齿轮机构

齿轮机构是由两个或者两个以上的齿轮组成的传动机构,主要应用在中心距较小,传动精度较高的场合。这种传动机构不仅可以传递速度,还可以传递力和力矩。由于齿轮有间隙误差,将会引起整个系统的定位误差以及增加伺服系统的不稳定性。作为齿轮传动的一种,直齿锥齿轮传动能够在两相交轴之间的传递运动和功力。由于锥齿轮的理论齿廓为球面渐开线,而实际加工出的齿形与理论值有较大的误差,所以不易获得高的加工精度,且在传动中会产生较大的振动和噪声。故本次设计中不采用单独齿轮传动来减速。

(2)丝杠传动

丝杠传动主要用于将回转运动转变为直线运动。它具有高定位精度、高传动效率、高使用寿命等优势,但也有低承载能力、高价格、高噪声、环境要求高、不能自锁等劣势。本例的六关节机械臂需要装载到移动导轨平台上,机械臂总质量达到 220kg,故在移动导轨平台中不采用丝杠传动。

(3)带传动

带传动及链传动都能用于中心距较大的传动,平带、V 带和特殊带(如圆形带、多楔带)等都是借助于带轮接触面间的摩擦力来传递运动和动力的,而同步齿形带则是靠表面上的带齿与带轮外表面上的轮齿相啮合来传动的。主、从动轮能达到同步传动,具有准确的传动比,结构紧凑,带的张紧力小。

在本次设计中,六关节机械臂的臂关节及其后面的腕关节等关节都将采用同步带传动的方式。例如安装在小臂端部的伺服电机经过同步带传动后,将运动传递到腕部的带轮,实现腕部的俯仰运动。

(4)蜗轮蜗杆传动

蜗杆传动是在空间交错的两轴间传递运动和动力的一种传动机构,两轴的夹角可为任意值，常用的为 90°。这种传动由于具有结构紧凑、传动比大、传动平稳以及在一定的条件下具有可靠的自锁性等优点，应用较广泛。其传递的最大功率可达 1000kW。最大圆周速度达 69m/s。不足之处是传动效率低、摩擦发热大。故不宜用于长期连续工作的传动。由于本次设计的机器人移动导轨不需要连续长时间工作，与蜗轮蜗杆传动的使用工况相符合且能发挥其自锁等各种优点。故在移动导轨的升降和水平移动中都采用蜗轮减速器。如上海万上机电生产的 RV63 蜗轮减速器，如图 9-16 所示，其机械结构紧凑、体积轻巧、小型高效；热交换性能好，散热快；安装简易、灵活轻捷、性能优越、易于维护检修；传动速比大、扭矩大、承受过载能力高；运行平稳，噪声小，经久耐用；适用性强、安全可靠。

图 9-16　RV63 蜗轮减速器实物图

（5）链传动

链传动是通过链条将具有特殊齿形的主动链轮的运动和动力传递到具有特殊齿形的从动链轮的一种传动方式。链传动有许多优点，与带传动相比，无弹性滑动和打滑现象，平均传动比准确，工作可靠，效率高；传递功率大，过载能力强，相同工况下的传动尺寸小；所需张紧力小，作用于轴上的压力小；能在高温、潮湿、多尘、有污染等恶劣环境中工作。然而链传动的缺点也有不少，如仅能用于两平行轴间的传动、成本高、易磨损、易伸长、传动平稳性差、运转时有附加动载荷、振动、冲击和噪声等，而且不宜在急速反向的传动中使用。

本例的喷涂机器人上下前后方向的移动均无需急速换向，链传动比较符合喷涂的工况及工作特点，故在移动导轨平台的升降机构中采用链传动。

（6）RV 传动

RV 传动是新兴起的一种传动方式，它是在传统针摆行星传动的基础上发展出来的，不仅克服了一般针摆传动的缺点，而且因为具有体积小、重量轻、传动比范围大、寿命长、精度保持稳定、效率高、传动平稳等一系列优点，日益受到国内外的广泛关注。RV 减速器是由摆线针轮和行星支架组成，以其体积小、抗冲击力强、扭矩大、定位精度高、振动小、减速比大等诸多优点被广泛应用于工业机器人、机床、医疗检测设备、卫星接收系统等领域。它较机器人中常用的谐波传动具有高得多的疲劳强度、刚度和寿命，而且回差精度稳定，不像谐波传动那样随着使用时间增长运动精度就会显著降低，故世界上许多国家高精度机器人传动多采用 RV 减速器，因此，该种 RV 减速器在先进机器人传动中有逐渐取代谐波减速器的发展趋势。图 9-17 所示的是世界上最著名的 RV 减速器厂家纳博特斯克的产品，图（a）是 RV-E 系列的三维结构模型图，图（b）所示的是 RV-N（标准）系列的实物图，图（c）所示的是 RV-C（中空）系列的三维结构图。

RV 减速机主要用于 20kg 以上的机器人关节，而谐波减速器则运用在 20kg 以下机器人关节，故此次设计的腰关节、肩关节和臂关节都采用 RV 减速器来传动。

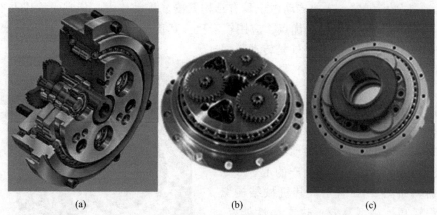

(a) (b) (c)

图 9-17　RV 减速器三维结构模型图及实物图

（7）谐波传动

谐波齿轮减速器是一种由固定的内齿刚轮、柔轮和使柔轮发生径向变形的波发生器组成，具有传动比大、传动精度高、传动效率高和转动惯量小等优点，和普通减速器相

图 9-18　谐波减速器实物

比，由于使用的材料要少 50%，其体积及重量至少减少 1/3，有利于降低机械手的电机负载，是一种轻量化大减速比的减速器，其实物如图 9-18 所示。且相比于其他大减速比减速器，如行星减速器或摆线针减速器等，谐波减速器具有传动间隙小、定位精度高的优势，对于提高机械臂末端定位精度意义重大，普通的减速器在经过多级累计的传动误差后无法满足机械臂的定位需求。

故此次设计的机械臂后面三个关节，即肘关节、腕关节和手关节采用谐波减速器。

综上所述，为了使喷涂机器人具有较小的传动间隙和较高的定位精度，本次设计采用减速器和谐波减速器作为喷涂机器人传动系统的设计方案，即六关节机械臂的 1～3 关节都采用 RV 减速器，而 4～6 关节采用谐波减速器。具有精度高、结构紧凑、重量轻、可控性好等优点，能使伺服电机的输出扭矩很好地匹配外界载荷所需扭矩。另外，六关节机械臂的臂关节、肘关节、腕关节和手关节在装配减速器之后再通过同步带传动，可使电机的位置有所偏置，合理分配好关节空间，使各关节的结构更为紧凑。移动导轨平台的升降机构传动方式采用链传动，链轮的型号为 P19.05-Z18，链条的型号为 P19.05；水平行走机构采用滚轮的移动方式，升降和平移的减速器都采用蜗轮蜗杆传动。

9.1.4　驱动传动装置选型

（1）臂关节的电机选型

如图 9-19 所示，小臂关节处的静转矩 M_s 最大，则 M_s 为：

$$M_s = m_s g L_s + m_w g L_w + m_p g L_p \tag{9-1}$$

启动时小臂关节承受的最大转矩 T_s 为：

$$T_s = K_A M_s \tag{9-2}$$

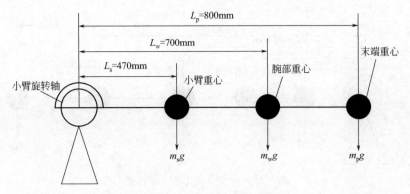

图 9-19　臂关节简化受力示意图

式中，K_A 为安全系数，取 1.3；依照表 9-3 机械臂本体各部分质量属性可知 $m_p =$ 6.5kg（包括末端最大负载），$m_w = 4$kg，$m_s = 8.5$kg，$g = 9.8$N/m^2；L_p、L_w、L_s 分别为各自重心到小臂旋转关节原点的距离，$L_p = 800$mm，$L_w = 700$mm，$L_s = 470$mm。

将以上参数的具体数值代入到式（9-1）解得：$M_s = 117.55$N·m。

再将 M_s 代入到式（9-2）解得：$T_s = 1.3 \times 117.55 = 152.82$（N·m）。

综合考虑选用纳博特斯克的 RV-27C 减速器，其额定输出转矩为 227N·m，减速比 i 为 120∶1，减速器传导效率 η 取 0.9，输入功率为 790W，最大允许输出转速为 60r/min，电机输出轴的必要转矩为：

$$T_{\text{out}} = \frac{T_s}{i\eta} = \frac{152.82}{120 \times 0.9} = 1.41(\text{N·m}) \tag{9-3}$$

根据计算结果，综合比较额定转矩、额定转速等参数，选用 Panasonic 的 MH-MD082G1V 交流伺服电机，功率为 750W，额定转速为 3000r/min，最高转速为 4500r/min，额定转矩为 2.4N·m。

（2）肩关节的电机选型

$$M_1 = m_z g L_z + m_1 g L_1 + m_s g L_s + m_w g L_w + m_p g L_p \tag{9-4}$$

$$T_1 = K_A M_1 \tag{9-5}$$

式中，各参数含义见图 9-20，依照表 9-3 机械臂本体各部分质量属性可知 $m_p =$ 6.5kg（包括末端最大负载），$m_w = 4$kg，$m_s = 8.5$kg，$m_z = 24$kg，$m_1 = 28$kg，$g =$ 9.8N/m^2；L_p、L_w、L_s、L_z、L_1 分别为各自重心到大臂旋转关节原点的距离，$L_p =$ 1450mm，$L_w = 1350$mm，$L_s = 1120$mm，$L_z = 650$mm，$L_1 = 275$mm。

将以上参数的具体数值代入式（9-4）解得：$M_1 = 466.921$N·m。

将 M_1 代入式（9-5）解得：$T_1 = 1.3 \times 466.921 = 607$（N·m）。

减速比为 152∶1，输入功率为 2.01kW，额定输出转速为 20r/min，最大容许输出

$$T_{\text{out}} = \frac{T_1}{i\eta} = \frac{607}{152 \times 0.9} = 4.44(\text{N·m}) \tag{9-6}$$

选用 Panasonic 的 MHME102G1H 型号的交流伺服电机，功率为 1000W，额定转速为 2000r/min，最高转速为 3000r/min，额定转矩为 4.8N·m。

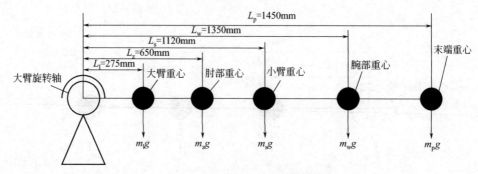

图 9-20　肩关节简化受力示意图

（3）移动导轨平台水平行走电机的选型

根据设计要求，平台的纵向最快移动速度 $v=8\text{m/min}$，则输出的最大转速为：

$$n_{\text{imax}} = 60\frac{v_{\max}}{\pi D} \tag{9-7}$$

$$T = FR\mu \tag{9-8}$$

式中，n_{imax} 为输出的最大转速；$v_{\max}$ 为移动板纵向最快移动速度；D 为滚轮直径，$D=80\text{mm}$；T 为输出转矩；R 为滚轮半径，$R=40\text{mm}$；F 为整个移动导轨平台加上机械臂的总重，$F=15000\text{N}$；μ 为导轨滚动摩擦系数。

将其代入式（9-7）后得 $n_{\text{imax}}=31.83\text{r/min}$，再将得到的 n_{imax} 代入式（9-8）可得输出转矩为 $T=1.8\text{N·m}$。综合考虑，选择 RV63 蜗轮蜗杆减速器，其功率为 750W，输入转速为 1450r/min，输出转速为 35r/min，速比为 40∶1；选用 Panasonic 的 MHME082G1V 交流伺服电机，功率为 750W，额定转速为 2000r/min，最高转速为 3000r/min，额定转矩为 2.4N·m。

同样方法计算求得各电机的技术参数如表 9-5 所示，各减速器的技术参数如表 9-6 所示。

表 9-5　各电机技术参数

轴	电机型号	额定功率/W	额定转速（最高转速）/(r/min)	额定转矩/N·m	脉冲数/bit
1	MHME102G1H	1000	2000(3000)	4.8	绝对式 17
2	MHME102G1H	1000	2000(3000)	4.8	绝对式 17
3	MHMD082G1V	750	3000(4500)	2.4	绝对式 17
4	MHMD042G1V	400	3000(5000)	1.3	绝对式 17
5	MSME012G1V	100	3000(6000)	0.3	绝对式 17
6	MSME012G1V	100	3000(6000)	0.3	绝对式 17
7	MHME082G1V	750	2000(3000)	2.4	绝对式 17
8	MHME152G1V	1500	2000(3000)	7.2	绝对式 17

注：其中第 7、8 轴的电机要外加防护罩以隔离易燃易爆的油漆。

本例设计的八自由度喷涂机器人要达到一定的喷涂精度，需要得到电机的位置反馈或者速度反馈等信息，故采用闭环控制系统；根据不同工件的喷涂任务，也需要编写不同的执行程序，所以也采用程序控制系统；由于喷涂机器人不像搬运、码垛或点焊机器人一样只需要点位控制，而是连续性的，需要严格按照规划的轨迹执行喷涂任务，所以也采用轨迹控制。

表 9-6　各减速器技术参数

轴	规格型号	减速比	效率	额定输出转矩/N·m	最高输入转速/(r/min)	额定输入功率/kW
1	RV-80E	152	90%	899	2000	1
2	RV-80E	152	90%	899	2000	1
3	RV-27C	120	90%	227	3000	0.75
4	HPGP-32A-45	45	90%	143	6000	0.4
5	HPGP-20A-45	45	90%	39	6000	0.1
6	HPGP-20A-33	33	90%	39	6000	0.1
7	RV63	25	90%	99	1400	0.75
8	RV90	80	90%	130	1450	1.5

9.2　八自由度喷涂机器人结构分析

机器人每个零部件的强度和刚度都会或多或少地影响机器人结构的运行稳定性和定位精度，所以在设计时必须要保障各部件的强度和刚度符合要求。机器人各部分结构构型设计出来后，还需要对其进行静力学分析，也就是刚度和强度校核，所以机器人机械结构的基本强度和刚度理论是后续一切研究的根基，当代机械结构的动态设计和分析的重要基础之中还包括模态振动分析，它是分析喷涂机器人结构动态性能的重要方法之一。针对机械零部件对 NVH 的一般要求，对喷涂机器人关键部件的结构进行模态分析是相当必要的，其中，NVH 是 noise、vibration 和 harshness 的首字母缩写，代表噪声、振动和声音振动粗糙度。这样不但可以减少机器人结构共振现象在工作当中的产生，减少无益的噪声，而且对分析机械臂末端的位姿误差也有非常重要的现实指导意义[10]。

机器人结构的运动学分析是运动控制与动力学分析的前提，也是研究如何对机械系统进行分析的基础，所以运动学分析是对一个机器人结构进行分析的第一步[11]。一般运动学分为两种，即正运动学和逆运动学[12]。根据机械臂各关节已知的连杆参数和变量值，推导出雅可比矩阵，从而能解出机械臂末端在参照坐标系中的位置和姿态，同时也能得到机械臂末端的运动速度、加速度、角速度和角加速度，这就是机器人结构的正运动学[13]。而逆运动学，顾名思义，其原理正好与正运动学相反，是指在已知机械臂末端位姿的情况下，反解出各个关节的变量[14]。

机器人结构动力学是以机器人结构运动学为基础，主要研究力矩或者力与机器人结构关节运动之间的关系。各类控制系统的动态特性与控制算法的研究又是以动力学为基础的，所以动力学分析的意义和重要性是显而易见的。机器人结构的动力学问题有两种，一种是动力学逆向问题，一种是动力学正向问题[15]。动力学逆向问题是研究在已知各关节运动参数的情况下，解得各关节所需要的力矩或者力的问题，如给定关节位移、关节速度或关节加速度求解关节力矩；而动力学正向问题是研究在给定各关节力矩或者力的情况下，解得机器人结构各关节运动参数的问题，如求解某一关节的角加速度、角速度或角位移等。

9.2.1 机器人结构的强度、刚度与定位精度的关系

（1）应力和应变

应力和应变的分析是根据结构强度和刚度来计算的。应力是在结构产生变形时，结构内部产生与外力方向相反、大小相同的反作用力。在外界载荷 P 一定的情况下，应力 σ 与结构的横截面积 A 成反比关系，即：

$$\sigma = \frac{P}{A} \qquad (9-9)$$

当机械结构在外力作用下，相对于原始结构的尺寸产生变形的程度，即构件的局部相对变形就叫应变。在结构的长度 l 一定的情况下，结构的应变 ε 与变形量 δ 成正比关系，也就是：

$$\varepsilon = \frac{\delta}{l} \qquad (9-10)$$

在结构的比例极限范围内，应力和应变的比值呈线性关系且为一常数，也就是：

$$E = \frac{\sigma}{\varepsilon} \qquad (9-11)$$

式中，应力与应变的常数比值 E 是弹性模量，不同材料的弹性模量不同。

根据式（9-9）～式（9-11）可推导出结构在负载下的形变表达式为：

$$\delta = \frac{Pl}{AE} \qquad (9-12)$$

当 $k = AE/l$ 时，可得 $P = k\delta$，k 为定值，那么结构的外界载荷与产生的变形量成正比，以上推导出来的就是胡克定律。

这个公式几乎在全部有限元分析软件中都应用到了，都是在输入材料属性、划分网格和施加附加载荷和边界约束后，由处理单元计算出结构的总体刚度矩阵，再通过结构强度和外界载荷之间的关系得出应变与变形量，计算出各节点的单位应力。

（2）强度理论与校核

强度是机械结构抵抗外力破坏的一种能力，而结构产生内力用以抵抗外力的平衡过程就是强度分析。机器人结构在外力作用下不被破坏，除去外力后仍不能恢复变形，这就意味着机器人结构的应力超过了比例极限产生了塑性变形，这使得连杆参数产生了系统误差而严重影响机器人的定位精度，严重时甚至会直接导致机器人结构不能正常工作。所以，结构的强度应足够抵抗外力对其的破坏，才不会产生塑性变形。

在实际工程应用中，机械结构应当有一定的强度裕度来保障结构的安全性与正常工作，即结构的最大工作应力不能大于许用应力。在校核机械结构强度的时候，应保证结构产生的内应力小于极限应力除以安全系数得到的许用应力值，即：

$$[\sigma] = \frac{\sigma_u}{n} \qquad (9-13)$$

$$\sigma_{max} \leqslant [\sigma] \qquad (9-14)$$

式中，$[\sigma]$ 是许用应力；σ_{max} 是结构的应力；σ_u 是极限应力；n 是数值大于 1 的安全系数，具体数值需要根据实际工况来选取。

（3）刚度理论与校核

刚度是机械结构抵抗变形的一种能力，一般与结构的材料属性紧密联系，也就是很大程度上取决于弹性模量的大小。在强度范围内，对于弹性变形较大的一些结构要注意

使用，否则会严重影响机器人结构的定位精度。故在实际情况所允许的变形范围内，机械结构的刚度越大，产生的挠度就越小，机器人结构的定位精度也就越高。

刚度的校核一般只考虑变形和材料这两个因素。判断结构产生的挠度有没有超过许用挠度才是刚度校核的准则，也就是：

$$\delta_n \leqslant [\delta]_n \tag{9-15}$$

式中，δ_n 是第 n 个结构的挠度；$[\delta]_n$ 是第 n 个结构的许用挠度。

（4）刚度与定位精度的关系

定位精度是工业机器人的重要技术指标之一，它对机器人加工的工件质量有着决定性的影响，通常用定位误差的大小来衡量伺服系统定位精度。定位误差由随机分量和恒定常量组成，其影响因素有很多，主要有电机控制系统误差和伺服误差。伺服误差是伺服系统在稳态时实际位置和指令位置之差，它反映了伺服进给系统的稳态质量。控制系统的误差是系统期望输出量与实际输出量之差。

对于开环和半闭环伺服系统，定位精度主要产生于由传动刚度变换而引起的定位误差启动或反向时的死区误差和运动时的动态误差。稳定的伺服系统对输入变化是以一种振荡衰减的形式反映出来的，振荡的幅度产生了系统的动态误差。如果系统的动态性能较差，那么在整个系统运动时，将会产生较大的动态误差。相同的动态特性在不同的频率下是有所不同的，当输入频率与机械传动装置的固有频率相同时，将会产生共振，会对进给系统的定位精度产生较大的影响。

综上所述，提高机械刚度可以提高伺服刚度，提高伺服刚度就可以得到更高的定位精度。所以在主要承重关节选用 RV 减速器比选用谐波减速器更有优势，可以提高定位精度和共振频率。

接下来就对机械臂的关键零部件进行有限元分析，通过静力学分析来检验机械臂的结构强度和刚度是否达到技术要求，以及通过模态分析来获得机械传动装置的固有频率，为避免与输入频率接近而产生共振提供理论依据。

9.2.2 机器人结构的静力学特性分析

在机械设计中，随着计算机应用技术与理论数学的不断发展，有限元分析方法通过两者的完美结合而成为现实。机械结构件有限元分析的基本指标是强度分析和刚度分析。故本节通过有限元分析软件来对喷涂机器人结构进行强度和刚度分析。

Workbench 是能够对移动导轨式 6R 喷涂机器人结构进行模态分析和静力学分析的强有力工具，它与其他有限元分析软件的操作步骤有些类似，主要分为三大步：前处理；分析计算；后处理[28]。图 9-21 所示的是有限元分析的常规流程图。经分析可得到移动导轨式 6R 喷涂机器人移动导轨平台、小臂和大臂的结构受力时的应力和变形分布云图，以及大臂和整机结构的前六阶振型和振动位移。

为了使整个机器人结构的性能参数具有一定的余地，我们选择机器人结构的有限元静态分析于整个受力最大、变形最大和最危险状态下。当机械臂大、小臂都位于臂展最长的水平位置时，臂关节和肩关节静态扭矩最大，此时的六关节机械臂末端结构的变形也是最大的。因此对这一极限位置进行分析即可满足其他各种情况的分析，六关节机械臂结构的简化受力如图 9-22 所示，各部件质量和质心坐标可通过 SolidWorks 中质量特性测量功能获得，重力加速度为 $g = 9.8\mathrm{N/kg}$。

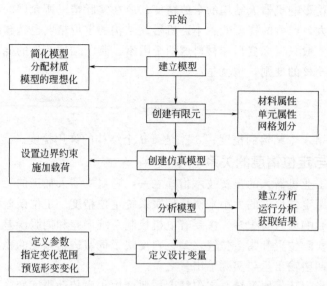

图 9-21　有限元分析一般流程图

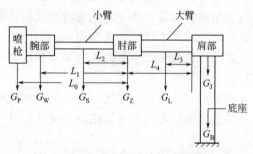

图 9-22　机械臂极限位置简易模型图

（1）小臂结构的静力学分析

1）小臂结构的有限元分析前处理

首先把六关节机械臂小臂三维结构模型导入到 ANSYS，新建静态结构分析工程；选择材料为铸铝，设定材料属性为密度 $2710kg/m^3$，弹性模量 69.6GPa，泊松比 0.33，抗拉强度和屈服强度（见表 9-7）用来与分析结果作对比，小臂结构的分析结果应在强度允许的范围内；网格采用局部加密的四面体自由划分方法，单元采用 Solid92 类型；单元总数为 22381 个，节点总数为 39743 个，小臂结构网格划分模型图如图 9-23 所示。

表 9-7　小臂结构材料属性参数

材料属性	数值	材料属性	数值
密度/(kg/m³)	2710	抗剪模量/GPa	26.5
泊松比	0.33	抗拉强度/MPa	276
弹性模量/GPa	69.6	屈服强度/MPa	207

2）小臂结构约束条件的设定

由之前的小节中可知小臂承受的力矩 $M_s = 117.55 N \cdot m$，小臂所承受的力为：

$$F_s = m_s g + m_w g + m_p g \tag{9-16}$$

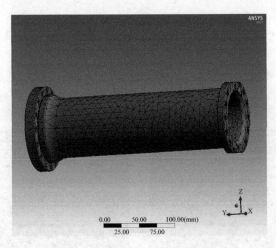

图 9-23　小臂结构网格划分模型图

将小臂后面的各部分部件重力之和相加得 $F_s = 185\mathrm{N}$。

3）小臂结构附加载荷与边界约束的施加

将与肘关节处与法兰连接的接触面设为固定约束（Fixed Support），对应图 9-24 中 A 标签。为小臂结构中添加重力加速，小臂结构重力为 G_s，对应图 9-24 中 B 标签。Moment 等效于 Remote Force 相对小臂右侧与腕关节连接的端面施加的力矩，对应图 9-24 中 C 标签。定义 F_s 为 Remote Force，Remote Force 的原点为腕部及末端部件的等效质心，对应图 9-24 中 D 标签。求解目标设定为总变形（Total Deformation）和沿 X、Y、Z 轴方向的变形（Directional Deformation）及等效应力（von-Mises Stress）和沿 X、Y、Z 轴的方向应力（Normal Stress）。

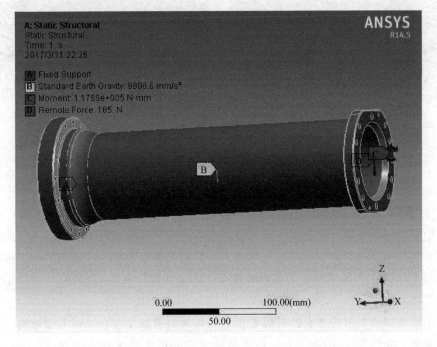

图 9-24　小臂结构边界约束及附加载荷示意图

4）求解和后处理

经上述前处理通过求解器就可以求解得到该机械臂小臂结构总变形及各方向变形云图和等效总应力及各方向应力分布云图，如图 9-25 和图 9-26 所示。求解后的小臂最大变形位移和最大应力如表 9-8 所示。从表中可知，等效应力最大值为 2.08MPa，最大变形为 0.021mm。

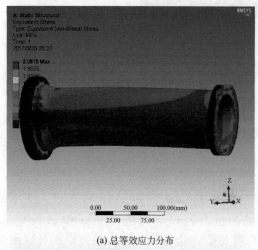

(a) 总等效应力分布

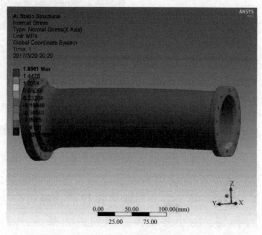

(b) X方向应力分布

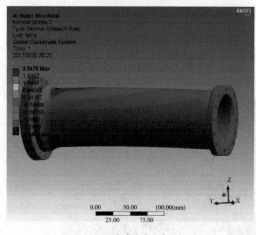

(c) Y方向应力分布

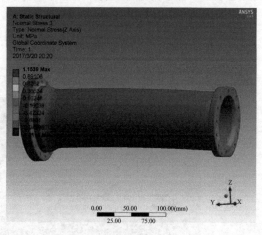

(d) Z方向应力分布图

图 9-25　小臂结构等效应力分布云图

5）计算结果分析

从小臂结构的等效应力分布云图可以看出，应力分布规律呈现从前端（与腕部相连处）向小臂后端（与肘部相连处）逐渐增大，而两侧的应力最小。肘关节附近应力最大且为 2.08MPa，但远小于铸铝的屈服强度 207MPa 和抗拉强度 276MPa，所以小臂结构强度满足要求。

从小臂结构的变形分布云图可以看出，总体最大变形发生在小臂上靠近腕关节连接处，总体最大变形量为 0.021mm，且沿各轴方向的最大变形均不超过 0.01mm，达到最大变形量小于 0.05mm 的刚度要求，符合设计的刚度要求。

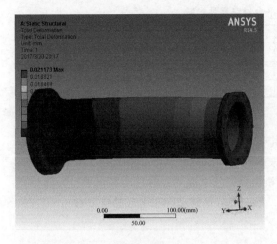

(a) 总变形分布

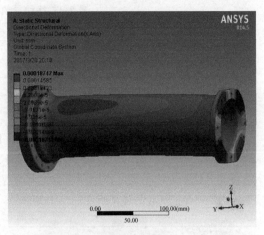

(b) X方向变形

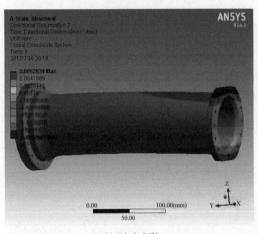

(c) Y方向变形

(d) Z方向变形

图 9-26　小臂结构变形云图

表 9-8　小臂结构的最大应力和最大变形表

分析参数	总体	X 方向	Y 方向	Z 方向
最大正应力/MPa	2.08	1.86	2.35	1.15
最大负应力/MPa	0	−1.82	−2.17	−1.21
最大变形/mm	0.021	0	0	0

同样原理对大臂进行静力学分析，不再赘述。

（2）移动导轨平台的静力学分析

1）移动导轨平台的有限元分析前处理

首先应该将 SolidWorks 下建立好的移动导轨平台三维结构模型导入到 ANSYS 中，新建 Static Structural 静态结构分析项目；选择材料为结构钢，设定材料属性为密度 $7300\mathrm{kg/m^3}$，弹性模量 190GPa，泊松比 0.27，抗拉强度和屈服强度用来与分析结果作对比，其分析结果应在强度允许的范围内（见表 9-9）；网格采用局部加密的四面体自由划分方法，单元采用 Solid92 类型；单元总数为 15768 个，节点总数为 30111 个，移动导轨平台结构网格划分模型图如图 9-27 所示。

表 9-9　移动导轨平台材料属性参数

材料属性	数值	材料属性	数值
质量密度/(kg/m³)	7300	抗剪模量/GPa	86
泊松比	0.27	抗拉强度/MPa	413
弹性模量/GPa	190	屈服强度/MPa	275

2) 移动导轨平台边界约束的设定

移动导轨平台简化受力如图 9-28 所示，其受力情况可分为三部分：第一部分是移动导轨平台简化成质量块，F_Y 是整个机械臂以及末端部分对升降板产生的作用力，F_{NY} 是地面对移动导轨平台产生的反作用力；第二部分是机械臂以及末端部分对移动导轨平台升降板产生的力矩 M_{FY} 和墙面对其产生的反力矩 M_{NY}；第三部分是移动导轨平台的自重 G_Y。

图 9-27　移动导轨平台网格划分图

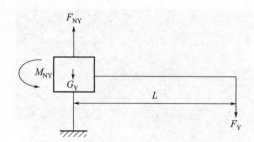

图 9-28　移动导轨平台简化受力示意图

根据空间力与力矩平衡条件公式可得：

$$F_Y = G_{机械臂}$$
$$M_{NY} = F_Y L \tag{9-17}$$
$$F_{NY} = G_Y + F_Y$$

式中，机械臂与负载的总重量 $G_{机械臂} = 2214.8\text{N}$；$G_Y = 2214.8\text{N}$；典型状态下质心距负载平台的距离 $L = 600\text{mm}$。

3) 移动导轨平台边界约束与附加载荷的施加

为移动导轨平台结构中添加重力加速，移动导轨平台结构重力为 G_Y，对应图 9-29 中 B 标签。定义 F_Y 为 Remote Force，其等效于整个机械臂的重力，且其原点为机械臂的等效质心，对应图 9-29 中 C 标签。将地轨与支撑架的下表面设为固定约束（Fixed Support），对应图 9-29 中 A 标签。设定求解目标与大臂小臂的相同。

4) 求解和后处理

经求解器求解得到该移动导轨平台等效总应力及各方向应力的分布云图和总变形及各方向变形云图，如图 9-30 和图 9-31 所示。求解后的移动导轨平台最大应力和最大变形见表 9-10。由表可知，最大变形为 0.26mm，等效应力最大值为 19.63MPa。

5) 计算结果分析

从移动导轨平台变形云图的分布情况来看，沿 $X/Y/Z$ 轴方向的最大变形均符合刚度要求，但是发生在升降板顶端的最大变形 0.25mm 超过了允许的变形范围，需要加强升降板的刚度。通过加大升降板的厚度及提高安装精度，即可降低最大变形量，此次省略结构改进的部分。

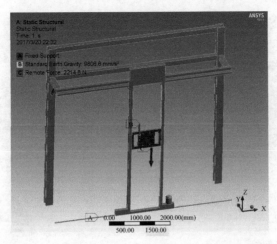

图 9-29 移动导轨平台边界约束与附加载荷示意图

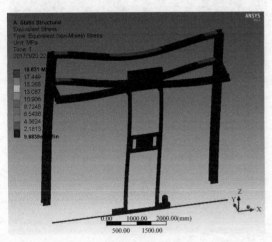

(a) 总应力分布

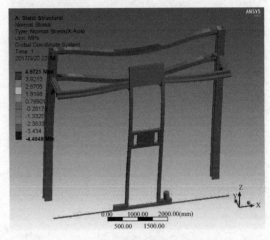

(b) X方向应力分布

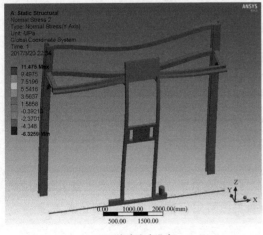

(c) Y方向应力分布

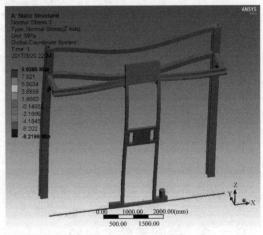

(d) Z方向应力分布

图 9-30 移动导轨平台等效应力分布云图

(a) 总变形

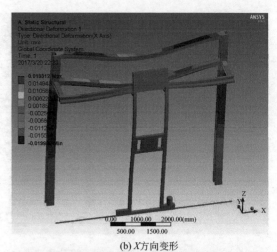

(b) X方向变形

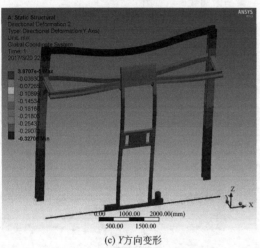

(c) Y方向变形

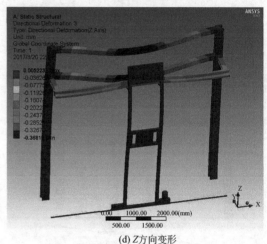

(d) Z方向变形

图 9-31 移动导轨平台变形云图

表 9-10 移动导轨平台的最大应力和最大变形表

分析参数	总体	X 方向	Y 方向	Z 方向
最大正应力/MPa	19.63	4.97	11.48	9.94
最大负应力/MPa	9.88	−4.49	−6.33	−8.22
最大变形/mm	0.26	0.02	0.027	0.01

从移动导轨平台的应力分布云图可以看出，最大应力大致在支撑架顶端的横梁上，为 19.63MPa，远小于结构钢的屈服强度 275MPa 和抗拉强度 413MPa。因此，移动导轨平台结构参数满足强度要求。

综合本节的静力学分析结果可知，小臂、大臂和移动导轨平台这三个机器人结构的主要部分的强度和刚度都达到技术要求，且均满足绝对定位精度±1mm 的技术要求。

9.2.3 关键部件结构的模态分析

喷涂机器人结构在运动时难免发生振动现象，这不但会导致定位精度降低，而且机器人的工作年限还可能会因此缩短，若产生共振，则可能会有更大的危险。因此，本节将对机器人大臂结构和整机结构进行模态分析，目的是获得低阶固有频率和振型，对电机选型提供参考依据，并为了解各阶频率对机器人动态载荷的响应情况需要进行的谐响应分析以及为获得机器人各节点在随机激励作用下的振动响应情况需要进行的随机振动分析（功率谱密度分析）奠定基础，为提高机器人薄弱部位的静动态性能、机器人控制等方面提供重要的参考依据。将薄弱部位的材料更换为更抗振的材料，可从尺寸和布局角度提高机器人静动态性能，保证机器人具有良好的抗振能力，以确保机器人结构安全可靠和良好的动态性能，使其工作在低噪声、低振动的环境中。这对分析机械臂末端的位姿误差也有非常重要的现实指导意义，也为实现最终的移动导轨式 6R 喷涂机器人的高精度结构奠定仿真实验基础。

（1）大臂结构的模态分析

由静力学分析所建立的大臂有限元模型可知网格采用局部加密的四面体自由划分方法，单元采用 Solid92 类型；单元总数为 173730 个，节点总数为 285055 个。

在模态分析中，边界条件的设定十分重要，它能够影响零件的振型和固有频率。但由于模态分析属于纯粹的线性分析，不用对其施加载荷，而仅需对其分析模型进行边界约束即可。因大臂连接两个关节，具有多个自由度，要求出它全部的固有频率和振动形态不是很有必要，一般对结构影响较大的是低阶振型。因此，在研究系统动态响应时，只需知道前几阶固有频率和振型即可。可通过兰索斯法进行求解，获得大臂结构的前六阶模态，得到大臂结构模型的前六阶固有频率和振型。如表 9-11 所示的是大臂结构的前六阶固有频率和振型，如图 9-32 所示的是大臂结构的前六阶振型云图。

表 9-11　大臂结构模态分析的前六阶固有频率及振型描述

阶次	频率/Hz	振型描述	最大振动位移/mm
一	99.38	大臂沿 X 轴前后摆动	12.54
二	237.54	大臂沿 Y 轴上下摆动	13.64
三	576.23	大臂绕 Y 轴前后扭动	15.87
四	617.18	大臂绕 Z 轴上下扭动	17.99
五	1125.0	大臂绕 Y 轴前后扭动	22.92
六	1136.7	大臂绕 Y 轴上下扭动	10.45

从图 9-32 改进后的大臂结构的前六阶振型云图和表 9-11 可知，第一阶振型表现出沿 X 轴的前后摆动，肩关节连接处的大臂振动幅度较小，而臂关节相连处的大臂振动幅度较大，产生此阶共振时最大变形为 12.54mm；第二阶振型表现出大臂沿工作时的摆动方向振动，而且与小臂连接处的振幅较大，产生此阶共振时最大变形为 13.64mm；第三阶振型表现出大臂绕 Y 轴的前后扭动，产生此阶共振时最大变形为 15.87mm；第四阶振型表现出大臂绕 Z 轴上下扭动，产生此阶共振时最大变形为 17.99mm；第五阶振型表现出大臂绕 Y 轴前后扭动，产生此阶共振时最大变形为 22.92mm；第六阶振型表现出大臂绕 Y 轴上下扭动，产生此阶共振时最大变形为 10.45mm。

从对应前六阶固有频率的振型图能得出以下结论：在发生强烈振动时，大臂的振动主要发生在右端靠近小臂一侧的臂关节上端，而且右端也会有较大的变形，会直接影响机器人的精度。因此，提高大臂结构刚度可进一步改善喷涂机器人结构动态性能。在实际工作过程中，要使工况中的各种频率都尽量避免外界对其激励达到这些固有频率值，避免引发共振带来的危害，减少故障的发生。

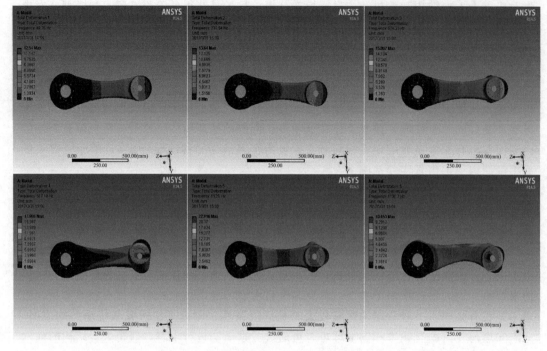

图 9-32　大臂结构模态分析的前六阶振型云图

（2）整机结构的模态分析

1) 网格划分与添加约束

本节对喷涂机器人通过紧固件相连的部件结合面通过绑定的方法来进行处理，如六关节机械臂的底座与升降板的紧固连接。本次建模中，根据实际的情况，在喷涂机器人有限元结构模型中把支撑架与地轨和地面进行固定约束（Fixed Support）处理。

2) 计算求解

低阶频率对多自由度系统的影响是不可忽视的，是因为低阶频率对应的共振节点比较少，所以发生共振时会比高阶频率的更为危险。本节所提到的整个喷涂机器人结构具有八个自由度，即机器人的位姿是用八个广义坐标确定的，而后两个广义坐标系只用到平移，所以仅需考虑前六阶的模态就能分析出整个机器人结构基本的动态特性。完成以上设置后即可用求解器进行计算求解。

3) 结果与分析

经求解器计算，得到喷涂机器人结构的前六阶固有频率和其相对应的各阶振型。固有频率值、最大振动位移及振型描述如表 9-12 所示，机器人整机结构前六阶振型位移云图如图 9-33 所示。

表 9-12　八自由度智能喷涂机器人结构前六阶固有频率及振型描述

阶次	频率/Hz	振型描述	最大振动位移/mm
一	5.19	支撑架沿 X 轴前后摆动	0.72
二	5.54	支撑架沿 Y 轴左右摆动	0.63
三	7.53	支撑架绕 Z 轴左右扭动	0.95
四	12.39	机械臂随平移板沿 X 轴前后摆动	0.95
五	15.69	平移板绕 X 轴上下扭动	1.32
六	16.84	机械臂小臂沿 Y 轴左右摆动	1.94

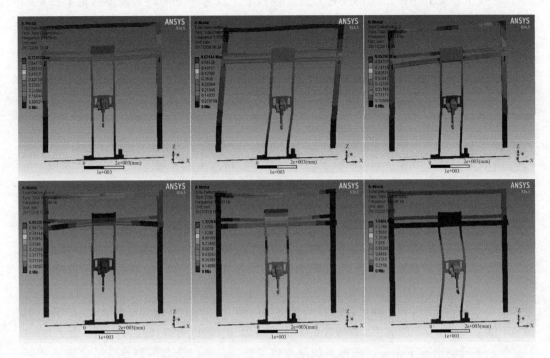

图 9-33 八自由度智能喷涂机器人整机结构的模态分析前六阶振型云图

从模态分析获得的结果可以看出，第一阶频率 5.19Hz 和第二阶频率 5.54Hz 接近，振型也比较相似，都是支撑架顶梁沿某一轴摆动，只是摆动方向不同，且这两阶的最大位移都发生在支撑架的顶梁上；第三阶频率 7.53Hz 比第二阶频率大一点，而第四阶频率 12.39Hz 大致为第二阶和第三阶之和，其振型分别为支撑架绕 Z 轴左右扭动和机械臂随平移板沿 X 轴前后摆动，而其最大位移分别发生在支撑架顶梁的两端和机械臂腕部；第五阶和第六阶频率相差不大，分别为 15.69Hz 和 16.84Hz，振型分别是平移板绕 X 轴上下扭动和机械臂小臂沿 Y 轴左右摆动，而最大位移也分别发生在 Y 轴平移板顶端和机械臂腕部，六阶以上的高频率振型忽略不计。

由前六阶固有频率所对应的振型图分析结果可以得出的结论是机器人整机结构在发生强烈振动时，振动主要集中在支撑架顶端和机械臂腕部。八自由度喷涂机器人是由多个零部件装配而成，整个机器人结构有很多相连接的关节。其中传动部件、连接部件和支撑部件的静态刚度对机器人结构的动态性能影响很大。此外，从振型位移图中也可看出，喷涂机器人的肩关节和腕关节出现的振动位移均比较大，这些关节是机器人整个结构中较为脆弱的部分，因而提高这些关节连接件的加工质量，细化装配环节和改善其零件材质等措施对改善整个机器人结构的动态性能有十分重要的作用。

9.3 基于虚拟样机的机器人运动学与动力学仿真

9.3.1 机器人结构运动学分析

（1）基于 D-H 参数坐标系的机器人运动学建模

对一个新结构来说，可遵循以下步骤建立正确的连杆坐标系[16]：

① 找出各关节并标出其轴线延长线。在以下步骤②～⑤中，只需要考虑 i 和 $i+1$ 这两个相邻的关节轴。

② 找出 i 和 $i+1$ 关节轴间的交点或者公垂线，以找到 i 轴上的交点或公垂线当作连杆坐标系 $\{i\}$ 的原点。

③ Z_i 轴方向与 i 关节轴向相同。

④ X_i 轴与公垂线指向相同，若 i 和 $i+1$ 关节轴相交，那么 X_i 轴垂直于 i 和 $i+1$ 关节轴的平面。

⑤ 用右手定则来确定 Y_i 轴。

⑥ 若第一个关节变量是 0，则坐标系 $\{0\}$ 与 $\{1\}$ 重合。对 $\{N\}$ 坐标系来说，它的 X_N 方向和原点可任选，但选取时一般使连杆参数为 0。

若遵循以上规则，把连杆坐标系固定在连杆上，则连杆参数可这样来定义[17]：

a_i 为沿 X_i 轴从 Z_i 移动到 Z_{i+1} 的距离；d_i 为沿 Z_i 轴从 X_{i-1} 移动到 X_i 的距离；α_i 为绕 X_i 轴从 Z_i 旋转到 Z_{i+1} 的角度；θ_i 为绕 Z_i 轴从 X_{i-1} 旋转到 X_i 的角度。

由于 a_i 对应的是距离，所以一般设定 $a_i \geqslant 0$，但 θ_i、d_i、α_i 的值可正也可负。

另外，遵循以上方法建立的固定连杆坐标系并不是唯一的[18]。第一，在选取 Z_i 轴和 i 关节轴重合时，Z_i 轴可以选择两种指向；第二，当关节轴相交时，即 $a_i = 0$ 时，因 X_i 轴垂直于 Z_{i+1} 轴和 Z_i 轴所在的平面，所以 X_i 轴也可选择两种指向。在 i 和 $i+1$ 关节轴平行的情况下，$\{i\}$ 坐标系的原点也可任选，一般选取的原点应尽量满足 $d_i = 0$；第三，假如关节为移动关节，坐标系也可以任意选择。

综合以上的建立坐标系法，在八自由度喷涂机器人整机三维结构模型里选择世界坐标系原点，即搭载机械臂升降板的表面与机械臂底座回转轴的交点，如图 9-34、图 9-35 所示，以移动导轨平台纵向移动的方向为 Z_7 轴，Z_1 为机械臂底座回转轴，Y 轴按右手法则确定。依次推导后面坐标系各轴的指向，其中 7 关节、8 关节是移动导轨的平移关节，1～6 号分别表示六关节机械臂的 6 个转动关节，坐标系 O_0 为基础坐标，其与 O_7 实际上是重合的，为了便于理解，分开来画，在建立的 D-H 坐标系中，并以相关变量参数来表示，具体参数详见 D-H 参数表 9-13。起始位置末端点坐标为 $[1126, 500, 0]$。

图 9-34　八自由度喷涂机器人
结构的初始位姿图

（2）机器人结构的正运动学分析

在上节所建立的 D-H 连杆坐标系上对各关节进行坐标平移与旋转变换，得到机械臂末端位姿在世界坐标系中的位姿矩阵。下面是相邻连杆矩阵的齐次变换过程，A_i^j 记为坐标系 $\{i\}$ 到坐标系 $\{j\}$ 的变换矩阵，A_6^T 是机械臂末端坐标系原点 O_6 正下方距离 d_7 的工具坐标系 O_T 相对于 O_6 坐标系的转换矩阵，可得八自由度喷涂机器人结构的正运动学表达式为：

$$A_0^T = A_0^7 A_7^8 A_8^1 A_1^2 A_2^3 A_3^4 A_4^5 A_5^6 A_6^T = \begin{bmatrix} N_x & O_x & A_x & P_x \\ N_y & O_y & A_y & P_y \\ N_z & O_z & A_z & P_z \\ 0 & 0 & 0 & 0 \end{bmatrix} = \begin{bmatrix} R & P \\ 0 & 1 \end{bmatrix} \qquad (9\text{-}18)$$

式中，R 代表机械臂末端在世界坐标系里的姿态矩阵；P 代表机械臂末端在世界坐标系里的位置矩阵；N_i、O_i、A_i $(i=1,2,\cdots)$ 都是关于连杆变量 D、θ_i $(i=1,2,3,4,5,6)$ 的函数。

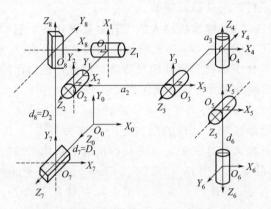

图 9-35　八自由度喷涂机器人结构 D-H 坐标系

当我们给出机器人各关节的转角值，并代入到上式中，我们就会得到机器人末端相对于机座坐标系的确切的位姿。

表 9-13　八自由度喷涂机器人结构 D-H 参数表

关节\参数	α_{i-1}	a_{i-1}	θ_i	d_i
7(移动关节)	0	0	0	D_1
8(移动关节)	$-90°$	0	0	D_2
1	$-90°$	0	0	0
2	0	00	$-90°$	0
3	$-90°$	650	0	0
4	$90°$	30	0	0
5	$90°$	0	0	0
6	0	0	0	111

（3）机器人结构的逆运动学分析

机器人结构的运动学分析逆解过程比正解过程要复杂很多，主要是因为逆解的解法多样性、不唯一性和存在性[19]：

① 解法多样性。指的是可通过几何法、解析法和数值法这三种方法[21]来求解机器人结构的逆运动。

② 不唯一性。意味着多自由度机器人结构通常具有较为灵活的工作空间，而且有无穷解。经过奇异位置、实际运动要求等约束条件排除一部分无效解后，从剩余解中获得最优解又成了逆运动学研究难点。

③ 存在性。意味着所产生的空间变量值存在于已知的位姿，当所求解不能使机器人在它的工作空间范围内，则它是无效的。

本例研究的移动导轨式 6R 喷涂机器人是一个超过 6 个自由度的多冗余度机器人，对于冗余度机器人而言，其逆解有无穷组解，想要求得这些非线性超越方程的解是非常困难的[21]。

本节的运动学逆解采用的是解析法。普通的 6R 型机械臂有 6 个关节轴，加上移动导轨平台的两个平面移动自由度，就有了 2 个冗余度，因而会有无穷组解，需要对机器人结构添加 2 个约束条件才可获得其逆解。

图 9-35 是移动导轨式 6R 喷涂机器人的连杆运动简化图，它的结构变量在图中都已表示出。显而易见，工具坐标系 O_T 与机械臂末端法兰坐标系 O_6 是固定连接在一起的，只需要通过一个平移变化矩阵就能将其相互转换。因此，在后面的分析当中，把末端坐标系 O_6 的位姿当作末端点来分析计算求解即可。

由图 9-35 可以看出，若再将第五个关节旋转 $90°$，则关节 4～6 可以同时绕 X、Y、Z 三轴旋转，而有人已经证明了这样的结构是一个球关节[22]，且末端 O_6 的位置对它的变化没有影响，因此能通过这三个关节来获得机器人结构末端的姿态。也就是让变量 θ_4、θ_5、θ_6 来求解 O_6 的姿态；让 D_1、D_2、θ_1、θ_2、θ_3 这五个变量来求解 O_6 的位置。由于位置坐标只需（P_x，P_y，P_z）来表示，而未知变量有 D_1、D_2、θ_1、θ_2、θ_3 这五个，故而有 2 个自由度是冗余的。关节 1、2 的变化受机械臂末端 O_6 坐标系位置的约束，因坐标系 O_3 到坐标系 O_6 的距离可由 θ_3 得出，而机械臂的关节 2 常常是运动幅度最大的那个，把关节 2 当作冗余自由度便于计算。所以，把平移关节 8 的变量 D_2 和回转变量 θ_2 当作冗余自由度。再由 O_6 的姿态求得 θ_4、θ_5、θ_6，移动导轨式 6R 喷涂机器人结构运动学逆解的求解过程示意如图 9-36 所示。假设世界坐标系的原点为 0，工具坐标系的原点 O_T 在世界坐标系中的位置为 $[x_r, y_r, z_r]$（$r=1, 2, 3, \cdots, 8$），末端坐标系 O_6 在世界坐标系中的位置为 $[x_6, y_6, z_6]$，则 O_1 的坐标位置为 $[d_1 + d_2, 0, D_1 - a_2]$。

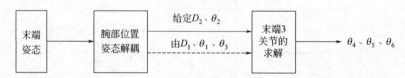

图 9-36 移动导轨式 6R 喷涂机器人结构运动学逆解的求解过程示意

变量的逆解求解过程如下：

1）求臂关节的变量 θ_3

在矩阵 $\boldsymbol{A}_0^T = \boldsymbol{A}_0^7 \boldsymbol{A}_7^8 \boldsymbol{A}_8^1 \boldsymbol{A}_1^2 \boldsymbol{A}_2^3 \boldsymbol{A}_3^4 \boldsymbol{A}_4^5 \boldsymbol{A}_5^6 \boldsymbol{A}_6^T$ 中的 R_{14} 项，即坐标系 O_6 的 x_6 坐标值，其表达式如下：

$$x_6 = d_1 + d_2 - a_3(\cos\theta_2 \sin\theta_3 + \cos\theta_3 \sin\theta_2) + d_4(\cos\theta_2 \cos\theta_3 - \sin\theta_2 \sin\theta_3) + d_3 \cos\theta_2$$

$$(9-19)$$

式中，只有 θ_2，θ_3 两个参数，故在已知冗余度变量 θ_2 和 x_6 的值时可求得关节变量 θ_3 的值。利用 Matlab 求解，得到 θ_3 的解有两个。

2）求解水平导轨移动变量 D_1

在 $\triangle O_2 O_3 O_6$ 中，由于 O_2、O_6 属于同一平面，且 O_2 至底座的纵向和横向距离都

是不变的，所以 O_2O_6 距离可以求出来，记 $O_2O_6 = d_{26}$，而 O_3O_6 的距离也是固定不变的，同样记为 $O_3O_6 = d_{36}$，利用三角形余弦定理即可求得下面的表达式：

$$\angle O_2O_3O_6 = \arccos\left(\frac{d_{26}^2 + d_{36}^2 - (x_6 - h)^2 - (z_6 - D)^2 - y_6^2}{2d_{26}d_{36}}\right) \quad (9\text{-}20)$$

$$\theta_3 = \pm\left[\pi - \arccos\left(\frac{d_{26}^2 + d_{36}^2 - (x_6 - h)^2 - (z_6 - D)^2 - y_6^2}{2d_{26}d_{36}}\right)\right] \quad (9\text{-}21)$$

式中，h 为坐标系 O_2、O_6 的垂直高度差，将前面求得的 θ_3 代入方程即可得到移动变量 D_1 的值。

3）求解关节变量 O_4、O_5、O_6

机械臂末端姿态由 θ_4、θ_5、θ_6 来确定，已知 A_7^4 和 A_7^6 可求得

$$A_4^6 = (A_7^4)^{-1} \times A_7^6 \quad (9\text{-}22)$$

再由 A_4^6 即可确定 θ_4、θ_5、θ_6 的值。计算 A_4^6 矩阵的结果如下：

$$\mathbf{R} = \begin{bmatrix} \cos\theta_5\cos\theta_6 & -\cos\theta_5\sin\theta_6 & \sin\theta_5 \\ -\sin\theta_6\sin\theta_4 + \sin\theta_5\cos\theta_4\cos\theta_6 & -\sin\theta_4\cos\theta_6 - \sin\theta_6\sin\theta_5\cos\theta_4 & -\cos\theta_5\cos\theta_4 \\ \sin\theta_6\cos\theta_4 - \sin\theta_4\sin\theta_5\cos\theta_6 & \cos\theta_4\sin\theta_6\sin\theta_5 + \cos\theta_4\sin\theta_6 & -\sin\theta_4\cos\theta_5 \end{bmatrix}$$

$$(9\text{-}23)$$

① 由于 $R_{13} = \sin\theta_5$，当 $\theta_5 \geqslant 0$ 时可得：

$$\theta_5 = \arcsin(R_{13})$$

由 $R_{23} = -\cos\theta_5\cos\theta_4$，$R_{33} = -\sin\theta_4\cos\theta_5$ 可得：

$$\theta_4 = \arctan(R_{33}, R_{12})$$

由 $R_{11} = -\cos\theta_5\cos\theta_6$，$R_{12} = -\cos\theta_5\sin\theta_6$ 可得：

$$\theta_6 = \arctan(R_{12}, R_{11})$$

② 由于 $R_{13} = \sin\theta_5$，当 $\theta_5 \geqslant 0$ 时可得：

$$\theta_5 = -\arcsin(R_{13})$$

由 $R_{23} = -\cos\theta_5\cos\theta_4$，$R_{33} = -\sin\theta_4\cos\theta_5$ 可得：

$$\theta_4 = \arctan(R_{33}, R_{12},)$$

由 $R_{11} = -\cos\theta_5\cos\theta_6$，$R_{12} = -\sin\theta_5\sin\theta_6$ 可得：

$$\theta_6 = \arctan(R_{12}, R_{11})$$

式中，$\arctan(R_i, R_j)$ 表示对 R_i、R_j 已知的参数表达式。

综上所述，在逆运动学的求解过程中，对于确定的姿态，可求得 2 组 θ_4、θ_5、θ_6 的解；对于某一确定的位置，已知 D_2 和 θ_2 时，可求得 4 组 θ_1、θ_2、θ_3 的解，将姿态解的种数乘以位置的解的种数，总共可以获得 8 组解。

移动导轨的增加对机械臂末端的定位精度会造成一定的影响，因而有人提出在分站式工作模式下对机器人进行轨迹规划，并且通过相关的实验测试证明此法可在很大程度上提高机械臂末端的定位精度[23]。故此次把两个移动关节作为冗余变量求解运动学方程的逆解是有现实意义的。

分站式运动学逆解求解指的是在分站式作业方式下结合六关节机械臂自身的有效工作空间，对移动导轨进行区域划分，每一块区域都指定一个固定点来作为移动导轨式 6R 喷涂机器人的固定工作站位[25]。

接下来以移动导轨的水平方向为例进行分析，如图 9-37 所示。把 2 个平移自由度

图 9-37 八自由度喷涂机器人分站示意图

当作冗余变量,如把导轨划分为 n 个站位,每一个站位的位置在世界坐标系中可表达 $[0,0,l_i](i=1,2,3,\cdots,n)$,其中 l 指的是相邻站位的间距。据此可把机械臂底座建立 i 个互相独立的子坐标系 $O_{X_i}O_{Y_i}O_{Z_i}(i=1,2,3,\cdots,n)$,通过机械臂末端目标点的位置 $[x,y,z]$ 来选定的子坐标系 $O_{X_i}O_{Y_i}O_{Z_i}(i=1,2,3,\cdots,n)$ 中的坐标变为 $[x,y,z-il]$,如此就把移动导轨式 6R 喷涂机器人结构的运动分析转化为常规的六关节机械臂结构的运动分析。

在分站式作业方式下,通过对指定站位进行定位误差的识别,再对其进行精度补偿,就可在一定程度上提高移动导轨平台的定位精度。在对移动导轨式 6R 喷涂机器人进行轨迹规划时,先把机械臂结构运行到相应站位后再进行作业,这样能大幅降低六关节机械臂在导轨上转向的改变次数,可降低振动、提高运行效率和定位精度[29]。

另外,相邻工位的六关节机械臂本身的工作空间有部分交集,故六关节机械臂的实际工作范围小于自身的工作空间,如此一来可有效避免机械臂在进行喷涂作业时到达奇异位置和工作空间的边缘。

9.3.2 机器人结构的动力学分析

机器人结构的动力学分析是以运动学分析为基础,主要研究力矩或者力与机器人结构关节运动之间的关系。各类控制系统的动态特性与控制算法的研究又是以动力学为基础的,所以动力学分析的意义和重要性是显而易见的。

机器人结构的动力学问题有两种,一种是动力学逆向问题,另一种是动力学正向问题。动力学逆向问题是研究在已知各关节运动参数的情况下,解得各关节所需要的力矩或者力的问题,如给定关节位移、关节速度或关节加速度,求解关节力矩;而动力学正向问题是研究在给定各关节力矩或者力的情况下,解得机器人结构各关节运动参数的问题,如求解某一关节的角加速度、角速度或角位移等。

本节将对移动导轨式 6R 喷涂机器人结构进行动力学分析,并为后面的移动导轨式 6R 喷涂机器人结构的动力学仿真奠定理论基础。

(1)动力学分析之拉格朗日法

拉格朗日法具有较强的理论性和逻辑性,并且它所描述的系统比较简洁,所以本节运用拉格朗日法来对机器人系统进行动力学分析,拉格朗日法描述的系统动力学问题的数学表达式为:

$$\frac{\mathrm{d}(\partial T/\partial q_i)}{\mathrm{d}t}-\frac{\partial T}{\partial \dot{q}_i}=\theta_j(j=1,2,3,\cdots,k) \tag{9-24}$$

式中,q_i 为广义坐标;$\dot{q}_i$ 表示机器人各个连杆的广义坐标对时间的一阶导数;T 为动能;θ_j 为广义力。

拉格朗日函数 L 是一个机械系统的动能 E_k 和势能 E_p 之差,即

$$L=E_k-E_p \tag{9-25}$$

由于系统的动能 E_k 是广义关节变量 q_i 和 $\dot{q}_i$ 的函数，系统势能 E_p 是 q_i 的函数，因此，拉格朗日函数 L 也是 q_i 和 $\dot{q}_i$ 的函数。

对于由 n 个连杆组成的机器人，运用拉格朗日函数描述的系统动力学方程为：

$$\tau_i = \frac{\mathrm{d}}{\mathrm{d}t}\left(\frac{\partial L}{\partial \dot{q}_i}\right) - \frac{\partial L}{\partial q_i} (i = 1, 2, 3, \cdots, n) \tag{9-26}$$

式中，τ_i 是作用在第 i 个转动关节上的广义驱动力矩。

实际中的机器人一般具有复杂的连杆机构，需要用齐次变换的方式才能对其位姿和运动状态进行描述，并建立机器人的拉格朗日方程。拉格朗日法推导动力学方程的过程可分为以下五个步骤[26]：

① 计算任意连杆上任一点的速度；
② 计算各连杆的动能和机器人的总动能；
③ 计算各连杆的势能和机器人的总势能；
④ 建立机器人的拉格朗日函数；
⑤ 对拉格朗日函数求导，得到动力学方程。

（2）动力学各项计算过程

1）机器人系统各部件的惯性参数

机器人部件的惯性参数包括机械臂的惯性参数和传动系统的惯性参数。惯性张量是描述刚体分布的物理量，如果构件连续可积，就可以表示出该构件相对于指定坐标系的惯性矩，该惯性矩阵为 3×3 的 9 个分量，并且为对称矩阵，分别对应于指定坐标系的3 个转动惯量和 3 个轴的惯量积[27]。该惯性矩阵可表示为：

$$\boldsymbol{I} = \begin{bmatrix} I_{xx} & -I_{xy} & -I_{xz} \\ -I_{yx} & I_{yy} & -I_{yz} \\ -I_{zx} & -I_{zy} & I_{zz} \end{bmatrix} \tag{9-27}$$

喷涂机器人的各关节的主惯性矩通过 SolidWorks 中的质量属性功能测得，机械臂各部件的主惯性矩如表 9-14 所示，表中的主惯性矩由重心决定，并且对齐输出的坐标系。

表 9-14 喷涂机器人各部件的主惯性矩

部件	$I_{xx}/\text{kg} \cdot \text{mm}^2$	$I_{yy}/\text{kg} \cdot \text{mm}^2$	$I_{zz}/\text{kg} \cdot \text{mm}^2$
底座	0.655×10^6	0.675×10^6	1.003×10^6
肩部	2.011×10^6	2.123×10^6	2.019×10^6
大臂	1.206×10^6	1.174×10^6	0.912×10^6
肘部	4.034×10^6	2.596×10^6	5.324×10^6
小臂	0.679×10^6	0.074×10^6	0.794×10^6
腕部	0.887×10^6	0.289×10^6	0.089×10^6
末端法兰	0.021×10^6	0.041×10^6	0.021×10^6

2）机器人系统各部件的质心速度

为了计算机器人系统的动能，必须先要知道机器人各部件的速度，一般利用部件质心位置的变化求出其相应的速度，也就是通过质心位置的矢量求导来直接求得速度。设

其坐标为 $\boldsymbol{r}_0^i = \boldsymbol{A}_0^i \boldsymbol{r}^i$，其中 $\boldsymbol{r}^i$ 为质心在关节坐标系 $\{i\}$ 中的位置矩阵。则部件上质心的速度为：

$$\boldsymbol{v}_i = \frac{\mathrm{d}(\boldsymbol{A}_0^i \boldsymbol{r}^i)}{\mathrm{d}t} = \Big(\sum_{j=1}^{i} \frac{\partial (\boldsymbol{A}_0^i)}{q_j} \dot{q}_i \Big) \boldsymbol{r}^i \tag{9-28}$$

令 $U_{ij} = \dfrac{\partial (\boldsymbol{A}_0^i)}{q_j}$，则上述式子可简写成：

$$\boldsymbol{v}_i = \Big(\sum_{j=1}^{i} \boldsymbol{U}_{ij} \dot{q}_i \Big) \boldsymbol{r}^i \tag{9-29}$$

3）机器人系统各部件的动能

假设 k_i 代表部件 i 相对于基坐标系的动能，则根据动能公式 $k = \dfrac{1}{2} m v^2$，根据前面所求的质心速度表这式可求出 k_i：

$$k_i = \frac{1}{2} m_i \boldsymbol{v}_i^2 = \frac{1}{2} m_i \mathrm{trace}\,(\boldsymbol{v}_i \boldsymbol{v}_i^{\mathrm{T}}) = \frac{1}{2} \mathrm{trace}\, \Big[\sum_{j=1}^{i} \boldsymbol{U}_{ij} (\boldsymbol{r}^i m_i (\boldsymbol{r}^i)^{\mathrm{T}}) \boldsymbol{U}_{ij}^{\mathrm{T}} \dot{q}_i^2 \Big] \tag{9-30}$$

式中，$\boldsymbol{r}^i m_i \boldsymbol{r}^i$ 为部件 i 的伪惯性矩阵，设为 $\boldsymbol{I}_i$。根据转动惯量计算公式：

$$I_{xx} = m(y^2 + z^2),\ I_{yy} = m(x^2 + z^2),\ I_{zz} = m(y^2 + x^2) \tag{9-31}$$

$$I_{xy} = I_{yx} = mxy,\ I_{xz} = I_{zx} = mzx,\ I_{yz} = I_{zy} = myz \tag{9-32}$$

则惯性矩阵 $\boldsymbol{I}_i$ 表达式如下：

$$\boldsymbol{I}_i = \begin{bmatrix} \dfrac{-I_{ixx} + I_{iyy} + I_{iz}}{2} & I_{ixy} & I_{ixz} & m_i \overline{x}_i \\[2mm] I_{ixy} & \dfrac{I_{ixx} - I_{iyy} + I_{iz}}{2} & I_{ijz} & m_i \overline{y}_i \\[2mm] I_{ixz} & I_{iyz} & \dfrac{I_{ix} + I_{iy} - I_{izz}}{2} & m_i \overline{z}_i \\[2mm] m_i \overline{x}_i & m_i \overline{y}_i & m_i \overline{z}_i & m_i \end{bmatrix} \tag{9-33}$$

式中，$[\overline{x}_i, \overline{y}_i, \overline{z}_i, 1]$ 为部件 i 质心在关节坐标 $\{i\}$ 的位置矩阵；m_i 为部件 i 的质量。

则由式（9-30）可得机器人系统的总动能为：

$$m_i k_i = \sum_{i=1}^{n} k_i = \frac{1}{2} m_i \boldsymbol{v}_i^2 = \frac{1}{2} \sum_{i=1}^{n} \mathrm{trace}\, \Big[\sum_{j=1}^{i} \boldsymbol{U}_{ij} (\boldsymbol{r}^i m_i (\boldsymbol{r}^i)^{\mathrm{T}}) \boldsymbol{U}_{ij}^{\mathrm{T}} \dot{q}_i^2 \Big] \tag{9-34}$$

4）机器人系统各部件的势能

假设系统的总势能为 P，则每个部件的势能用 P_i 表示，则：

$$P_i = -m \boldsymbol{g}^{\mathrm{T}} \overline{\boldsymbol{r}}_0^i = -m \boldsymbol{g}^{\mathrm{T}} (\boldsymbol{A}_0^i \overline{\boldsymbol{r}}^i) \tag{9-35}$$

式中，$\boldsymbol{g} = [g_x, g_y, g_z, 0]$，为在基坐标系下的重力分量；$\overline{\boldsymbol{r}}^i$ 为质心所在的单位矢量，因此，机器人系统的总势能为：

$$P = \sum_{i=1}^{n} P_i = \sum_{i=1}^{n} -m_i \boldsymbol{g}^{\mathrm{T}} (\boldsymbol{A}_0^i \overline{\boldsymbol{r}}^i) \tag{9-36}$$

注意以上都是在忽略附加传动机构（如电机、减速器等部件）的情况下计算得来的，如果要得到更为准确的解，可把其他部件考虑进去，将数据代入以上公式，即可获得计算结果。

9.3.3 六自由度喷涂机器人结构的运动仿真分析

之前分别对八自由度喷涂机器人结构的运动学、动力学进行了运动学方程和动力学方程的建立以及推导，并进行了分析和模型的仿真验证，而这些工作都是进行机器人结构运动仿真必不可少的理论基础，仿真的结果也是为改进结构提供参考依据，为最终实现高精度的喷涂效果提供机械结构的保障。

所以本节的重点是针对八自由度喷涂机器人结构，基于 ADAMS 多体动力学分析环境，对机器人进行运动学和动力学的仿真分析和研究，为进行对该结构上的力、力矩和驱动函数等方面的研究提供直观有力的支持。用 ADAMS 做运动学以及动力学仿真分析的具体流程如图 9-38 所示。

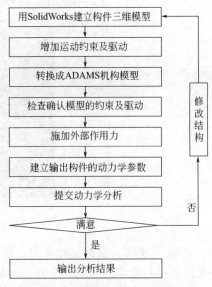

图 9-38 动力学仿真分析流程图

（1）机器人虚拟样机模型的建立

在本例中，使用 ADAMS2013 的 ADAMS/View 模块对机器人运动学和动态仿真分析步骤如下。

① 简化模型。由于本例设计的八自由度喷涂机器人结构零部件繁多，如果不经简化就直接导入 ADAMS 中进行约束的添加，将会因为要施加的约束太多而消耗大量时间，还会大大增加虚拟样机的建模难度与仿真计算难度，而且在仿真过程中经常会产生各种问题，最终影响模拟仿真的正常进行。与手臂和连杆相比，齿轮、传动轴、轴承等部件的重量和惯性非常小，因此导入模型之前可简化模型，忽略齿轮、传动轴等传动部件和不影响仿真效果的零件，仅保留与杆件固定连接的部件，并将其视为相应杆的一部分。另外，需要注意的是进行模型转换时模型的单位和坐标系必须与 ADAMS 的统一，才能保证数据的正确转换。

② 导入模型。启动 ADAMS/View 模块，如图 9-39 所示，将 Parasolid 格式的文件导入其中，导入简化后的八自由度喷涂机器人结构模型如图 9-40 所示。

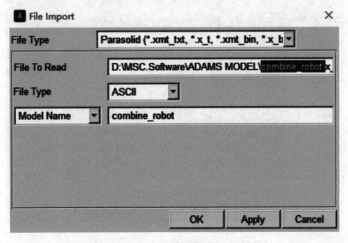

图 9-39 导入结构模型的对话框

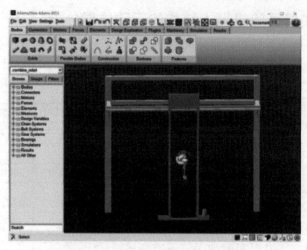

图 9-40　导入到 ADAMS 中的三维结构模型

③ 定义刚体。根据设计意图，模型中没有相对运动的部件（例如与紧固件紧固在一起的部件）被定义为刚体。作为大地的刚体是其一切运动刚体的参照物。把连杆和其他部件都作为忽略弹性效应的刚体；另外，因六关节机械臂的腰关节、肩关节和臂关节都是采用的 RV 减速器，其摩擦力小到可以忽略不计。

④ 创建约束。在产生相对运动的刚体之间添加约束，并选择相应的运动方式，确保刚体的相对运动是根据规划的轨迹移动的。八自由度喷涂机器人结构模型中，有些刚体之间是固定不动的（如地轨和支撑架），而有部分刚体是通过旋转副或者移动副相连接的。如机械臂底座和移动导轨平台的升降板固定，小臂和腕部固定，地轨和支撑架地面都分别和大地固定，它们两者之间都用固定副连接；地轨与平移板、平移板与升降板用移动副连接，其余各连杆之间均用转动副连接。

⑤ 添加驱动。在添加约束之后，将相应的驱动程序添加到模型的每个约束副，并且对自由度尚未限制的物体加以限制，处理后的喷涂机器人虚拟样机模型如图 9-41 所示。运动学方程以时间函数的形式确定刚体之间的平动或旋转。

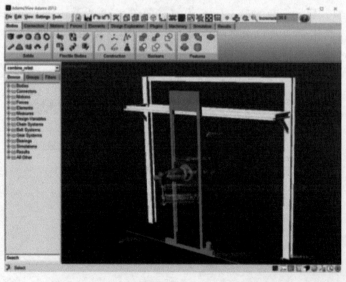

图 9-41　八自由度喷涂机器人虚拟样机结构模型

⑥ 计算求解。模型前处理完成后，将模型传送到求解器中进行动力学求解。

（2）机器人结构运动学仿真

在机械臂结构末端做曲线运动时，运动学方程以时间函数的形式确定刚体之间的平动或旋转。假设每个旋转关节的旋转角速度函数和每个平移关节的移动速度函数如表 9-15 所示，t 为横坐标时间，单位是 s。把记录点选取为六关节机械臂末端法兰上的中心点，标记为 MARKER20。为了清晰地看到运动学仿真的每一步变化，设置仿真步数为 500 步，仿真运行时间为 1s。

表 9-15　喷涂机器人各关节转动或移动速度

关节 1	关节 2	关节 3	关节 4	关节 5	关节 6	关节 7	关节 8
$-60\sin t$	$60\sin t$	$45\sin t$	$45\sin t$	$-45\sin t$	$-90\sin t$	200mm/s	200mm/s

仿真结束后，Postprocess 模块中测得末端法兰记录点的位移变化如图 9-42 所示。在 View 界面中可以看到 MARKER20 的运动轨迹线如图 9-43 所示。

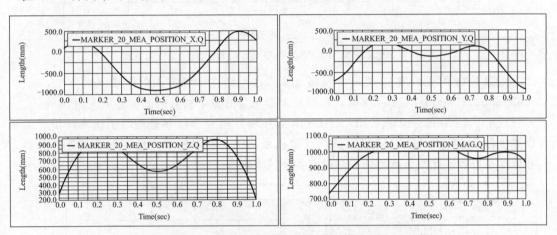

图 9-42　记录点 MARKER20 沿各轴方向及总位移变化曲线图

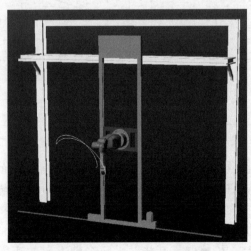

图 9-43　记录点 MARKER20 在世界坐标系中的运动轨迹线

为了使六关节机械臂末端法兰各变量随时间变化的情况更清楚地表达出来,将得到的位移、速度、加速度、角速度、角加速度变化曲线和各变量沿各自三个坐标轴方向的曲线集中到一张图上,如图9-44～图9-48所示。

图9-44中的点线曲线表示记录点MARKER20沿Z轴方向的位移曲线,实线曲线表示末端法兰记录点MARKER20沿X轴方向的位移曲线,点画线曲线表示记录点MARKER20沿三个轴在同一时间合成的位移曲线,虚线曲线表示记录点MARKER20沿Y轴方向的位移曲线。

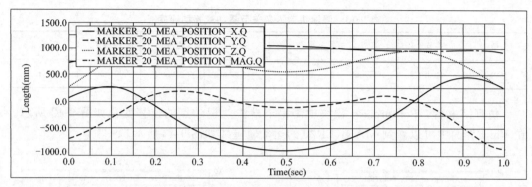

图9-44 记录点MARKER20沿各轴方向及总位移变化曲线图

由图9-44可见,当$t=0$时,机械臂末端法兰沿三个轴方向的位移依次为72mm、-680mm、277mm;当$t=1$s时,机械臂末端法兰沿三个轴方向的位移依次为226mm、-867mm、267mm。记录点MARKER20沿各轴方向及总位移是相对于仿真环境里的世界坐标系的,即ADAMS里网格原点坐标系。比对喷涂机器人结构的结构连杆参数和坐标系可知,此次仿真得到的结果与实际较为吻合。

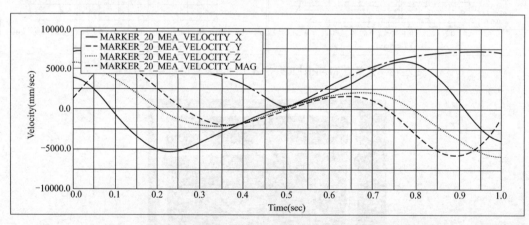

图9-45 记录点MARKER20沿各轴方向及总速度变化曲线图

图9-45中的点线曲线表示记录点MARKER20沿Z轴方向的速度曲线,实线曲线表示末端法兰记录点MARKER20沿X轴方向的速度曲线,点画线曲线表示记录点MARKER20沿三个轴在同一时间合成的速度曲线,虚线曲线表示记录点MARKER20沿Y轴方向的速度曲线。由图9-45可知,当$t=0$时,机械臂末端法兰沿三个轴方向的速度都为0;当$t=1$s时,机械臂末端法兰沿三个轴方向的速度依次为-3934mm/s、-1241mm/s、-5717mm/s,与实际情况较为吻合。

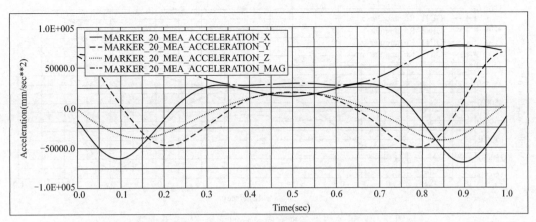

图 9-46　记录点 MARKER20 沿各轴方向及总加速度变化曲线图

图 9-46 中点线曲线表示记录点 MARKER20 沿 Z 轴方向的加速度曲线，实线曲线代表末端法兰记录点 MARKER20 沿 X 轴方向的加速度曲线，点画线曲线表示记录点 MARKER20 沿三个轴在同一时间合成的加速度曲线，虚线曲线表示记录点 MARKER20 沿 Y 轴方向的加速度曲线。由图 9-46 可见，当 $t=0$s 时，机械臂末端法兰沿三个轴方向的加速度依次为 -16432mm/s^2、0、0；$t=1$s 时，机械臂末端法兰沿三个轴方向的加速度依次为 -11534mm/s^2、68053mm/s^2、3965mm/s^2，也与实际情况较为吻合。

图 9-47 中点线代表手关节绕 Z 轴转动的角速度曲线，实线代表手关节绕 X 轴转动的角速度曲线，点画线曲线表示手关节围绕三个轴在同一时间合成的角速度曲线，虚线代表手关节绕 Y 轴转动的角速度曲线。从图 9-47 可知，在 $t=0$s 的时候，手关节绕三个坐标轴旋转的角度都为 $0°$/s；在 $t=1$s 的时候，手关节绕 X 轴的角速度为 $13.8°$/s，绕 Y 轴角速度为 $388.8°$/s，绕 Z 轴的角速度为 $214°$/s。

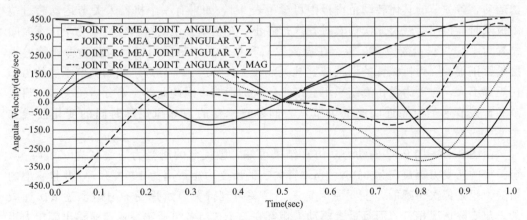

图 9-47　手关节沿各轴方向及总的角速度变化曲线

图 9-48 中点线表示手关节围绕 Z 轴转动的角加速度曲线，虚线表示手关节围绕 Y 轴转动的角加速度曲线，点画线曲线表示手关节围绕三个轴在同一时间合成的角加速度曲线，实线表示手关节围绕 X 轴转动的角加速度曲线。从图 9-48 可知，在 $t=0$s 的时候，手关节绕三个坐标轴转动的角加速度都为 0；在 $t=1$s 的时候，手关节绕 $X/Y/Z$ 轴的角加速度为分别为 $3698°$/s^2、$-1855.5°$/s^2、$3054.6°$/s^2。

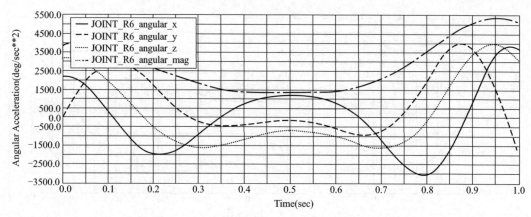

图 9-48　手关节沿各轴方向及总的角加速度变化曲线

　　根据仿真分析的输出结果可知，不同的 D-H 连杆参数就能获得相应关节的角位移、角速度、角加速度，或者相应记录点的位移、速度和加速度等参数。由此可知，多体动力学分析软件 ADAMS 给机器人结构的运动学和动力学分析提供了十分便利的条件，可以直观地看到系统结构的真实运动。

（3）机器人结构动力学仿真

　　对前面运动学仿真分析的基础上，对八自由度喷涂机器人结构模型进行动力学仿真分析是在添加重力的环境下进行的，故还要在运动学仿真的基础上再添加沿 Y 轴负方向的重力加速度，然后设置机器人结构模型各部件的质量、质心坐标和转动惯量。质量属性参数详见表 9-3，转动惯量参数详见表 9-14。除了为各部件配置质量属性之外，还要在机械臂的末端法兰添加负载，从表 9-2 中的八自由度喷涂机器人主要技术参数可知，能承受的最大负载为 6kg，故在末端法兰负 Y 轴方向上添加 58.5N 的集中力。

　　本例将通过使用传感器功能来检测各关节旋转的角度，使其在各关节转动范围极限内运动，各关节的具体转动范围极限可参考表 9-4，如果有一个机器人关节运动超过范围极限时，传感器就对此次仿真过程执行停止。对正确无误的结构模型动力学仿真时间设置为 1s，仿真步数为 500 步。在设置完所有参数后，最后用模型检验命令来检验模型是否正确。因为机械臂的肘关节、腕关节和手关节这三个靠近末端的关节承受的力和扭矩都不大，对动力学仿真结果不会产生较大的影响，因此此处主要分析腰关节、肩关节和臂关节这三个靠近底座的关节，它们各自承受的力和扭矩随时间的变化曲线如图 9-49～图 9-53 所示。

　　由图 9-49～图 9-53 的动力学仿真结果可知，腰关节的所受力矩最高为 650N·m，肩关节的所受力矩最高为 350N·m，臂关节的所受力矩最高为 100N·m，并且它们的所受力矩是依次递减的，主要原因是三个腰关节到臂关节所承受的力矩也是依次递减的，与实际情况相符，而且最大驱动力矩都在三个关节各自所选减速器所输出额定力矩的范围内，因此验证了电机的选择是合理的。

　　由图 9-53 的动力学仿真结果可以看出，在 $t=0s$ 时，也就是静止状态时，腰关节所受的力为 1268.6N，肩关节所受的力为 805.1N，臂关节所受的力为 391.5N，也是依次递减的，与实际情况相符；在机械臂静止状态下，腰关节所承受的力即为肩部及后面所有部件的重力之和，肩关节所承受的力即为大臂及后面所有部件的重力之和，臂关节所承受的力即为肘部及后面所有部件的重力之和，理论计算的前三个关节所受的力分别为 1260N、800N、391N，仿真所得到的结果与理论计算的结果非常相近，证明了仿真的可靠性，同时也证明了结构设计的合理性。

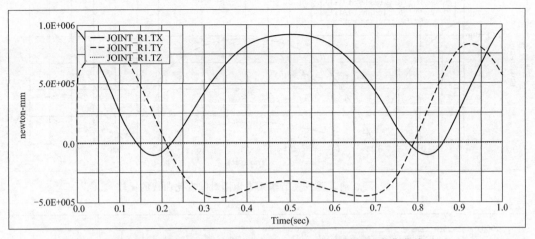

图 9-49　腰关节所受力矩分别沿 $X/Y/Z$ 轴随时间的变化曲线

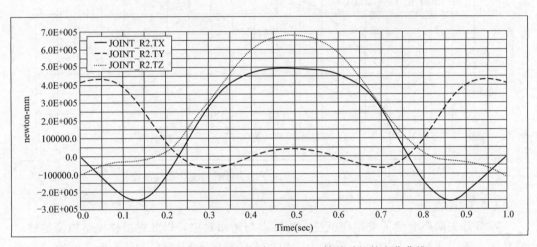

图 9-50　肩关节所受力矩分别沿 $X/Y/Z$ 轴随时间的变化曲线

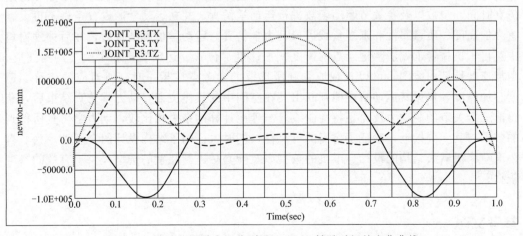

图 9-51　臂关节所受力矩分别沿 $X/Y/Z$ 轴随时间的变化曲线

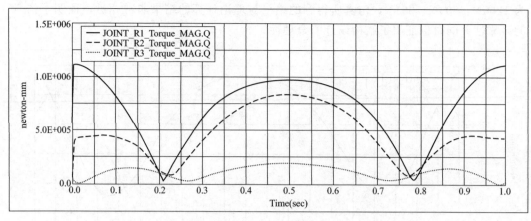

图 9-52 腰、肩、臂三关节输入力矩随时间变化曲线的比较

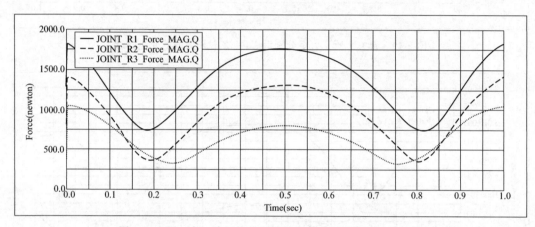

图 9-53 腰、肩、臂三关节所受的力随时间变化曲线的比较

（4）小结

本节首先简要介绍了虚拟样机技术的特点与适用对象，以及虚拟样机结构模型建立的具体步骤。通过 SolidWorks 转换为中间格式后再导入到 ADAMS 分析软件的八自由度喷涂机器人结构模型形成的虚拟样机结构模型，在其基本环境下选取好记录点和设定仿真时间、步数以及各关节驱动函数进行运动学仿真，并在运动学的设置条件下再设置重力加速度、质量属性和末端负载进行动力学仿真。运动学仿真结束后，在后处理窗口中获得了机械臂末端法兰记录点的速度、加速度、位置、运动轨迹和手关节的角速度、角加速度特性曲线图，可以直观地看到所选取的参考点在某一时刻所对应的位移、速度、加速度，根据其运动轨迹能判断出其在空间中的具体位姿；动力学仿真结束后，获得前三个关节的驱动力及力矩特性曲线，与理论计算的结果相比较，动力学仿真所得到的数据与其十分接近，验证了仿真的可靠性，同时也证明了结构设计的合理性，为八自由度喷涂机器人结构的设计、电机的选型以及配套减速器装置的选型提供了有效的参考依据。

参考文献

[1] 任浪浪.机械设计技术的现状与发展趋势 [J].山东工业技术，2017 (3)：268-269.

［2］ 黄磊，周华祥.喷漆机器人喷漆工艺研究［J］.黄石理工学院学报，2008（2）：31-33.

［3］ 彭南华.经济型喷漆机器人轨迹规划及关节控制研究［D］.长沙：中南大学，2009.

［4］ Tsai KY，Lee T K，Huang K D. Determining the Workspace Boundary of 6-Dof Parallel Manipulators［J］.Robotica，2006，24（5）：605-611.

［5］ Glozman D，Shoham M. Novel 6-Dof Parallel Manipulator with Large Workspace［J］.Robotica，2009，27（6）：891-895.

［6］ 熊有伦.机器人技术基础［M］.武汉：华中理工大学出版社，1996.

［7］ 张晓平.六自由度关节型机器人参数标定方法与实验研究［D］.武汉：华中科技大学，2013.

［8］ 赵杰，王卫忠，蔡鹤皋.可重构机器人工作空间的自动计算方法［J］.天津大学学报，2006，39（9）：1082-1087.

［9］ 陈磊.六自由度关节型喷涂机器人结构设计及分析［D］.重庆：重庆大学，2015.

［10］ Pop A，Dolga V. Vibration Analysis on the Structure of the Robot Yamaha YK 400［J］. Applied Mechanics and Materials，2015，762：261-266.

［11］ Zhang P，Gong J，Wei L. Arc Spray Gun New Models of Considering the Flow in theProcess of Spraying for Spray-Painting Robot［C］. 7th Intemnational Conference on Intelligent Human-Machine Systems and Cybernetics，IHMSC 2015，Alugust 26，2015-August 27，2015，Hangzhou，Zhejiang. China，2015：165-167.

［12］ 李宇庭，李波，闫荣，等.6R 机器人柔体动力学建模及模态分析［J］.湖北工业大学学报，2015，30（4）：65-69.

［13］ Lu Y，LiX，Zhang C，et al. Analysis of Kinematics and Statics for a Novel 6-Dof Parallel Mechanism with Three Planar Mechanism Limbs［J］.Robotica，2016，34（4）：957-972.

［14］ 曾剑，林义忠，廖小平，等.6R 型喷涂机器人运动学分析及仿真［J］.机械设计与制造，2010（6）：145-147.

［15］ 陈立平，张云清，任卫群.机械系统动力学分析及 Adams 应用教程［M］.北京：清华大学出版社，2005.

［16］ 谢存禧，张铁.机器人技术及其应用［M］.北京：机械工业出版社，2005.

［17］ Egeland O，Balchen J G. Cartesian Control of a Spray-Painting Robot with Redundant Degrees of Freedom［J］. Modeling. Identification and Control，1987，8（4）：185-199.

［18］ Benimeli F，Mata V，Valero F. A Comparison between Direct and Indirect Dynamic Parameter Identification Methods in Industrial Robots［J］.Robotica，2006，24（5）：579-590.

［19］ Zhao Y，Gao F. Inverse Dynamics of the 6-Dof out-Parallel Manipulator by Means of the Principle of Virtual Work［J］.Robotica，2009，27（2）：259-268.

［20］ 吉爱国，郭伟，张锦江，等.(6＋1)自由度机器人逆运动学的最优解［J］.机械设计，1997（2）：20-21.

［21］ Tokunaga H，Okano T，Matsuki N，et al. A Method to Solve Inverse Kinematics Problems Using Lie Algebra and Its Application to Robot Spray Painting Simulation［C］. 2004 ASME Design Engineering Technical Conferences and Computers and Information in Engineering Conference，September 28，2004-October 2，2004，Salt Lake City，UT，United states，2004：85-91.

［22］ Chen W，Chen Y，Li B，et al. Design of Redundant Robot Painting System for Long Non-Regular Duct［J］.Industrial Robot，2016，43（1）：58-64.

［23］ Qazani M R C，Pedrammehr S，Rahmani A，et al. Kinematic Analysis and Workspace Determination of Hexarot-a Novel 6-Dof Parallel Manipulator with a Rotation-Symmetric Arm System［J］.Robotica，2015，33（8）：1686-1703.

［24］ 彭旭.移动导轨式 6R 机器人运动分析及轨迹跟踪控制仿真［D］.浙江：浙江大学，2015.

［25］ Huang H，Xiang G.，Wang Y，et al. Trajectory Planning of Nine Axial Robotic System for In-
ner Surface Thermal Spraying ［C］. 2015 Chinese Automation Congress（CAC），November,
2015，Wuhan，China，2015：406-410.

［26］ 赖锡煌，殷际英，高勇. 多关节机器人运动学和动力学分析 ［J］. 机械工程师，2005（6）：
34-35.

［27］ 殷际英，何立婷. HP6 机器人运动学动力学分析及运动仿真研究 ［J］机械设计与制造，2009
（3）：189-191

［28］ Lawrence K L. Ansys Workbench Tutorial ［M］. Schroff Development，2006.

［29］ 周恩德. 八自由度喷涂机器人的结构分析与仿真研究 ［D］. 广州：华南理工大学，2017.